北大社·“十四五”普通高等教育本科规划教材
高等院校机械类专业“互联网+”创新规划教材

特种加工技术

刘志东　编著

内容简介

本书为高等院校机械类专业“互联网+”创新规划教材。全书分为七章，包括绪论、电火花加工、电火花线切割加工、电化学加工、高能束流加工、增材制造技术和其他特种加工技术。本书涵盖了特种加工技术的主要工艺，介绍了特种加工技术的理论和具体加工工艺应用，使读者能学以致用、融会贯通。

本书配套120余段视频，展示每种特种加工方法的原理及实际应用，读者只需利用移动设备扫描对应知识点的二维码即可在线观看。

本书适合作为高等工科院校机械类专业及高职高专院校机械制造、模具、机电、数控技术应用等专业的“特种加工”课程教材，也可作为电火花加工、电火花线切割加工、激光加工等机床操作人员的职业培训用书，还可作为从事特种加工的工程技术人员的参考用书。

图书在版编目(CIP)数据

特种加工技术/刘志东编著. —北京：北京大学出版社，2023.8
高等院校机械类专业“互联网+”创新规划教材
ISBN 978-7-301-34172-8

Ⅰ.①特… Ⅱ.①刘… Ⅲ.①特种加工—高等学校—教材 Ⅳ.①TG66

中国国家版本馆CIP数据核字(2023)第123152号

书　　名　特种加工技术
TEZHONG JIAGONG JISHU
著作责任者　刘志东　编著
策划编辑　童君鑫
责任编辑　黄红珍
数字编辑　蒙俞材
标准书号　ISBN 978-7-301-34172-8
出版发行　北京大学出版社
地　　址　北京市海淀区成府路205号　100871
网　　址　http://www.pup.cn　新浪微博：@北京大学出版社
电子邮箱　编辑部 pup6@pup.cn　总编室 zpup@pup.cn
电　　话　邮购部 010-62752015　发行部 010-62750672　编辑部 010-62750667
印 刷 者　北京宏伟双华印刷有限公司
经 销 者　新华书店
787毫米×1092毫米　16开本　11.5印张　273千字
2023年8月第1版　2023年8月第1次印刷
定　　价　69.00元

前　　言

在人类社会的进步和发展中，有两个因素起着至关重要的作用：一个是对温度的提升和掌控，另一个是对金属材料的提炼和制造。人类掌控了600℃左右的温度后，开始使用铜制作工具，从而结束了石器时代；掌控了1000℃左右的温度后，开始使用铁制造工具，由此进入了铁器时代；掌握了数千摄氏度的温度后，则进入了现代的钢铁化和电气化时代，并通过机械热加工和冷加工进行各种金属材料的制造，即利用传统加工方式进行零件制造。但随着科技进步对加工要求的提高，传统加工方式遇到超硬、超韧及低刚度等零件的加工难题，人类开始了解电火花放电原理，并利用其放电通道10000℃左右的高温熔化和气化金属材料，由此进入了对地球上任何金属材料无坚不摧，并且不产生明显加工作用力的时代。这种有别于传统加工的方式，人们称之为特种加工。由此人类进入了传统加工和特种加工互补且并行发展的新时代。特种加工与传统加工相比，在加工难加工材料、复杂型面、微细结构等方面具有明显的技术优势，已成为先进制造技术的关键组成部分，并以其独特的制造性能在制造领域发挥着不可或缺的作用。

目前，从事特种加工技术的工程技术人员数量迅速增长。为适应这方面人才培养的需求，我国高等工科院校、高职高专院校的机械类专业均开设了“特种加工”课程。

本书重点讲解了电火花加工、电火花小孔高速加工、电火花线切割加工、电化学加工、激光加工及增材制造的原理、工艺及应用，并简单介绍了其他特种加工方法的原理及应用。

本书配套120余段视频，每种特种加工方法均有对应视频展示其原理及实际应用，读者只需利用移动设备扫描对应知识点的二维码即可在线观看，由此可增强学生对特种加工方法的认识和理解，进一步达到提高教学效果、授课质量及培养学生“工匠精神”的目的，同时也便于读者自学。为方便教师授课，本书配有附带主要视频内容的教学参考课件，教师可联系出版社客服索取。

本书适合作为高等工科院校机械类专业及高职高专院校机械制造、模具、机电、数控技术应用等专业的“特种加工”课程教材及“放电加工技术”“高能束流及增材制造技术”“现代加工技术”等课程的辅助教材，也可作为电火花加工、电火花线切割加工及激光加工等机床操作人员的职业培训用书，还可作为从事特种加工的工程技术人员的参考用书。

本书由中国机械工程学会特种加工分会常务委员、江苏省特种加工专业委员会主任委员、南京航空航天大学博士生导师刘志东教授编著。

在本书的编写过程中，作者参阅并引用了国内外同行公开的相关纸质、电子及多媒体资料，得到了特种加工界众多专家和朋友的支持与帮助，电光先进制造团队的研究生也参与了大量的资料编辑、整理及多媒体制作工作，在此一并表示衷心感谢。

由于书中涉及内容广泛且技术发展迅速，加之作者水平有限，书中难免存在不妥之处，望读者批评指正。

作者的电子邮箱：liutim@nuaa. edu. cn。

电光先进制造团队网址：http：//edmandlaser. nuaa. edu. cn。

刘志东

2023 年 2 月

目　录

第1章 绪论

◇ 本章教学要求

<table>
<tr><td rowspan="3">教学目标</td><td>知识目标</td><td>（1）掌握特种加工的定义；
（2）掌握特种加工有别于传统加工的特点；
（3）熟悉主要特种加工方法采用的能量形式；
（4）了解特种加工的分类及应用领域；
（5）掌握特种加工对制造工艺技术的影响</td></tr>
<tr><td>能力目标</td><td>（1）能够辨别特种加工与传统加工方式；
（2）能够理解特种加工对制造工艺技术形成影响的原因</td></tr>
<tr><td>思政落脚点</td><td>科学精神、科技发展、国家安全、责任使命、专业与社会、求真务实、辩证思想</td></tr>
<tr><td colspan="2">教学内容</td><td>（1）特种加工的诞生；
（2）特种加工的分类；
（3）特种加工的主要应用领域；
（4）特种加工对制造工艺技术的影响</td></tr>
<tr><td colspan="2">重点、难点
及解决方法</td><td>特种加工对制造工艺技术的影响，通过零件加工实例进行讲解</td></tr>
<tr><td colspan="2">学时分配</td><td>授课1学时</td></tr>
</table>

1.1 特种加工的诞生

特种加工的定义及分类

特种加工也称非传统加工（non-traditional machining，NTM）或非常规机械加工（non-conventional machining，NCM），是指不属于传统加工工艺范畴的加工方法。不同于使用刀具、磨具等直接利用机械能切除多余材料的传统加工，特种加工泛指用电能、热能、光能、化学能、电化学能、声能及特殊机械能等能量去除或增加材料的加工方法，从而实现材料的去除、变形、增材、改变性能或被镀覆等工艺目标。特种加工中以电能为主要能量形式的电火花加工和电解加工，泛称电加工。

特种加工公认的起源是苏联拉扎连柯夫妇（Boris Lazarenko and Natalya Lazarenko）系统性解释了电火花放电原理，并于1943年获得苏联政府颁发的发明证书。

“电火花加工”方法的发明，使人类首次摆脱了传统以机械能和切削力并利用比加工材料硬度高的刀具去除多余金属的历史，进入了利用电能和热能进行“以柔克刚”加工材料的时代。

第二次世界大战以后，特别是进入20世纪50年代，由于材料科学、高新技术的发展和激烈的市场竞争，以及发展尖端国防产品及科学研究的急需，产品更新换代日益加快，而且要求产品具有很高的比强度和性能价格比，产品朝着高精度、高可靠性、耐腐蚀、耐高温、抗高压、尺寸大小两极分化的方向发展。为此，各种新材料、新结构、形状复杂的精密机械零件大量涌现，对机械制造业提出了一系列迫切需要解决的新问题。例如，各种难切削材料的加工；各种结构形状复杂、尺寸微小或特别大、精密零件的加工；薄壁、弹性元件等低刚度、特殊零件的加工；等等。对此，采用传统加工方法加工已经十分困难，甚至无法加工。于是，一种本质上区别于传统加工的特种加工应运而生，并不断获得发展。人们从广义上对特种加工进行了定义：将电能、热能、光能、化学能、电化学能、声能及特殊机械能或其组合施加在工件的加工部位上，从而实现材料去除、变形、增材、改变性能或被镀覆等的非传统加工方法，统称为特种加工。

特种加工有别于传统加工的特点如下。

(1) 加工时主要用电能、热能、光能、化学能、电化学能、声能等能量形式去除多余材料，而不是主要靠机械能切除多余材料。

(2) “以柔克刚”，特种加工的工具与被加工工件基本不接触，加工时不受工件强度和硬度的制约，可加工超硬脆材料和精密微细工件，工具材料的硬度可低于工件材料的硬度。

(3) 加工机理不同于一般金属切削加工，不产生宏观切屑，不产生强烈的弹性变形、塑性变形，可获得很低的表面粗糙度，其残余应力、冷作硬化、热影响等也远比一般金属切削加工小。

(4) 适合微细加工，有些特种加工（如超声加工、电化学加工、射流加工、磨粒流加工等）不仅可加工尺寸微小的孔或狭缝，还能获得高精度、极低表面粗糙度的加工表面。

（5）两种或两种以上的能量可组合成新的复合加工形式，加工能量易于控制和转换，加工范围广，适应性强。

目前，作为特种加工重要工艺方法的电火花加工已经在航空航天、军工、家电、建材等相关行业尤其是乡镇工业和家庭作坊式个体企业获得广泛的应用，应用领域已经从传统的模具加工及特殊零件的试制加工发展到中小批量零件的加工生产。

1.2 特种加工的分类

特种加工一般按能量来源及形式和作用原理分类，常用特种加工方法分类见表1-1。

表1-1 常用特种加工方法分类

特种加工种类	特种加工方法	能量来源及形式	作用原理	英文缩写
电火花加工	电火花成形加工	电能、热能	熔化、气化	EDM
	电火花小孔高速加工	电能、热能	熔化、气化	EDM-D
	电火花线切割加工	电能、热能	熔化、气化	WEDM
电化学加工	电解加工	电化学能	阳极溶解	ECM
	电解磨削	电化学能、机械能	阳极溶解、磨削	EGM（ECG）
	电镀、电铸	电化学能	阴极沉积	EFM
	电刷镀	电化学能	阴极沉积	EPM
激光加工	激光切割、打孔、焊接	光能、热能	熔化、气化	LBM
	激光打标	光能、热能	熔化、气化	LBM
	激光表面改性	光能、热能	熔化、相变	LBT
电子束加工	切割、打孔、焊接	电能、热能	熔化、气化	EBM
离子束加工	刻蚀、镀覆、注入	电能、动能	离子撞击	IBM
增材制造	立体光固化成形	光能、化学能	增材法加工	SLA
	激光选区烧结成形	光能、热能		SLS
	叠层实体制造	光能、机械能		LOM
	熔融沉积成形	电能、热能、机械能		FDM
	三维打印	电能、热能、机械能		3DP
	数字光处理成形	光能、化学能		DLP
	激光熔化沉积	光能、热能		LMD
	激光选区熔化成形	光能、热能		SLM
	电子束选区熔化成形	电能、热能		EBSM

续表

特种加工种类	特种加工方法	能量来源及形式	作用原理	英文缩写
化学加工	化学铣削	化学能	腐蚀	CHM
	化学抛光	化学能	腐蚀	CHP
	光刻	光能、化学能	光化学腐蚀	PCM
超声加工	切割、打孔、清洗、抛光、研磨	声能、机械能	磨料高频撞击	USM
等离子弧加工	切割（喷涂）、焊接	电能、热能	熔化、气化（涂覆）	PAM

1.3 特种加工的主要应用领域

特种加工已成为先进制造技术不可或缺的重要部分，广泛应用于各工业领域，解决了大量传统加工难以解决甚至是无法解决的加工难题，其主要应用领域如下。

1. 航空航天、军工制造领域

航空航天、军工制造领域存在大量采用难切削材料制成的零件，并且具有形状复杂、结构微细的特点，是特种加工的“用武之地”。作为信息化和制造技术高度融合的增材制造技术能够实现高性能复杂结构金属零件的无模具、快速、全致密、近净成形，因此，未来航空航天领域必然是增材制造技术的首要应用领域，也必将成为应对航空航天复杂结构件制造和修复的最佳技术途径。

2. 精密模具制造领域

模具是现代工业各种材料零件大批量、低成本、高效率、高一致性生产的关键基础工艺装备，是衡量一个国家工业化水平的重要标志。目前，我国模具行业有数万家企业，电火花加工机床是制造模具的关键设备之一。此外，激光表面强化、改性及损伤修复技术等也正在模具制造中获得更为广泛的应用。

3. 汽车及其他交通运输装备制造领域

在汽车、高铁、轮船等运输装备的发动机制造中，需要各种电加工、激光加工设备，如满足国Ⅳ、国Ⅴ排放要求的柴油发动机燃油喷嘴精密微孔的电火花加工机床等。一些发动机关键零件也需要采用特种加工设备进行加工，如喷油嘴压力室球面、油嘴油泵偶件回油槽的电化学成形加工；齿轮、连杆、曲轴、缸体、阀体的电化学去毛刺加工；零件加工中折断工具的电弧蚀除取出；关键零件的激光表面强化、激光熔覆修复及再制造；等等。在运输装备中，大量形状复杂的结构件、覆盖件除了采用模具成形外，还广泛采用激光二维、三维切割设备进行加工，特别是在运输装备的轻量化绿色发展中，一些轻质、复合、高强材料的连接，将越来越多地依赖先进的激光焊接技术及设备完成。

4. 微机电系统（micro electro mechanical system，MEMS）制造领域

微制造技术已成为现代制造技术的主要发展趋势之一，微机电系统涉及电子、机械、

材料、制造、信息与自动控制、物理和生物等学科，集成了当今科学技术发展的许多尖端成果。微机电系统及其他微细加工的发展，迫切需要更高水平的微加工制造技术与装备。传统加工技术难以适应微机电系统制造中器件组合材料种类越来越多、尺寸越来越微小、结构复杂程度越来越高的发展态势。特种加工在微机电系统的制造中具有独特的优势，应用于微机电系统制造中可以实现微细轴、微齿轮、微型腔、微传感器等的制作，具有广阔的应用前景。

5. 其他制造领域

在典型超硬工具材料聚晶金刚石的加工中，主要采用电火花加工、电化学加工、激光加工、超声加工及其复合加工。

在先进刀具、工具制造中，越来越多地采用电火花磨削；采用电火花线切割加工对超硬刀具、工具、砂轮进行精密修形及修锐。

在电工行业的磁性材料、太阳能行业的硅片制造中，主要采用电火花线切割加工、电解-机械复合线切割进行切割。

在钢材生产中，需要采用电火花加工或激光加工对轧辊进行表面毛化加工。

在医疗器械行业，钛合金制件、新型的注射针采用电火花加工进行复杂型面成形及大量微细结构的加工。

在核能装备方面，许多采用特殊材料制作的零件、构件需要采用特种加工技术进行加工。

在玻璃、蓝宝石、陶瓷、纤维增强复合材料及柔性高聚物等新型非金属材料切割中，激光切割及水射流切割的应用不断拓展。

在化纤生产过程中，化纤喷丝板的各种精密、微细、异形喷丝孔的加工主要依靠电火花加工完成。

1.4 特种加工对制造工艺技术的影响

特种加工与传统机械加工不同的工艺特点，对机械制造工艺技术产生了显著影响。例如，对材料的可加工性、工艺路线的安排、新产品的试制过程及周期、产品零件设计的结构、零件结构工艺性的衡量标准等产生了一系列影响。**特种加工对机械制造和结构工艺性产生的重大影响主要包括以下几点。**

(1) 提高了材料的可加工性。以往认为金刚石、硬质合金、淬火钢、石英、玻璃、陶瓷等很难加工，现在对广泛采用的金刚石、聚晶（人造）金刚石和硬质合金等制造的刀具、工具、拉丝模具等，均可用电火花加工、电解加工、激光加工等进行加工。材料的可加工性不再与硬度、强度、韧性、脆性等成比例关系。特种加工使材料的可加工范围从普通材料发展到硬质合金、超硬材料和特殊材料。

(2) 改变了零件的典型工艺路线。工艺人员都知道，除磨削外，其他切削加工、成形加工等都应在淬火热处理之前完成。但特种加工的出现改变了这种模式。因为特种加工基本不受工件硬度的影响，可以先淬火后加工。例如，电火花线切割加工、电火花成形加工和电解加工等都宜在工件淬火后进行。

(3) 缩短了新产品的试制周期。新产品试制时，如采用电火花线切割加工，可直接加工出各种标准和非标准直齿轮［包括非圆齿轮（图 1.1）、非渐开线齿轮］，微电机定子、转子硅钢片，各种变压器铁芯，各种特殊或复杂的二次曲面体零件，从而省去设计和制造相应刀具、夹具、量具、模具及二次工具的时间，大大缩短了试制周期。

（4）影响产品零件的结构设计。 例如花键孔与轴的齿根部分，为了减小应力集中，应设计并制成小圆角。但拉削加工时，刀齿做成圆角对切削和排屑不利，容易磨损，只能设计与制成清棱清角的齿根。而采用电解加工时存在尖角变圆现象，可以采用圆角的齿根。又如图 1.2 所示的闭式整体涡轮叶盘，大大提高了涡轮叶盘的刚性并减轻了质量。

图 1.1　非圆齿轮

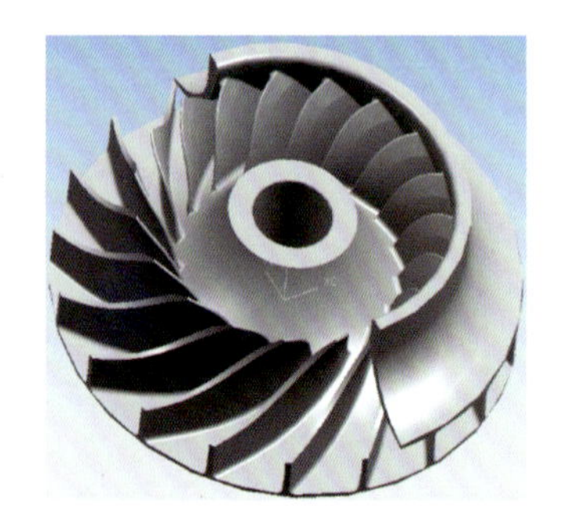

图 1.2　闭式整体涡轮叶盘

（5）重新衡量传统结构工艺性。 过去认为方孔、小孔、弯孔和窄缝等的工艺性很差，在结构上应尽量避免。但特种加工的应用改变了这种认知。对于电火花穿孔加工、电火花线切割加工而言，加工方孔和加工圆孔的难易程度是一样的。

（6）成为微细加工和纳米加工的主要手段。 大规模集成电路、光盘基片、微型机械机器人零件、细长轴、薄壁零件、弹性元件等低刚度零件均是采用微细加工和纳米加工技术加工的，采用的工艺手段主要是电子束、离子束、激光、电火花、电化学等电物理、电化学特种加工。图 1.3 所示的集成电路引线框架模采用细电极丝精密切割而成（引线最小间距为 0.04mm），图 1.4 所示的微型探针采用特种加工技术加工而成。

图 1.3　集成电路引线框架模

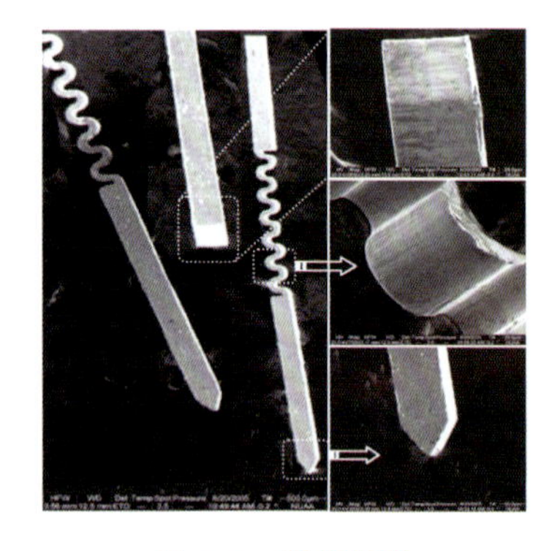

图 1.4　微型探针

特种加工已经成为难切削材料、复杂型面、精细零件、低刚度零件加工及模具加工、增材制造和大规模集成电路制造等领域不可缺少的重要工艺手段，并发挥着越来越重要的作用。

思考题

1-1　特种加工的定义是什么？其利用的能量与传统加工有什么区别？

1-2　特种加工有别于传统加工的特点体现在哪些方面？

1-3　特种加工对制造工艺技术产生了哪些影响？试举出几种采用特种加工工艺对材料的可加工性和结构工艺性产生重大影响的实例。

1-4　特种加工的主要应用领域有哪些？试结合实例简单说明。

第2章 电火花加工

◇ 本章教学要求

教学目标	知识目标	(1) 掌握电火花加工的基本概念； (2) 掌握实现电火花加工应具备的条件； (3) 掌握电火花放电的微观过程； (4) 掌握电火花加工的极性效应； (5) 掌握电火花加工表面质量的构成因素； (6) 熟悉电火花成形机床的基本构成； (7) 掌握直线电动机在电火花加工中的优点； (8) 掌握等能量脉冲电源的工作原理； (9) 了解电火花型腔加工的种类； (10) 了解主轴自动进给调节装置的组成； (11) 掌握电火花加工工具电极种类； (12) 掌握混粉电火花加工的机理； (13) 掌握电火花小孔高速加工方法的工艺要求及特点； (14) 了解其他电火花加工方法
	能力目标	(1) 理解电火花放电的微观过程，培养抽象思维能力； (2) 学会通过极性效应设置电火花加工在各电参数加工下的极性； (3) 理解直线电动机在电火花加工中可以做到“珠联璧合”的原因； (4) 分析电火花小孔高速加工方法与传统电火花加工的差异
	思政落脚点	科学精神、专业能力、互补创新、创新意识
教学内容		(1) 电火花加工概述； (2) 电火花放电的微观过程； (3) 电火花加工的基本规律； (4) 电火花成形机床； (5) 电火花成形加工工艺； (6) 电火花小孔高速加工； (7) 其他电火花加工方法
重点、难点及解决方法		(1) 电火花放电的微观过程，细分阶段解释； (2) 极性效应，讲解时可以形象地将电子比喻为轿车，将离子比喻为火车，两种车的惯性决定了它们的加速和撞击物体特性； (3) 等能量脉冲，说明其实质是控制实际的放电时间； (4) 电火花小孔高速加工，说明实质上具有较高比例的电弧特性
学时分配		授课5学时

2.1 电火花加工概述

2.1.1 电火花加工的基本概念

电火花加工（electrical discharge machining，EDM）是指在介质中，利用两电极即工具电极与工件电极（一般称工件）之间脉冲性火花放电时的电腐蚀对材料进行加工，使工件的尺寸、形状和表面质量达到预定要求的加工方法。电火花加工原理如图 2.1 所示。电火花放电时，火花通道内瞬时产生的高密度热量使两电极表面的金属产生局部熔化甚至气化而被蚀除。电火花加工表面不同于普通金属切削表面，是由无数个不规则的放电凹坑组成的，而普通金属切削表面具有规则的切削痕迹，如图 2.2 所示。

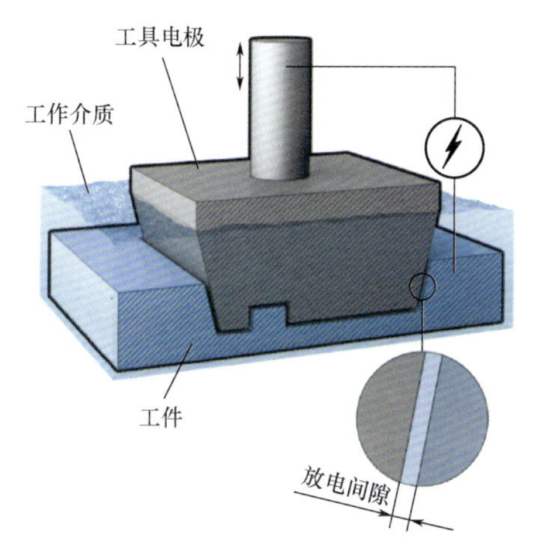

图 2.1 电火花加工原理

（a）电火花成形加工

（b）电火花线切割加工

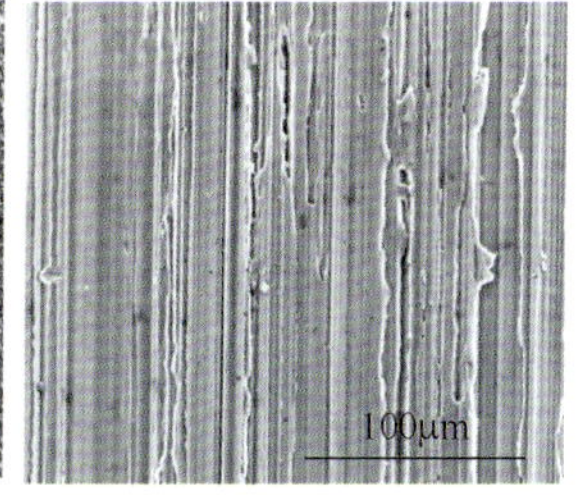

（c）磨削加工

图 2.2 不同加工方式表面微观形貌

电火花加工与金属切削加工相比具有独特的加工特点，再加上数控水平和工艺技术的不断提高，其应用领域日益扩大，已经覆盖机械、航空航天、电子、核能、仪器、轻工等领域，解决各种难加工材料的加工、复杂形状零件和有特殊要求零件的制造难题，成为常规切削、磨削加工的重要补充和拓展，其中模具制造是电火花加工应用较多的领域。

按工具电极和工件相对运动方式和用途的不同，电火花加工大致可分为电火花成形加工、电火花线切割加工、电火花小孔高速加工、电火花沉积表面强化等。

2.1.2 电火花加工的条件

实现电火花加工应具备以下条件。

(1) 工具电极和工件之间在加工中必须保持一定的间隙，一般是几微米至数百微米。若两电极距离过大，则脉冲电压不能击穿介质而形成火花放电；若两电极短路，则两电极间不能产生脉冲能量，不可能实现电蚀加工。因此，必须采用自动伺服进给调节系统以保障加工间隙随加工状态的改变而改变。电火花加工系统原理示意图如图 2.3 所示。

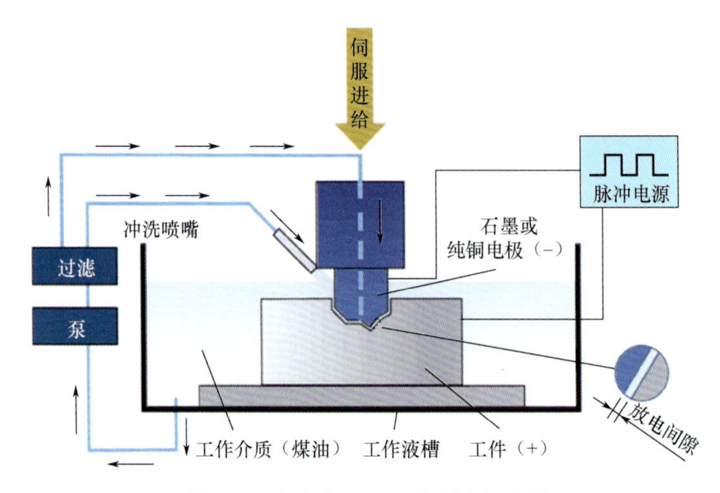

图 2.3 电火花加工系统原理示意图

(2) 火花放电必须在有一定绝缘性能的液体介质（如油基工作液、水溶性工作液或去离子水等）中进行。液体介质具有压缩放电通道的作用，同时能将电火花加工过程中产生的金属蚀除产物、炭黑等从极间排出，并对工具电极和工件起到较好的冷却作用。

(3) 放电点局部区域的功率密度足够高，即放电通道要有很高的电流密度（$10^5 \sim 10^6\ \mathrm{A/cm^2}$）。放电时产生的热量足以使放电通道内金属局部产生瞬时熔化甚至气化，从而在工件表面形成电蚀凹坑。

(4) 火花放电是瞬时的脉冲性放电，放电持续时间为 $10^{-7} \sim 10^{-3}$ s。由于放电时间短，放电时产生的热量来不及扩散到工件材料内部，能量集中，温度高，因此放电点可集中在很小范围内。如果放电时间过长，就会形成持续电弧放电，使工件加工表面及工具电极表面的材料大范围熔化烧伤而无法保证加工中的尺寸精度。

(5) 在两次脉冲放电之间，需要有足够的停歇时间排出极间电蚀产物，使极间介质充分消电离并恢复绝缘状态，以保证下次不在同一点进行脉冲放电，避免形成电弧放电，使重复性脉冲放电顺利进行。

2.2 电火花放电的微观过程

每次电火花放电的微观过程都是电场力、磁力、热力、流体动力、电化学和胶体化学等综合作用的过程。这一过程大致可分以下四个连续阶段：极间介质的电离、击穿，形成放电通道；介质热分解，电极材料熔化、气化热膨胀；电极材料的抛出；极间介质的消电离。

2.2.1 极间介质的电离、击穿，形成放电通道

任何物质的原子均是由原子核与围绕着原子核且在一定轨道上运行的电子构成的，而原子核又由带正电的质子和不带电的中子组成，如图2.4所示。极间的介质也一样，当极间没有施加脉冲电压时，极间状态如图2.5（a）所示。当脉冲电压施加于工具电极与工件

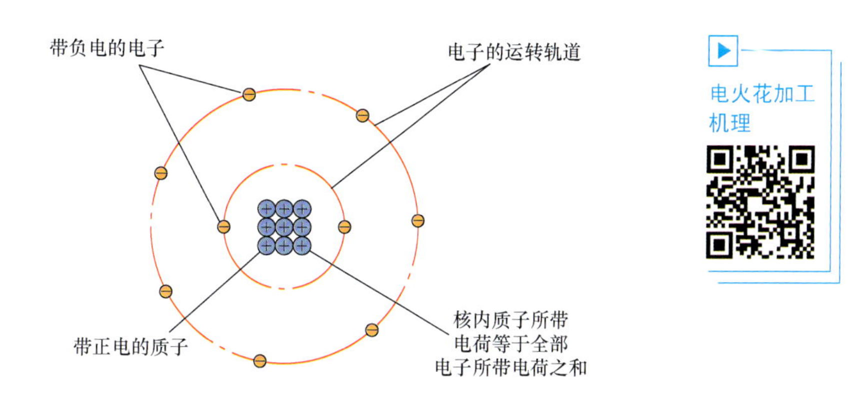

图2.4 介质原子结构示意图

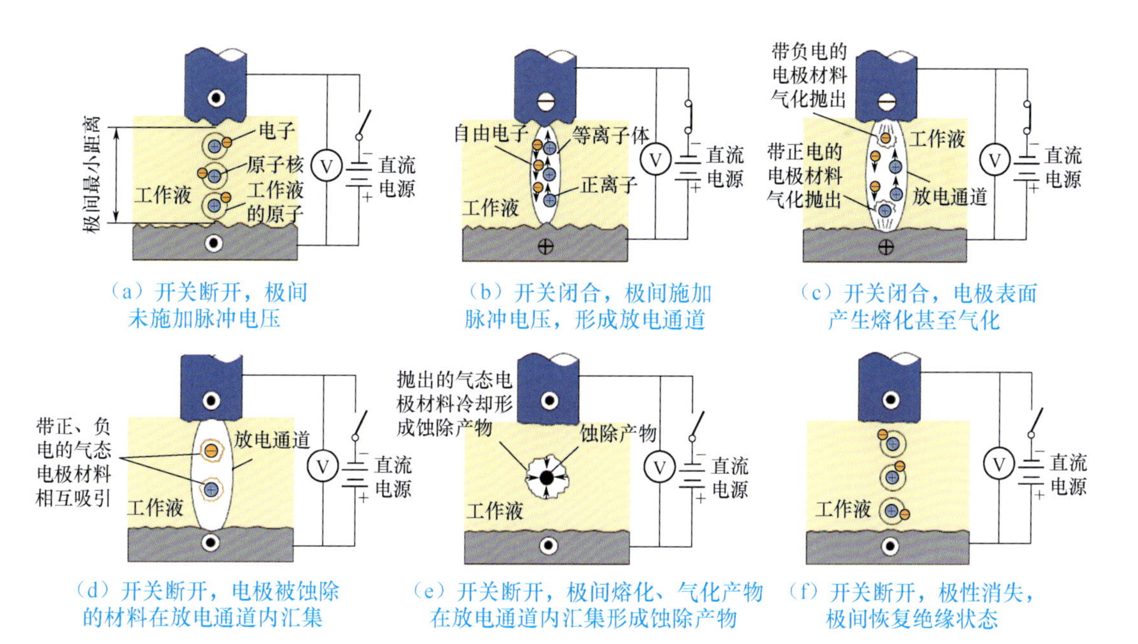

（a）开关断开，极间未施加脉冲电压

（b）开关闭合，极间施加脉冲电压，形成放电通道

（c）开关闭合，电极表面产生熔化甚至气化

（d）开关断开，电极被蚀除的材料在放电通道内汇集

（e）开关断开，极间熔化、气化产物在放电通道内汇集形成蚀除产物

（f）开关断开，极性消失，极间恢复绝缘状态

图2.5 极间放电状态过程示意图

之间时，两电极间立即形成一个电场。电场强度与电压成正比，与距离成反比。随着极间电压的升高及极间距离的减小，极间电场强度增大。由于工具电极和工件的微观表面凹凸不平，极间距离又很小，因此极间电场强度是很不均匀的，两电极间离得最近的凸出或尖端处电场强度最大。电场强度增大到一定程度后，介质原子中绕轨道运行的电子摆脱原子核的吸引成为自由电子，而原子核成为带正电的离子，并且电子和离子在电场力的作用下，分别向正极与负极运动，从而形成放电通道，如图 2.5（b）所示。

2.2.2 介质热分解，电极材料熔化、气化热膨胀

极间介质一旦被电离、击穿，形成放电通道，脉冲电源建立的极间电场就使放电通道内的电子高速奔向正极，正离子奔向负极，电能转换为动能。动能通过带电粒子对相应电极材料的高速碰撞转换为热能，使放电通道区域两电极表面产生高温，放电通道内的温度为 8000～12000℃，高温除了使工作液汽化、热分解外，还使两电极金属材料熔化甚至气化，这些汽化的工作液和金属蒸气的体积瞬间猛增，在放电间隙内成为气泡并迅速热膨胀，就像火药、爆竹点燃后具有爆炸的特性一样。观察电火花加工过程，可以看到放电间隙内冒出气泡，工作液逐渐变黑，并可听到轻微清脆的爆炸声。

2.2.3 电极材料的抛出

通道内的两电极表面放电点瞬时高温使工作液汽化，并使两电极表面金属材料产生熔化、气化，如图 2.5（c）所示。放电通道内的热膨胀产生很高的瞬时压力，使气化生成的气体体积不断向外膨胀，形成一个扩张的“气泡”，进而将熔化或气化的电极金属材料推挤、抛出，并进入工作液，抛出的带电荷的两电极材料在放电通道内汇集后中和、凝聚，如图 2.5（d）所示，最终形成微小的中性圆球颗粒，成为电火花加工的蚀除产物，如图 2.5（e）所示。实际上，熔化和气化的金属材料在抛离两电极表面时向四处飞溅，除绝大部分被抛入工作液中收缩成小颗粒外，还有一小部分飞溅、镀覆、吸附在对面的电极表面上，这种互相飞溅、镀覆及吸附的现象，在某些条件下可以用来减少或补偿工具电极在加工过程中的损耗。

2.2.4 极间介质的消电离

随着电源的关断，脉冲电压降为零，脉冲电流也迅速降为零，但此后仍应有一段间隔时间，使极间介质消除电离，即放电通道中的正、负带电粒子复合为中性粒子（原子），并且将通道内形成的放电蚀除产物及一些中和的微粒尽可能排出通道，使得本次放电通道处恢复极间介质的绝缘强度，如图 2.5（f）所示，并降低两电极表面温度等，从而避免由于此放电通道处绝缘强度较低，下次放电仍然可能在此处形成，在同一处形成重复击穿放电，最终产生电弧放电的现象，进而保证在两电极间按相对最近处形成下一放电通道，实现放电通道的正常转移，从而形成均匀的电火花加工表面。

在电火花放电加工中，极间放电状态一般有五种类型，如图 2.6 所示。

（1）空载或开路。放电间隙没有击穿，极间有空载电压，但间隙内没有电流通过。

（2）火花放电。极间介质被击穿形成放电，有效产生蚀除，其放电波形上有高频振荡的小锯齿。

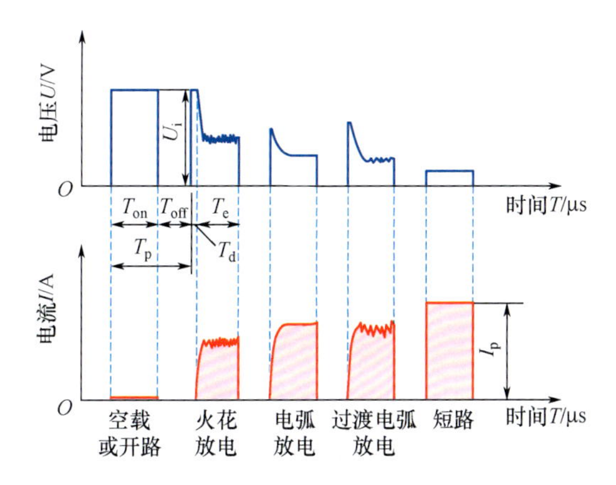

T_{on}—脉冲宽度；T_{ff}—脉冲间隔；T_e—放电时间；T_p—脉冲周期；

T_d—击穿延时；U_i—空载电压；I_p—脉冲峰值电流。

图 2.6　电火花加工中五种典型极间放电波形

（3）**电弧放电**（稳定电弧放电）。由于排屑不良，放电点不能形成正常转移而集中在某局部位置。由于放电点固定在某点或某局部，因此称这种放电为稳定电弧放电，简称电弧放电。电弧放电常使电极表面形成积碳、烧伤。电弧放电的波形特点是没有击穿延时，并且放电波形中高频振荡的小锯齿基本消失。

（4）**过渡电弧放电**（不稳定电弧放电，或称不稳定火花放电）。过渡电弧放电是正常火花放电与电弧放电的过渡状态，是电弧放电的前兆，其放电波形中击穿延时很少或接近于零，仅成为尖刺，放电波形上的高频分量成为稀疏的锯齿形。

（5）**短路**。放电间隙直接短路，电流较大，但间隙两端的电压很小，极间没有材料蚀除。

2.3　电火花加工的基本规律

2.3.1　电火花加工的极性效应

由电火花放电的微观过程可知，无论是正极还是负极，都会受到带电粒子的轰击而产生不同程度的电蚀，即使是相同材料（如钢加工钢），两电极的电蚀量也不同。这种单纯因正、负极性不同而电蚀量不同的现象称为**极性效应（polarity effect）**。如果两电极材料不同，则极性效应更加复杂。我国通常把工件接脉冲电源的正极（工具电极接负极）定义为“**正极性**”加工；反之，把工件接脉冲电源的负极（工具电极接正极）定义为“**负极性**”加工，又称“反极性”加工。欧美国家的电火花加工极性定义与我国相反。

产生极性效应的原因很复杂，对其原则性解释如下：在放电过程中，正、负极表面分别受到电子和正离子的轰击和瞬时热源的作用，在两电极表面分配的能量不一样，因而熔化、气化抛出的电蚀量也不一样。因为**电子的质量和惯性较小**，容易获得很大的加速度和速度，在击穿放电的初始阶段有大量电子奔向正极，把能量传递到正极表面，使其迅速熔化和气化；而**正离子由于质量和惯性较大**，启动和加速较慢，在击穿放电的初始阶段，大量正离子来不及到达负极表面，只有一小部分正离子到达负极表面并传递能量。用短脉冲加工时，电子对正极的轰击作用大于正离子对负极的轰击作用，因此正极的材料去除率大于负极的材料去除率，此时工件应接正极。当采用长脉冲（即放电持续时间较长）加工时，质量和惯性大的正离子将有足够的时间加速，到达并轰击负极表面的正离子将随放电时间的延长而增加；由于正离子的质量大，对负极表面的轰击破坏作用强，因此长脉冲加工时负极的材料去除率将大于正极的材料去除率，此时工件应接负极。因此，当采用短脉冲（如纯铜电极加工钢，$T_{on}<10\mu s$）精加工时，应采用正极性加工；当采用长脉冲（如纯铜加工钢，$T_{on}>100\mu s$）粗加工时，应采用负极性加工，以得到较高的材料去除率和较低的工具电极损耗。**通常长短脉冲的分界以 $T_{on}=100\mu s$ 划分。**

能量在两电极上的分配对两电极电蚀量的影响是一个极为重要的因素，而电子和正离子对电极表面的轰击是影响能量分布的主要因素，因此，电子轰击和正离子轰击无疑是影响极性效应的重要因素。但是近年来的生产实践和研究结果表明，正极表面能吸附油性工作液因放电高温而分解游离出来的碳微粒，形成炭黑保护膜，从而减小电极损耗。因此，极性效应是一个较复杂的问题。它除了受脉冲宽度、脉冲间隔的影响外，还受正极吸附炭黑保护膜和脉冲峰值电流、放电电压、工作液及电极对材料等因素的影响。

从提高材料去除率和减少工具电极损耗的角度来看，极性效应越显著越好，故在电火花加工过程中必须充分利用极性效应。当采用交变脉冲电压加工时，单个脉冲的极性效应会相互抵消，增加了工具电极的损耗。因此，电火花加工一般都采用单向脉冲电源（低速单向走丝电火花线切割的抗电解电源除外）。

除了充分利用极性效应、正确选用极性、最大限度地降低工具电极的损耗外，还应合理选用工具电极的材料，根据电极对材料的物理性能和加工要求选用最佳电参数，使工件的材料去除率最大、工具电极的损耗尽可能低。

2.3.2 影响电火花加工材料去除率的因素

1. 电参数的影响

在电火花加工过程中，无论是正极还是负极，在一定范围内单个脉冲的蚀除量都与单个脉冲能量成正比，而工艺系数与电极材料、脉冲参数、工作介质等有关。某段时间内的总蚀除量约等于各单个有效脉冲蚀除量的总和，因此，正、负极的材料去除率与单个脉冲能量、脉冲频率成正比。

为便于理解，可以近似形象描述如下：如图 2.7 所示，假设放电击穿延时时间相等，

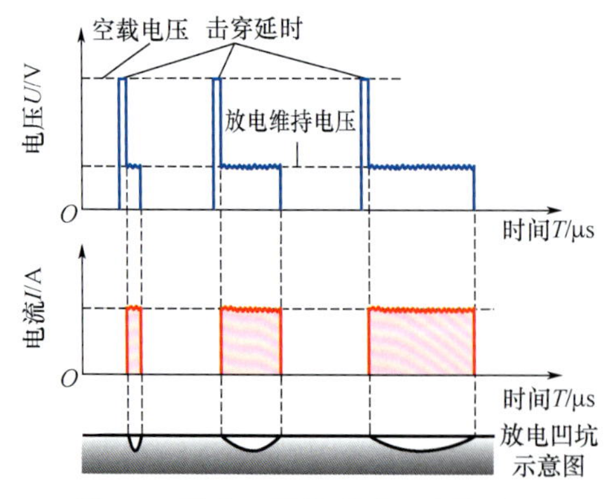

图 2.7 放电凹坑与脉冲宽度的关系

则脉冲宽度决定了放电凹坑的直径；如图 2.8 所示，脉冲峰值电流决定了放电凹坑的深度。

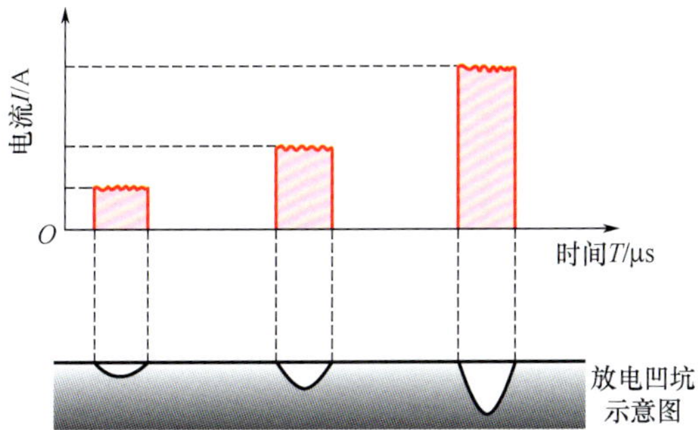

图 2.8 放电凹坑与脉冲峰值电流的关系

关于电参数对材料去除率的影响，研究发现放电的蚀除量不仅与脉冲能量有关，还与蚀除的形式有关。小脉冲宽度高峰值电流放电产生的蚀除形式主要是材料的气化，而大脉冲宽度低峰值电流产生的蚀除形式主要是材料的熔化。由于蚀除材料瞬间从固体转化为气体，形成很高的膨胀压力，将蚀除材料推出放电凹坑，因此气化形式的材料去除率要比熔化形式的材料去除率高 30%～50%，并且表面残留金属少，表面质量明显提高，如图 2.9 所示。

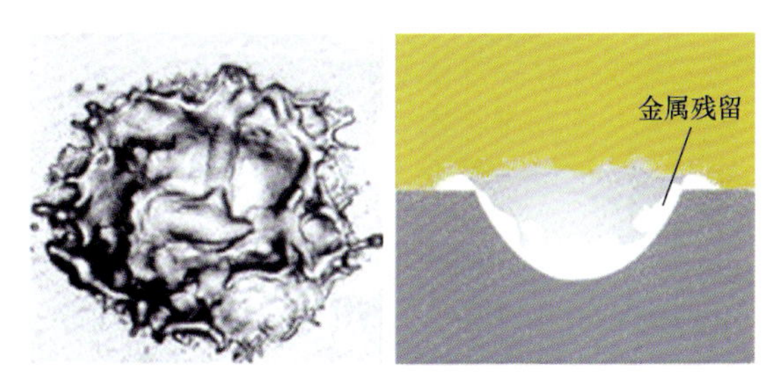

（a）熔化蚀除

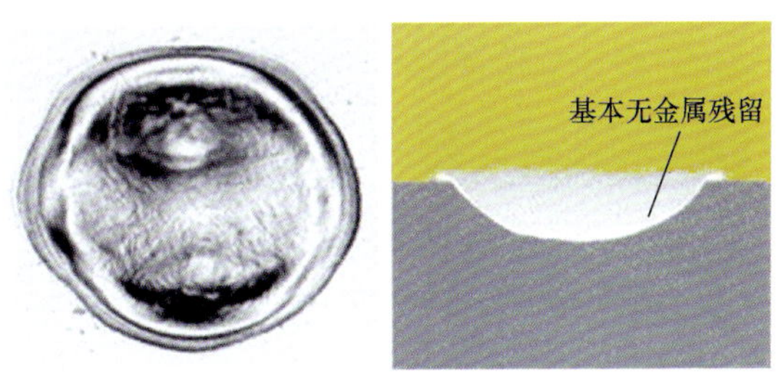

（b）气化蚀除

图 2.9 不同放电蚀除形式的表面质量及蚀除凹坑

要提高材料去除率，在正常加工的前提下，可以采用提高脉冲频率、增大单个脉冲能量或者增大平均放电电流（或脉冲峰值电流）和脉冲宽度、减小脉冲间隔的方式。此外，还可以通过采用小脉冲宽度并增大脉冲峰值电流，获得气化蚀除方式，从而达到既提高材料去除率，又改善表面质量和降低变质层厚度的目的。

当然，实际加工时，还要考虑这些因素之间的制约关系和对其他工艺指标的影响，如脉冲间隔过小，则易引起电弧放电；随着单个脉冲能量的增大，加工表面粗糙度也随之增大；等等。

2. 金属材料热学物理常数的影响

金属材料热学物理常数是指熔点、沸点（气化点）、热导率、比热容、熔化热、气化热等。当脉冲放电能量相同时，金属的熔点、沸点、比热容、熔化热、气化热越高，电蚀量将越小，越难加工；而且，热导率越大，瞬时产生的热量越容易传导到材料基体内部，也会降低放电点本身的蚀除量。

钨、钼、硬质合金等材料的熔点、沸点较高，难以蚀除；纯铜的熔点虽然比铁（钢）的低，但因导热性好，放电后产生的热量容易被基体吸收，用于真正放电蚀除的能量减小，所以耐蚀性比铁好，适合制作工具电极；铝的热导率虽然比铁（钢）的大好几倍，但其熔点较低，所以耐蚀性比铁（钢）差。石墨的熔点、沸点相当高，热导率也不低，故耐蚀性好，适合制作工具电极。

3. 工作介质的影响

电火花加工中工作介质对材料去除率也有较大的影响。电火花成形加工主要采用油类作为工作介质，粗加工脉冲能量大、放电间隙较大、排屑容易，常选用介电性能强、黏度较大且燃点较高的机油作为工作介质；而在中、精加工时放电间隙较小、排屑比较困难，常选用黏度小、流动性好、渗透性好的煤油作为工作介质。而对于电火花线切割而言，低速单向走丝选用去离子水作为工作介质，而高速往复走丝则采用油基型工作液、水基型工作液或复合型工作液等水溶性的工作介质。目前，已经研制出并投入使用的有多种可以满足从粗加工到精加工需求的具有黏度低、闪点高、沸点高、绝缘性好、不污染工件、不腐蚀及使用寿命长且价格低的电火花加工专用油。

4. 其他因素的影响

还有一些因素会影响材料去除率，最主要的是加工过程稳定性，加工过程不稳定将干扰甚至破坏正常的火花放电，使有效脉冲利用率降低。

2.3.3 材料去除率和工具电极损耗的关系

电火花加工时，工件和工具电极同时遭到不同程度的电蚀，单位时间内工件的蚀除量称为材料去除率，业内称为加工速度或生产率，单位时间内工具电极的蚀除量称为损耗速度。

1. 材料去除率

电火花成形加工的材料去除率一般用**体积材料去除率 v_w (mm^3/min)** 表示，即单位时间被加工掉的体积。

$$v_w = \frac{V}{t}$$

有时为了测量方便，也用**质量材料去除率 v_m** 表示，**单位为 g/min。**

提高材料去除率的途径有增大单个脉冲能量、提高脉冲频率、提高工艺系数，同时应考虑这些因素之间的制约关系和对其他工艺指标的影响。

增大单个脉冲能量（增大脉冲峰值电流和增大脉冲宽度）可以提高材料去除率，但同时会使表面粗糙度变差并降低加工精度，一般只用于粗加工和半精加工场合。

提高脉冲频率可有效地提高材料去除率，但脉冲间隔过小会使加工区域放电通道内工作介质来不及消电离，不能及时排出蚀除产物及气泡以恢复介电性能，因而易形成具有破坏性的电弧放电，使电火花加工过程不能正常进行。

提高工艺系数的途径很多，如合理选用电极对材料、电参数和工作介质，改善工作介质的循环过滤方式等，从而提高有效脉冲利用率，达到提高工艺系数的目的。

对于电火花成形加工，一般条件下，每安培平均加工电流的材料去除率约为 $10mm^3/min$。

2. 相对损耗

在生产过程中，衡量工具电极是否损耗不仅看损耗速度 v_e，还要看材料去除率 v_w。因此，一般采用相对损耗比 θ 作为衡量工具电极损耗的指标，即

$$\theta=\frac{v_e}{v_w}\times 100\%$$

式中，若材料去除率和损耗速度均以 mm^3/min 为单位计算，则 θ 为体积相对损耗比；若均以 g/min 为单位计算，则 θ 为质量相对损耗比。

为了降低工具电极的相对损耗，必须充分利用电火花加工过程中的各种效应，如极性效应、吸附效应、传热效应等。这些效应相互影响、综合作用。

(1) 正确选择极性。

一般而言，在短脉冲精加工时采用正极性加工（工件接电源正极），而长脉冲粗加工时采用负极性加工。

(2) 利用吸附效应。

当采用煤油等碳氢化合物作为工作介质时，在放电过程中工作介质发生热分解，产生大量游离的碳微粒，碳微粒和金属蚀除产物结合后形成金属碳化物微粒，即胶团。研究表明，胶团具有负电性，在电场作用下向正极移动，并吸附在正极表面，形成一定强度和厚度的化学吸附碳层，通常称为炭黑膜。由于金属碳化物微粒的熔点和气化点很高，因此可对工具电极起保护和补偿作用。在有些教材中，吸附效应又称覆盖效应。

由于炭黑膜只能在正极表面形成，因此，要利用炭黑膜的补偿作用实现工具电极的低损耗必须采用负极性加工。

(3) 利用传热效应。

在放电初期，限制脉冲电流的增长率（di/dt）对降低工具电极损耗有利，可使放电初期的电流密度不太高，从而使电极表面温度不致过高而形成较大损耗。脉冲电流增长率太大对在热冲击作用下易脆裂的工具电极（如石墨）的损耗影响尤为显著。此外，由于一般采用的工具电极的导热性比工件好，因此，如果采用较大的脉冲宽度和较小的脉冲峰值电流加工，导热作用将使工具电极表面温度升高较低而损耗减小，工件表面温度仍较高而得到蚀除。

(4) 选用合适的工具电极材料。

钨、钼的熔点和沸点较高，损耗小，但机械加工性能不好，价格高，除电火花线切割

用钨、钼丝外，其他类型的电火花加工很少采用。虽然纯铜的熔点较低，但导热性好，因此损耗较小，而且方便制成各种精密、复杂的工具电极，常作为中、小型腔加工的工具电极。石墨不仅热学性能好，而且在长脉冲粗加工时能吸附游离的碳补偿工具电极损耗，所以相对损耗低，广泛用作型腔加工的工具电极。铜碳、铜钨、银钨合金等不仅导热性好，而且熔点高，因而作为工具电极时损耗小，但由于价格较高，因此一般只在精密电火花加工时采用。

上述因素对工具电极损耗的影响是综合作用的，应根据实际加工经验进行必要的试验和调整。

2.3.4 影响电火花加工精度的主要因素

与传统机械加工一样，机床本身的误差，以及工件和工具电极的定位、安装误差都会影响加工精度，但电火花加工精度主要取决于与电火花加工工艺相关的因素。影响加工精度的主要因素有放电间隙的一致性及大小、工具电极的损耗。

电火花加工时，工具电极与工件之间存在一定的放电间隙，如果加工过程中放电间隙能保持不变（保持一致性），则可以通过修正工具电极的尺寸对放电间隙进行补偿，以获得较高的加工精度。然而，实际加工中放电间隙是变化的。

除了放电间隙的一致性外，放电间隙的大小对加工精度也有影响，尤其是对复杂形状的加工表面。

工具电极的损耗对尺寸精度和形状精度都有很大的影响。加工精密型腔时，一般可采用更换工具电极，用粗加工、半精加工、精加工保障加工精度；也可以采用电极平动或工作台摇动的方法进行修整。

影响电火花加工形状精度的因素还有二次放电。二次放电是指在已加工表面，由于有蚀除产物的介入而再次进行的非正常放电，主要反映在加工深度方向产生斜度和加工棱角、棱边变钝等方面。

在加工过程中，工具电极的下端部加工时间长，绝对损耗大，而工具电极入口处的放电间隙由于存在蚀除产物，随二次放电概率的增大而增大，因而形成了图 2.10 所示的加工斜度。

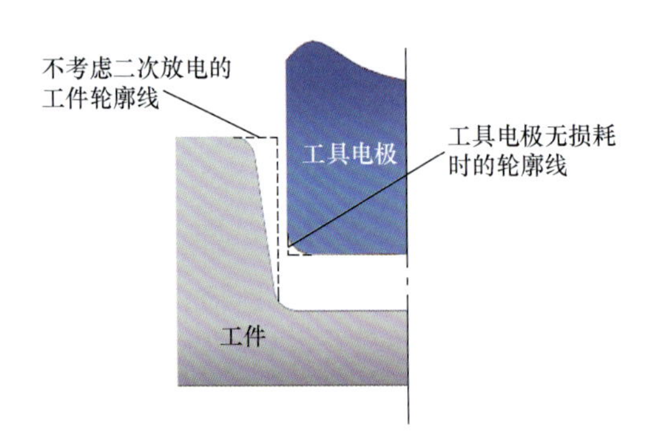

图 2.10 电火花加工时的加工斜度

电火花加工的精度为 0.01～0.05mm，在精密光整加工中可小于 0.005mm。

2.3.5 电火花加工的表面质量

电火花加工的表面质量也称表面完整性，主要包括表面粗糙度、表面变质层和表面力学性能三部分。

1. 表面粗糙度

电火花加工表面是由无方向性的无数放电小凹坑和硬凸边叠加而成的，有利于保存润滑油，而机械加工表面存在切削或磨削刀痕，具有方向性。两者相比，在相同的表面粗糙度和有润滑油的情况下，电火花加工表面的润滑性和耐磨损性均比机械加工表面好。

对表面粗糙度影响最大的因素是单个脉冲能量，因为脉冲能量大，每次脉冲放电的蚀除量就大，则放电凹坑既大又深，从而使表面粗糙度恶化。

电火花加工的表面粗糙度和材料去除率之间存在很大的矛盾，如表面粗糙度从 $Ra2.5\mu m$ 降到 $Ra1.25\mu m$，材料去除率要降低为原来的十几分之一。为获得较好的表面粗糙度，需要采用很低的材料去除率。因此，一般电火花加工到 $Ra2.5 \sim Ra1.25\mu m$ 后，通常采用研磨方法改善表面粗糙度，这样比较经济。

工件材料对加工表面粗糙度也有影响，熔点高的材料（如硬质合金），在相同能量下，加工表面粗糙度要比熔点低的材料（如钢）好。当然，材料去除率会相应下降。

精加工时，工具电极的表面粗糙度也将影响加工表面粗糙度。由于石墨电极很难加工出非常光滑的表面，因此用石墨电极加工时，表面粗糙度较差。

2. 表面变质层

电火花加工过程中，在火花放电的瞬时高温和工作介质的快速冷却作用下，工件材料的表面层化学成分和组织结构会发生很大的变化，其性质改变的部分称为表面变质层。表面变质层包括松散层、重铸层和热影响层。电火花加工后工件截面表面变质层示意图如图 2.11所示。

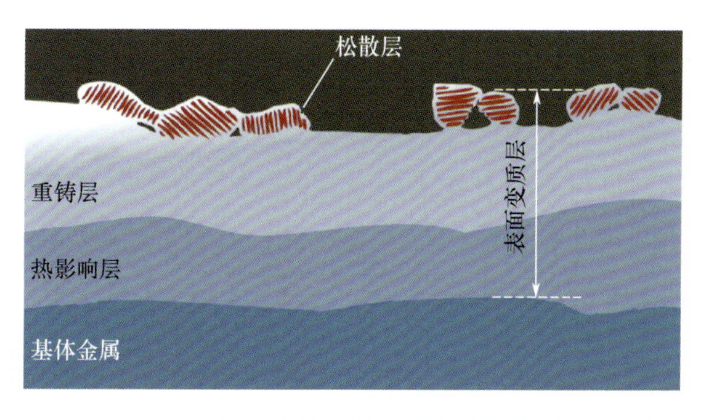

图 2.11 电火花加工后工件截面表面变质层示意图

（1）松散层。松散层是由放电后蚀除产物飞溅黏附在重铸层表面而形成一层很薄的松散颗粒构成的，极易剥落，因此在有些教材中不将其列为表面变质层的组成部分。

（2）重铸层。重铸层是工件表面最上层，被放电时的瞬时高温熔化后滞留下来，因工作介质快速冷却而凝固，故又称熔化凝固层、再铸层。对于碳钢，重铸层在金相照片上呈现白色，故又称白层。重铸层与基体金属完全不同，是一种晶粒细小的树枝状淬火铸造组织，与内层的结合并不牢固。

（3）热影响层。热影响层处于重铸层和基体之间。热影响层的金属材料并没有熔化，只是受到高温的影响，材料的金相组织发生了变化，它和基体金属之间并没有明显的界限。对于淬火钢，热影响层包括再淬火区、高温回火区和低温回火区；对于未淬火钢，热影响层主要为淬火区。因此，淬火钢的热影响层厚度比未淬火钢的大。

重铸层和热影响层的厚度随着脉冲能量的增加而增大，一般表面变质层的厚度为几十微米。

（4）显微裂纹。电火花加工表面由于受到瞬时高温作用并迅速冷却而产生拉应力，因此往往出现显微裂纹。试验表明，一般显微裂纹仅出现在重铸层内，只有在脉冲能量很大的情况下（粗加工时）才可能扩展到热影响层。低速单向走丝电火花线切割加工的钛合金截面表面变质层及显微裂纹如图 2.12 所示。

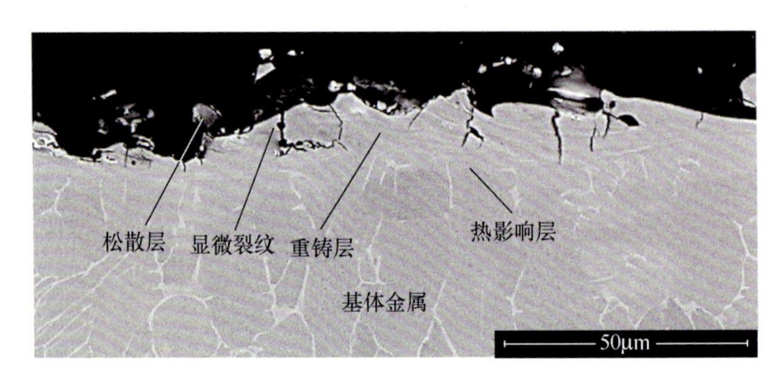

图 2.12　低速单向走丝电火花线切割加工的钛合金截面表面变质层及显微裂纹

脉冲能量对显微裂纹的影响是非常明显的，能量越大，显微裂纹越宽、越深。不同工件材料对裂纹的敏感性不同，硬脆材料更容易产生显微裂纹。工件的预先热处理状态对显微裂纹产生的影响也很明显，加工淬火材料要比加工淬火后回火或退火的材料容易产生显微裂纹，因为淬火材料硬且脆，原始内应力也较大。

3. 表面力学性能

（1）显微硬度及耐磨性。电火花加工后表面层的硬度一般比基体金属的硬度高，但对于某些淬火钢，也可能稍低于基体金属的硬度。对于未淬火钢，特别是含碳量低的钢，热影响层的硬度都比基体金属的硬度高；对于淬火钢，热影响层中的再淬火区硬度稍高或接近基体金属的硬度，而回火区的硬度比基体金属的硬度低，高温回火区的硬度又比低温回火区的硬度低。因此，在一般情况下，电火花加工表面最外层的硬度比较高，耐磨性好。但对于滚动摩擦（尤其是干摩擦），由于是交变载荷，因重铸层和基体金属结合不牢固，容易剥落而加快磨损。因此，有些要求高的模具需把电火花加工后的表面变质层研磨掉。

（2）残余应力。电火花加工表面存在由瞬时先热胀后冷缩作用形成的残余应力，而且表现为拉应力。残余应力的大小和分布主要与材料在加工前的热处理状态及加工时的脉冲能量有关。因此，对表面层质量要求较高的工件，应尽量避免使用较大的加工规准加工。

（3）抗疲劳性能。电火花加工表面存在较大的拉应力，还可能存在显微裂纹，因此其抗疲劳性能比机械加工的表面低许多。采用回火、喷丸等处理方式有助于降低残余应力或使残余拉应力转变为压应力，从而提高电火花加工表面的抗疲劳性能。

4. 减小表面变质层与显微裂纹的方法

减小表面变质层的方法：一是采用较小的加工规准，二是采用较小的脉冲宽度。在同样单个脉冲能量下，可增大脉冲峰值电流而减小脉冲宽度使单位时间内输入的能量密度增大，使得此时部分工件材料不是在熔化状态，而是在气化状态下被抛出蚀除，这样会使重铸层变薄。

对于显微裂纹，针对不同的工件材料，减小单个脉冲能量，即使是硬质合金，也可以做到表面基本不产生显微裂纹。

试验表明，当表面粗糙度为 $Ra0.08$～$Ra0.32\mu m$ 时，电火花加工表面的抗疲劳性能与机械加工表面的相近。因为电火花精微加工表面所使用的加工规准很小，重铸层和热影响层均非常薄，不易出现显微裂纹，而且表面的残余拉应力较小。

2.4 电火花成形机床

数控电火花成形机床及功能

电火花成形机床一般由机床主机、脉冲电源、控制系统三部分构成。机床主机的作用是使工具电极与工件保持一定精度的相对运动，并通过工作液循环过滤系统强化排出蚀除产物，使加工正常进行，其主要由床身、立柱、主轴头、工作台及工作液槽等组成；脉冲电源的作用是为电火花成形加工提供放电能量；控制系统的作用是控制机床按指令运动并控制脉冲电源的各项参数及监控加工状态等。典型的C型结构机床主要组成如图2.13(a)所示，电火花成形加工现场如图2.13(b)所示。一般C型结构适合中、小型机床采用。此外，还有龙门式结构、滑枕式结构、摇臂式结构、台式结构、便携式结构等。为适合成对模具及其他一些特殊加工要求，还设计出双头电火花成形机床，如图2.14所示。随着模具制造业的发展，出现了各种结构形式的三轴（或多于三轴）数控电火花成形机床及带有机械手按程序自动更换工具电极及工件的电火花成形加工自动化单元（图2.15）。

电火花成形加工键盘模具

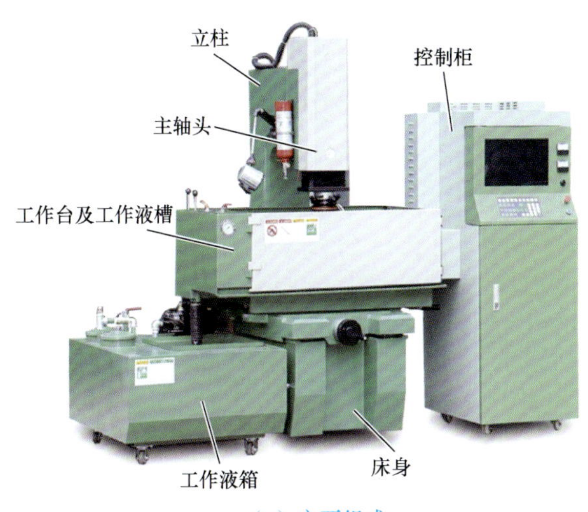

(a) 主要组成

(b) 加工现场

图2.13 电火花成形机床的主要组成及加工现场

电火花多电极及多头加工

图 2.14 双头电火花成形机床

图 2.15 电火花成形加工自动化单元

电火花成形加工自动化

2.4.1 机床主机

下面以典型的 C 型三轴数控电火花成形机床主机（图 2.16）为例，介绍机床主机各部分的结构。

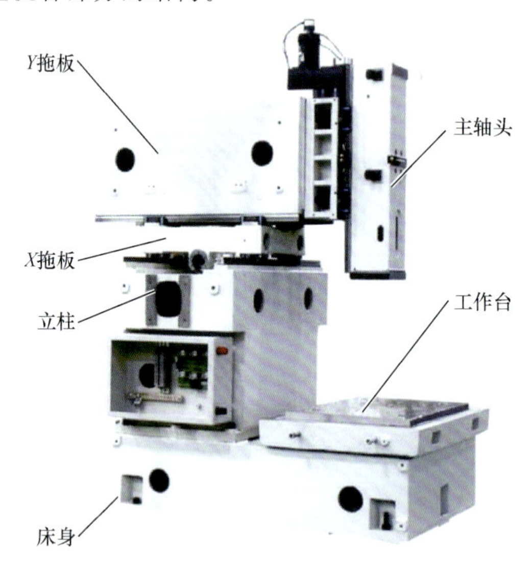

图 2.16 C 型三轴数控电火花成形机床主机

1. 床身、立柱及数控轴

床身、立柱是基础结构件，其作用是保证工具电极与工作台、工件之间的相互位置，立柱上承载的横向（X）轴、纵向（Y）轴及垂直方向（Z）轴的运动对加工精度至关重要。

2. 工作台

采用固定工作台，则工件及工作液的质量对加工过程没有影响，加工稳定，同时方便大型工件的安装固定及操作者的观察。

目前，数控电火花成形机床一般采用精密滚珠丝杠、滚动直线导轨和高性能伺服电动机等部件，以满足精密模具的加工要求。

3. 主轴头

主轴头是电火花成形机床的关键部件，以实现 Z 轴方向的上、下运动。主轴头由伺服进给机构、导向和防扭机构、辅助机构三部分组成。主轴头的性能直接影响材料去除率、几何精度及表面粗糙度等工艺指标。

4. 直线电动机在电火花成形机床主轴中的应用

在电火花加工过程中，脉冲电源的输出是微秒级的，在一秒内，两电极间会有几万个甚至几十万个脉冲输入，并形成放电，因此电火花加工极间状态是瞬息万变的。而机床主轴必须根据检测到的极间状态，在控制系统的指令要求下，尽可能实时对极间状态做出反应并进行调整。

直线电动机不需要通过任何中间转换机构就可以将电能直接转换为直线运动的机械能。其结构原理示意图如图 2.17 所示。直线电动机可视为将传统圆筒型电动机的定子（初级）剖切展开拉直，变初级的封闭磁场为开放磁场，而旋转电动机的定子变为直线电动机的初级，旋转电动机的转子变为直线电动机的次级。在电动机的三相绕组中通入三相对称正弦电流，在初级和次级间产生气隙磁场（称为行波磁场），行波磁场的分布情况与旋转电动机相似，沿展开的直线方向呈正弦分布。当三相电流随时间变化时，气隙磁场按定向相序沿直线移动。次级的感应电流和行波磁场相互作用便产生了电磁推力，如果初级固定不动，次级就能沿着行波磁场运动的方向做直线运动。把直线电动机的初级和次级分别直接安装在机床的立柱和主轴头上，或者安装在床身和工作台上，即可实现直线电动机直接驱动主轴头或工作台做进给运动。由于这种运动方式的传动链缩短为零，因此也称**“零传动”**。

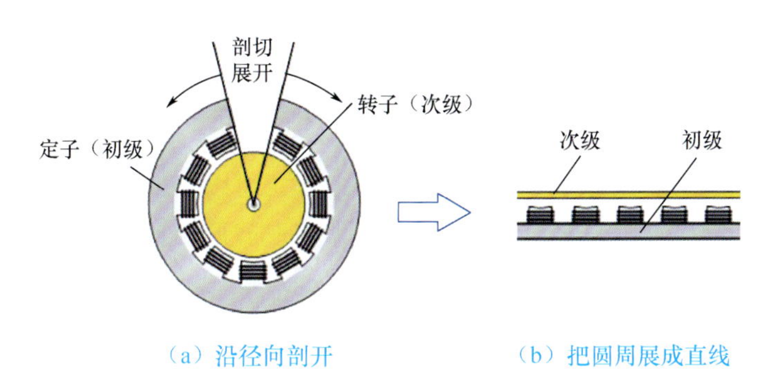

（a）沿径向剖开　　（b）把圆周展成直线

图 2.17　直线电动机的结构原理示意图

普通旋转电动机伺服方式是通过编码器的信号来控制位置和速度的，同时必须采用滚珠丝杠把旋转运动转变为直线运动。另外，还要通过检测放电间隙的电压来保持一定的加工间隙。由于放电间隙极小，只有几微米至几十微米，因此主轴的往复运动很容易受到传动间隙误差的影响。而直线电动机本身是一个直接驱动体，因此光栅尺的信号能直接传递到直线电动机上，无传动间隙的影响。而且，由于工具电极能直接安装在电动机的主体上，因此可以把两者的动作视为一个整体，并能实现高速、高响应性及高稳定加工。主轴头伺服电动机及直线电动机驱动方式对比如图 2.18 所示。

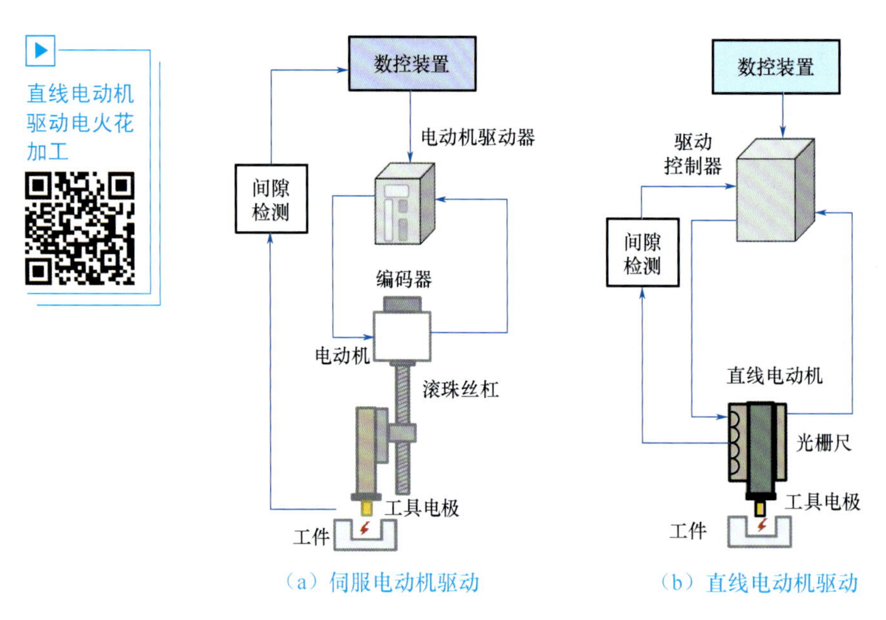

（a）伺服电动机驱动　　（b）直线电动机驱动

图 2.18　主轴头伺服电动机及直线电动机驱动方式对比

正是因为直线电动机避免了由旋转运动转变为直线运动的滚珠丝杠引起的螺距误差、反向间隙等问题，采用光栅尺得到的工作台的位置能直接反馈到直线电动机上，无间隙的影响，可以通过闭环控制实现高精度的位置控制，所以能对瞬息万变的极间状态具有良好的跟踪性，能实现高速及高响应性，适用于对动态特性及精度要求较高的高精密和高速加工的场合，从而提高了机床的加工性能。主轴头伺服电动机驱动及直线电动机驱动进行深窄槽加工时的极间状态对比如图 2.19 所示。深窄槽加工时极间状态是十分恶劣的，冷却和排屑均比较困难。伺服电动机驱动时，极间需要进行强制冷却排屑，并且由于排屑效果不佳，容易在周边形成二次放电，消耗脉冲能量，因此材料去除率和加工精度降低；直线电动机驱动时，由于其具有高速特性，当主轴高速抬刀时，极间形成的负压可以吸入上面洁净的工作介质，而主轴高速下降时，极间形成的正压可以排出极间的蚀除产物，因此可以始终维持极间良好的冷却和排屑状态，只在需要放电的前端进行放电，并且无须进行强制冲液，也不会在周边产生二次放电，因此材料去除率比伺服电动机驱动高 30%以上，而且加工精度得到了保障。**直线电动机的性能优势在深窄槽加工时体现得尤为明显。**

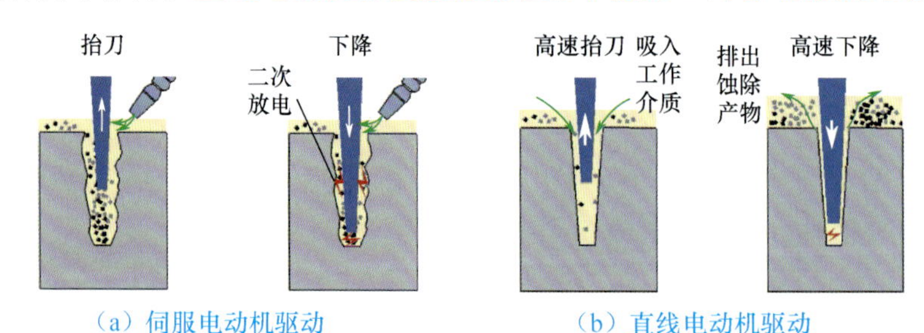

（a）伺服电动机驱动　　（b）直线电动机驱动

图 2.19　主轴头伺服电动机驱动及直线电动机驱动进行深窄槽加工时的极间状态对比

5. 工作液循环及过滤系统

工作液循环及过滤系统一般包括工作液箱、泵、电动机、过滤器、管道、阀、仪表等。工作液箱可以放入机床，也可以与机床分开单独放置，使工作液强制循环，是加速电蚀产物排除、改善极间状态的有效手段。电火花加工采用的工作液主要是煤油和电火花专用油。在加工过程中，由于蚀除颗粒很小，浮游在工作液中，还可能存于放电间隙，使加工处于不稳定状态，直接影响材料去除率和表面粗糙度，因此必须保持工作液清洁。目前，广泛使用纸芯过滤器（图2.20）过滤工作液。

图2.20 电火花加工用纸芯过滤器

2.4.2 脉冲电源

脉冲电源将工频正弦交流电转变为适应电火花加工需要的脉冲能量。

1. 对脉冲电源的基本要求

为在电火花加工中做到高效低耗、稳定可靠和兼作粗、精加工，一般对脉冲电源有以下要求。

(1) 脉冲电压波形的前、后沿应该很陡，即脉冲电流及脉冲能量的变化较小，以减小因放电间隙变化或极间介质污染变化等引起的工艺过程的波动。

(2) 脉冲电压波形是单向的，即没有负半波或负半波很小，最大限度地利用极性效应，实现高效低耗加工。

(3) 脉冲电源的主要参数（如脉冲峰值电流、脉冲宽度、脉冲间隔等）应能在很宽的范围内调节，以满足粗、中、精加工的不同需求。

(4) 工作稳定可靠，操作维修方便，成本低，使用寿命长，体积小。

2. 典型脉冲电源

(1) 弛张式脉冲电源（非独立式脉冲电源）。

弛张式脉冲电源是电火花加工中最早使用、结构最简单的脉冲电源，其利用电容器充电储存电能，然后瞬时释放，形成火花放电蚀除金属，因为电容器时而充电，时而放电，一弛一张，所以称为弛张式脉冲电源。

RC脉冲电源是弛张式脉冲电源中最简单、最基本的一种，其电路如图2.21所示。

RC 脉冲电源由两个回路组成：一个是充电回路，由直流电源、限流电阻（可调节充电速度，同时限流以防止电流过大及转变为电弧放电，故称为限流电阻）和电容器（储能元件）组成；另一个是放电回路，由电容器、工具电极和工件及其间的放电间隙组成。

接通直流电源后，电流经限流电阻向电容器充电，电容器两端的电压按指数曲线逐步上升，因为电容两端的电压就是工具电极和工件间隙两端的电压，所以当电容器两端的电压 u_C 上升到工具电极和工件间隙的击穿电压 u_d 时，间隙被击穿，间隙电阻瞬时降低，电容器储存的能量瞬时释放，形成脉冲电流，如图 2.22 所示。释放电容器的能量后，电压下降到接近零，间隙中的工作液迅速恢复绝缘状态，此后电容器再次充电，重复上述过程。

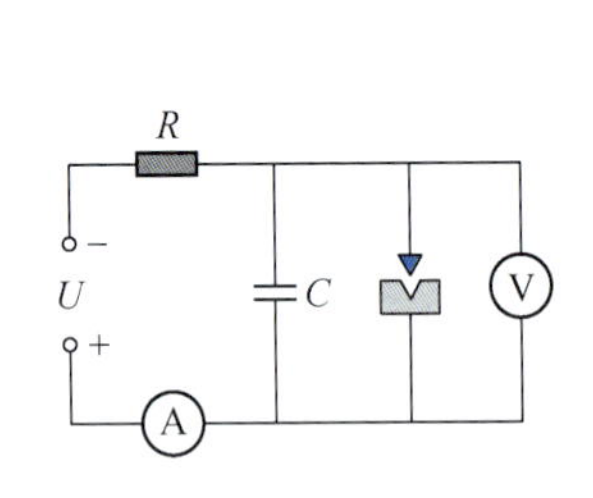

图 2.21　RC 脉冲电源电路

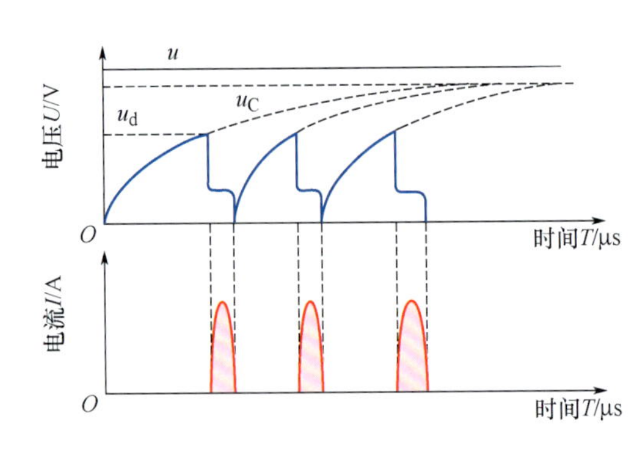

图 2.22　RC 脉冲电源的电压、电流波形

如果间隙过大，极间无法击穿，则电容器上的电压 u_C 按指数曲线上升到接近直流电源电压 U，如图 2.22 中虚线所示。

弛张式脉冲电源的充放电回路阻抗可以是电阻、电感、非线性元件（二极管）及其组合。除最基本的 RC 形式外，还有 RLC、RLCL、RLC－LC 形式。这类电源可以产生很小的脉冲宽度，其优点是加工精度高、加工表面质量好、工作可靠、装置简单、操作和维修方便；缺点是脉冲波形及参数受到极间状态的制约，极间距离及介质状态均会对放电电压、峰值电流、脉冲宽度、脉冲间隔，甚至能否形成放电产生决定性影响，因此这类电源称为非独立式脉冲电源。使用这类电源加工材料去除率低、工具电极损耗大。

（2）**晶体管式脉冲电源。**

晶体管式脉冲电源利用功率晶体管作为开关元件而获得单向脉冲电流进行加工，具有脉冲频率高、脉冲参数可调范围广、脉冲波形易调整、易实现多回路加工和自适应控制等特点，应用范围非常广泛，中小型脉冲电源基本采用晶体管式脉冲电源。

晶体管式脉冲电源主要由主振级、前置放大级、功率输出级和直流电源等构成，其电路如图 2.23 所示。主振级用以产生脉冲信号，可以调节电源参数（脉冲宽度、脉冲间隔等）。主振级输出的脉冲信号比较弱，不能直接推动末级功率晶体管，需要先通过前置放大级将脉冲信号放大，再推动末级功率晶体管导通或截止。使用时，采用多管分路并联输出的方法来提高输出功率，而在精加工时，可只用其中一路或两路输出。

为进一步提高电源的脉冲利用率，满足高效、低耗、稳定加工及一些特殊需求，在晶体管式脉冲电源的基础上，派生出很多新型电源，如高、低压复合脉冲电源，多回路脉冲电源及多功能脉冲电源等。

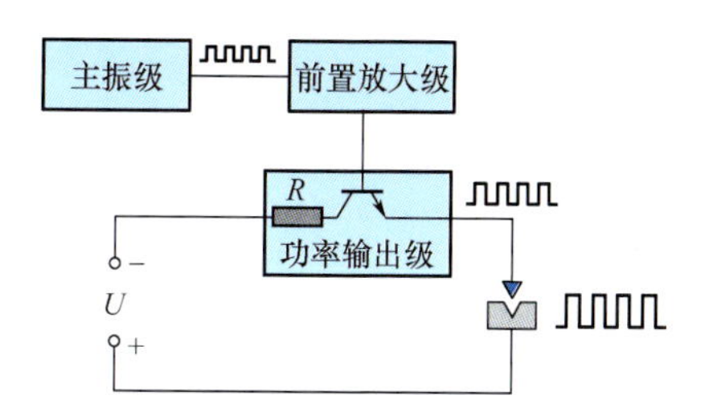

图 2.23 晶体管式脉冲电源电路

(3) 等能量脉冲电源。

等能量脉冲电源的每个脉冲在介质击穿后放电释放的能量都相等。对于矩形波等能量脉冲电源而言，由于每次放电时放电维持电压和脉冲峰值电流基本相同，等能量就意味着每个脉冲放电电流持续时间都相等。等能量脉冲电源可以在一定表面粗糙度下，获得较高的材料去除率。

获得相同放电电流持续时间（宽度）的方法通常是在放电间隙加上直流电压后，利用火花击穿信号（击穿后电压突然降低）控制脉冲电源主振级中的延时电路，令它开始延时，并作为脉冲电流的起始时间。延时结束，发出信号，关断功率晶体管，中断脉冲输出，切断火花通道，从而完成一次脉冲放电。经过一定的脉冲间隔，发出下一个信号，使功率晶体管导通，开始第二个脉冲周期。等能量脉冲电源的电压和电流波形如图 2.24 所示，每次脉冲放电电流宽度都相等，而电压脉冲宽度不一定相等。

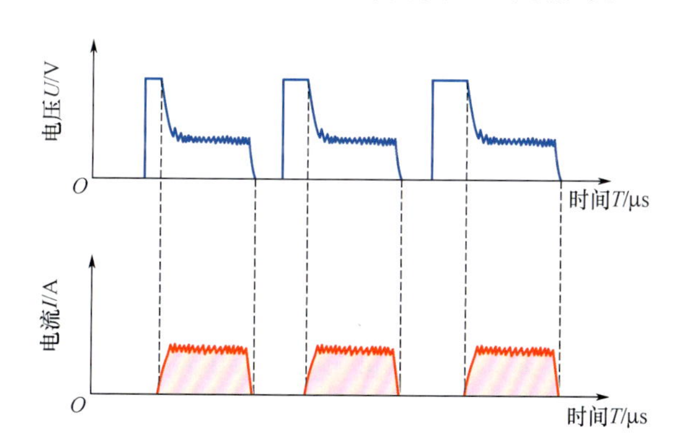

图 2.24 等能量脉冲电源的电压和电流波形

其他派生的脉冲电源还有分组脉冲电源、梳形波脉冲电源等，这些脉冲电源对进一步提高材料去除率和加工精度、改善加工表面完整性、降低工具电极损耗、扩大工艺应用范围等起到了较好的作用。随着新技术的不断出现，电火花加工的脉冲电源系统也在不断地创新和完善。

2.4.3 控制系统

电火花成形机床数控系统对轴的定义与其他数控机床类似，除了有三个直线移动的 X 轴、Y 轴、Z 轴外，还有三个绕坐标轴转动的轴，其中绕 X 轴转动的称 A 轴、绕 Y 轴转动的称 B 轴、绕 Z 轴转动的称 C 轴。C 轴可以数控连续转动，也可以不连续地分度转动或转动某一角度。有些机床主

电火花R轴和C轴加工

轴可以连续转动，但不能数控，则其不能称为 C 轴，只能称为 R 轴，其旋转的目的主要是改善极间状态。

1. 平动头一般型腔加工

电火花成形加工一般冲模和型腔模，采用单轴数控加平动头附件可进行加工。由于火花放电间隙按粗加工、中加工、精加工逐渐递减，如果用一个工具电极加工，粗加工后，型腔底面和侧壁的表面粗糙度会很差，为将其修光，需通过转换小规准逐挡修整。由于后挡规准的放电间隙比前挡的小，因此还可以通过主轴对底面进给修光，但无法修整侧壁，而利用平动头可以对侧壁修整并提高尺寸精度。

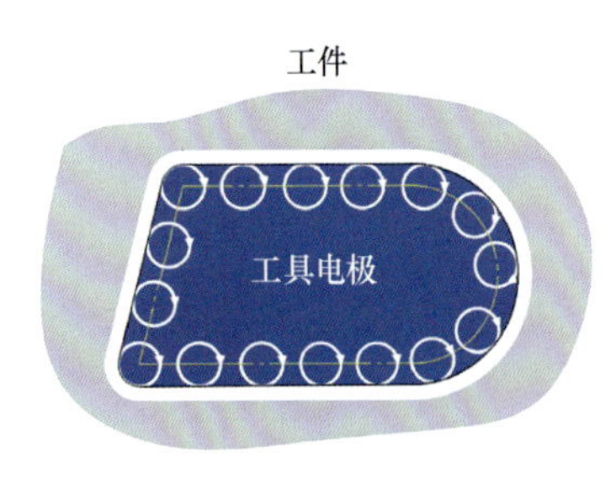

图 2.25 平动头的工作原理

平动头的工作原理如下：利用偏心机构将伺服电动机的旋转运动通过平动轨迹保持机构，使工具电极上的每一点都能围绕原始位置在水平面内做平面小圆周运动，许多小圆的外包络线形成了加工表面，如图 2.25 所示。

如果不采用平动加工，如图 2.26 (a) 所示，用粗加工工具电极对型腔进行粗加工后，型腔四周侧壁将留下较大的放电间隙，而且表面粗糙度很差；如后续改用精加工规准进行修整，由于极间间隙太大将导致无法进行正常的放电加工，只能更换一个尺寸较大的精加工工具电极加工，大大提高了生产成本，延长了生产周期。如果采用平动加工，如图 2.26 (b) 所示，只需用一个工具电极向四周平动，逐步切换减小电规准，就可以加工出型腔。

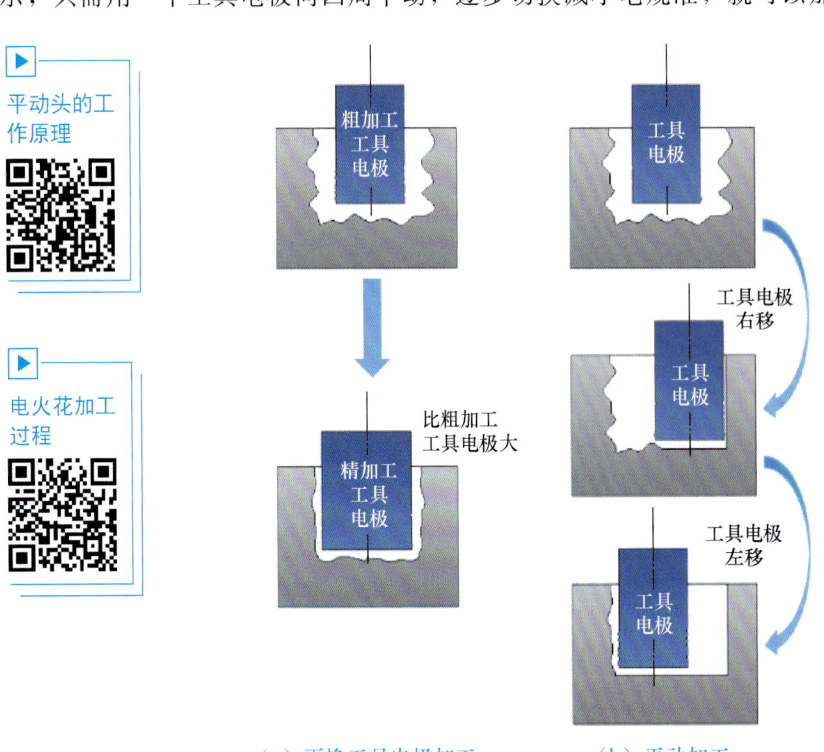

图 2.26 更换电极与平动加工过程对比

单工具电极平动加工的最大优点是只需要一个工具电极一次装夹定位，便可达到 ±0.05mm 的加工精度；其缺点是很难加工出清棱、清角的型腔模。

目前，随着电火花成形机床数控技术的不断发展，平动加工正在被数控工作台及机床主轴由程序控制的轨迹运动功能取代。

2. 数控摇动加工

工具电极向外逐步扩张的运动称为平动，而工作台和工件向外逐步扩张的运动称为摇动。数控摇动加工的主要特点如下。

(1) 逐步修光侧面和底面。

(2) 可以精确控制加工尺寸及精度。

(3) 可以加工出清棱、清角的侧壁及底边。

(4) 变全面加工为局部面积加工，有利于排屑和稳定加工。

数控摇动加工除像平动头做小圆周运动外，还可以进行方形、棱形、叉形和十字形等轨迹运动。图 2.27 所示为电火花三轴数控摇动加工功能示意图。

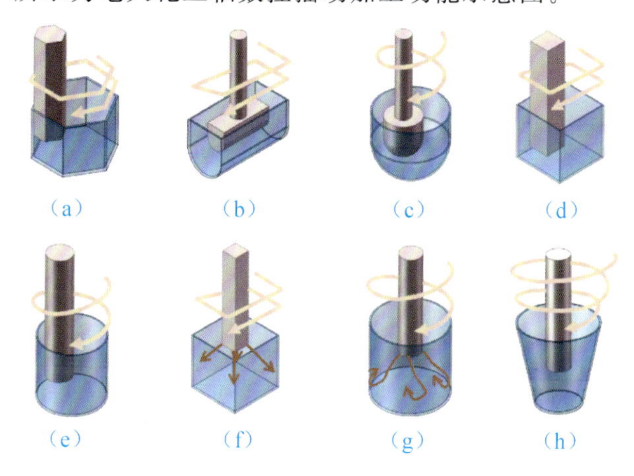

图 2.27　电火花三轴数控摇动加工功能示意图

3. 复杂型腔数控联动加工

复杂型腔模需采用 X、Y、Z 三轴数控联动加工，具体又分为三轴三联动加工和三轴两联动加工。其中三轴两联动加工也称两轴半数控加工或 2.5 轴数控加工，即三个数控轴中，只有两个轴（如 X 轴、Y 轴）有走斜线和走圆弧的数控联动插补功能，但是可以选择、切换三种插补平面 XY、XZ、YZ，故称作两轴半数控加工。常见的联动插补功能示意图如图 2.28 所示。

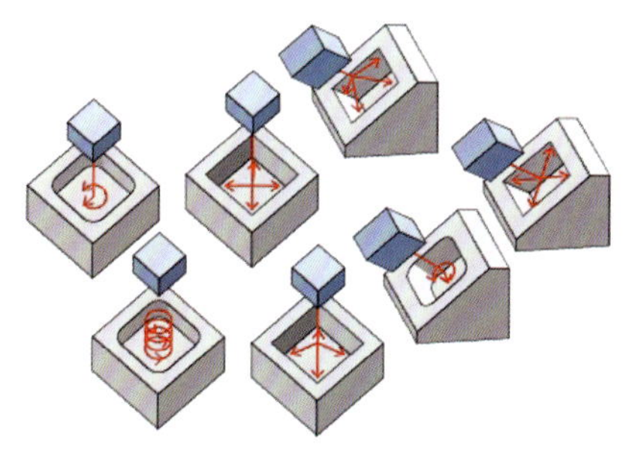

图 2.28　常见的联动插补功能示意图

多轴联动回转加工叶盘

数控回转台附件

在圆周上有分度的模具或有螺旋面的零件、模具，需采用 X 轴、Y 轴、Z 轴和 C 轴多轴联动数控系统加工，如图 2.29 所示。有些航空航天发动机中的带冠和扭曲叶片的整体叶盘需用 X、Y、Z、C、A、B 六轴联动加工或五轴联动加工［A 轴、B 轴往往采用数控回转台附件（图 2.30）的形式安置在数控机床的工作台上］。

图 2.29　多轴联动回转加工叶盘

图 2.30　数控回转台附件

2.4.4　主轴自动进给机构

在加工过程中，工具电极与工件之间应该维持基本恒定的放电间隙，以适应正常的间隙火花放电的要求，若间隙过大，则不易击穿，形成开路；若间隙过小，则会引起拉弧烧伤或短路。因此工具电极的进给速度应与该方向上的材料去除率匹配。由于材料去除率受加工面积、排屑、排气等条件的影响而不可能为定值，因此，如果采用恒速进给的方式肯定是不合适的，必须通过自动进给调节机构控制工具电极的进给。自动进给调节系统的任务是维持一定的“平均”放电间隙，保证电火花加工正常、稳定地进行，以获得较好的加工效果。

与其他任何一个完善的调节装置一样，放电加工用的主轴自动进给调节装置也由测量环节、比较环节、放大环节和执行机构组成，组成框图如图 2.31 所示。

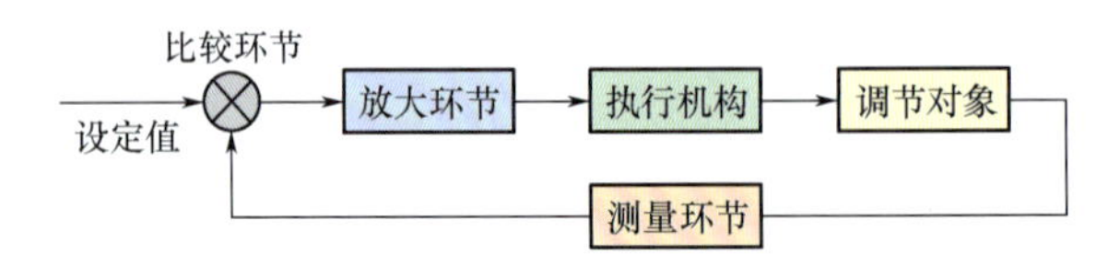

图 2.31　主轴自动进给调节装置组成框图

1. 测量环节

由于加工中放电通道内的温度达上万摄氏度，放电间隙很小且不断变化，因此直接测量间隙值是很困难的。但放电间隙和极间放电电压（或电流之间）存在一定的内在联系，可以通过测量电压或电流参数间接反馈间隙值及其变化。常用的放电状态检测方法如下。

（1）平均间隙电压检测法。

如图 2.32 所示，间隙电压经过电阻 R_1，由电容器充电滤波后成为平均值，又经电位

器 R_2 分压取一部分，输出的电压 U 为表征间隙平均电压的信号。图 2.33 所示的检测电路带整流桥，其优点是工具电极、工件的极性变换不会影响输出信号 U 的极性。

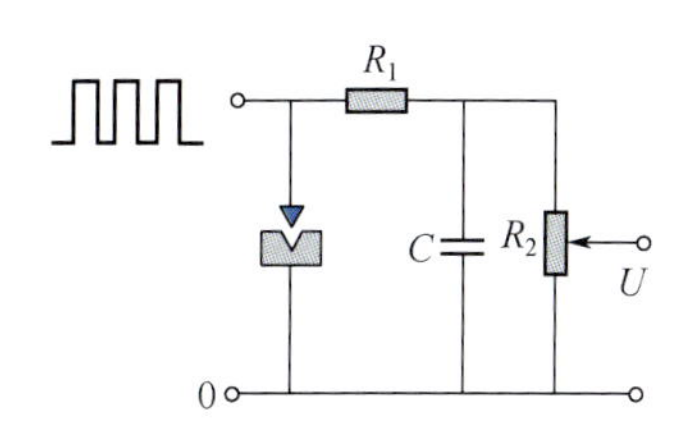

图 2.32 平均间隙电压检测法检测电路

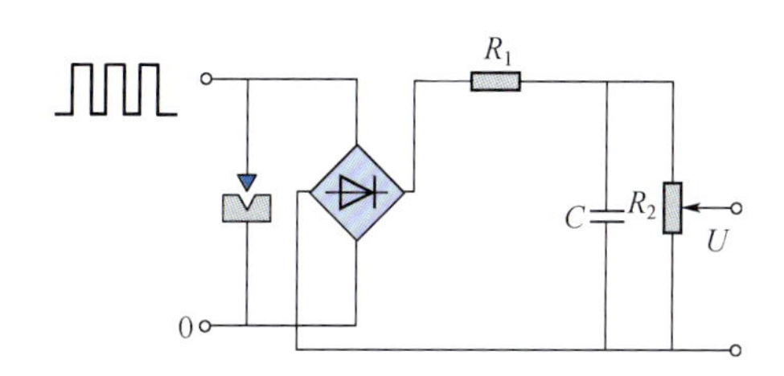

图 2.33 与极性无关的平均间隙电压检测法检测电路

（2）脉冲峰值电压检测法。

如图 2.34 所示，图中的稳压管选用 30V 左右的稳压值，它能阻止和滤除比稳压值低的火花维持电压（约为 25V），其作用相当于在取样回路中设置了一道门槛，只有当两电极出现大于 30V 的空载峰值电压时，电信号才能越过稳压管稳压值设定的门槛，通过稳压管 VS 及二极管 VD 向电容器充电，滤波后经电阻 R 及电位器 R_2 分压输出。此电路突出了空载峰值电压的控制作用，因为只有极间存在比较大的空载电压，检测电路才能检测到信号 U，并通过压频转换器件，将检测到的电压转换为计算机插补运算的频率 f，控制机床的进给运动。此检测法常用于需加工稳定，尽量降低短路率，宁可欠进给的工况。

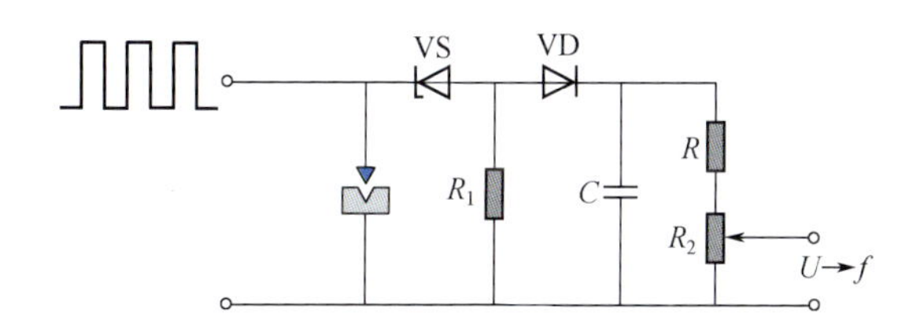

图 2.34 脉冲峰值电压检测法检测电路

2. 比较环节

比较环节用于根据设定值调节进给速度，以适应粗、中、精加工规准，实际上是把从测量环节获得的信号与设定值比较，再按差值控制加工过程。大多数比较环节包含或合并在测量环节之中，如脉冲峰值电压检测法中的门槛电压 30V 就是设定值。

3. 放大环节

测量环节获得的信号一般都很微弱，难以驱动执行元件，必须经过放大环节（通常也称放大器）。为获得足够的驱动功率，放大环节要有一定的放大倍数，但放大倍数不能过高，过高会使系统产生过大的超调，即出现自激现象，使工具电极时进时退，调节不稳定。

4. 执行机构

执行机构根据控制信号及时调节工具电极的进给量，以保持合适的放电间隙，从而保证电火花加工正常进行。

5. 调节对象

调节对象是指工具电极与工件间的放电间隙，通常控制在0.01～0.1mm。

2.4.5 电火花加工过程中的拉弧控制

在电火花加工过程中，除正常火花放电外，还有短路、拉弧和空载等异常情况出现，因此必须不断检测加工过程并在出现异常情况时做出快速响应。拉弧是电火花加工中对加工表面及工具电极表面破坏最严重的异常放电方式。

拉弧就是放电连续发生在某个工具电极表面的同一位置，形成稳定的电弧放电，其脉冲电压波形的特征通常是没有击穿延时或放电维持电压稍低且高频分量小。拉弧在最初几秒就会表现出很大的危害性，工具电极或工件上会立即烧蚀出一个深坑，产生严重的热影响区，深度可达几毫米，并可能以超过1mm/min的速度加深，使工具电极和工件报废。

拉弧形成的原因主要是极间放电状态差，如介质没有充分消电离、排屑不畅、极间表面没有充分冷却、表面有积碳等。一旦发现拉弧现象，就可采用以下方法补救。

（1）增大脉冲间隔。

（2）调大伺服参考电压，即调大加工间隙。

（3）引入周期抬刀运动，增大工具电极上抬和加工的时间比。

（4）减小放电峰值电流。

（5）暂停加工，清理工具电极和工件（如用细砂纸轻轻研磨）后重新加工。

（6）试用反极性加工一段时间，使表面积碳加速损耗。

电火花加工的速度虽不是很高，但每秒有数万个甚至几十万个脉冲输入极间，因此脉冲放电是一个快速复杂的过程，在加工过程中必须竭力避免产生拉弧。

2.5 电火花成形加工工艺

电火花成形加工的基本工艺包括工具电极制备及装夹、工件准备及装夹定位、冲抽液方式选择、电规准选择等。

2.5.1 工具电极制备及装夹

1. 工具电极材料的选择

电火花成形加工中工具电极材料应满足高熔点、低热胀系数、良好的导电性及导热性和力学性能等基本要求，从而在使用过程中具有较低的损耗率和抵抗变形的能力；一般认为减小材料晶粒尺寸可降低工具电极损耗率，因此工具电极具有微细结晶的组织结构对降低工具电极损耗是有利的；此外，工具电极材料应使电火花成形加工过程稳定、材料去除率高、工件表面质量好，而且工具电极材料本身应易加工、来源丰富、价格低廉。

目前，生产中使用的工具电极材料主要有纯铜、铜钨合金、银钨合金及石墨等。由于铜钨合金和银钨合金的价格高，机械加工困难，因此较少选用，常用的是纯铜（图2.35）和石墨（图2.36），这两种材料的共同特点是在长脉冲粗加工时都能实现低损耗。

图 2.35 纯铜工具电极

图 2.36 石墨工具电极

纯铜工具电极的安装

电火花加工工具电极的制备

2. 工具电极的制备

纯铜工具电极可采用普通机械加工、数控铣、电火花线切割、电火花磨削、电铸等方式制备。石墨工具电极应选用质细、致密、颗粒均匀、气孔率低、灰粉少、强度高的高纯石墨制备。石墨工具电极可采用普通机械加工、加压振动成型、成型烧结、镶拼组合、超声加工、砂线切割等方式制备。目前，石墨工具电极的制作有专门的石墨数控高速加工机。

3. 工具电极的装夹与校正

工具电极的装夹主要由工具电极夹头完成。装夹工具电极后，应对其进行校正，主要检查工具电极的垂直度，使其轴线或轮廓线垂直于机床工作台面，保证在工具电极与工件垂直的情况下加工。工具电极的装夹方式有自动装夹和手动装夹两种。具有自动装夹工具电极功能的数控电火花成形机床可实现加工过程的全自动运行，其通过机床的工具电极自动交换装置（automatic tool changer，ATC）或可配套使用的工具电极自动交换附件（分别如图 2.37 和图 2.38 所示），完成工具电极的换装，并实现工具电极的自动校正，能够保证工具电极与工件正确的相对位置，大大缩短电火花成形加工过程中装夹、重复调整的时间。

图 2.37 工具电极自动交换装置

图 2.38 工具电极自动交换附件

2.5.2 工件准备及装夹定位

电火花成形加工时，将工件安装于工作台并对工件进行校正，以保证工件的坐标系与机床的坐标系方向一致。电火花成形加工的常用定位方式是利用工具电极的基准中心与工件的基准中心之间的距离确定加工位置，称为“四面分中”。利用工具电极的基准中心与工件的单侧之间的距离确定加工位置的定位方式也比较常用，称为“单侧分中”。另外，还有一些其他的定位方式。目前，数控电火花成形机床都具有自动找内中心、找外中心、找角、找单侧等功能，利用这些功能，只需输入相关的测量数值，即可实现加工定位，比手动定位方便。

2.5.3 冲抽液方式选择

工作液强制循环可分为冲液式和抽液式两种形式，如图 2.39 所示。冲液式排屑能力强，但蚀除产物通过已加工区，可能产生二次放电，影响加工精度；抽液式蚀除产物从待加工区排出，不影响加工精度，但加工过程中分解出的可燃气体容易积聚在抽液回路的死角处而产生“放炮”现象。

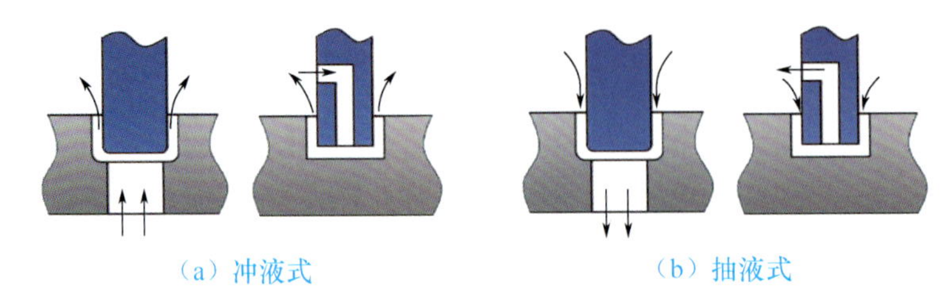

（a）冲液式　　（b）抽液式

图 2.39 工作液强制循环

2.5.4 电规准选择

电规准是指电火花成形加工过程中的电参数，如电压、电流、脉冲宽度、脉冲间隔等。电规准的选择直接影响加工工艺指标，故应根据加工要求、工具电极和工件材料、加工工艺指标等确定电规准，并在加工过程中根据具体情况及时切换电规准。

粗加工要求较高的材料去除率和低的工具电极损耗，可选用大脉冲宽度高峰值电流的粗规准加工。电流要根据工件具体情况而定，如刚开始加工时，接触面积小，电流不宜过大，随着加工面积的增大，可逐步增大电流；当粗加工到接近的尺寸时，应逐步减小电流，以改善表面质量，尽量减小后续加工中的修整量。

精加工时，采用小脉冲宽度低峰值电流的精规准，将表面粗糙度改善到优于 $Ra2.5\mu m$ 的范围。在这种电规准下，工具电极相对损耗相当大，可达 10%～25%，但因为加工量很小，所以绝对损耗并不大。

在中、精规准加工时，有时还需要根据工件尺寸和复杂情况适当切换几挡参数。

2.5.5 混粉电火花加工

电火花成形加工中，虽然单脉冲能量可以设计得很小，但加工较大面积时，表面粗糙度很难低于 $Ra0.32\mu m$，如果要达到镜面（低于 $Ra0.15\mu m$）就更加困难，而且加工面积越大，可达到的最佳表面粗糙度越差。在工作介质中工作的工具电极和工件相当于电容器的两个极，具有潜布电容（寄生电容），相当于在放电间隙上并联了一个电容器。当小能量的单个脉冲到达两电极时，由于能量太小，不能击穿介质形成放电，因此该脉冲能量会被此电容器“吸收”，只能起“充电”作用，工具电极面积越大，充电效应越明显，而多个脉冲充电到较高的电压，积蓄了较多的电能后，才能击穿介质形成放电，此时释放的能量是前面诸多小脉冲能量的累积，将加工出较大较深的放电凹坑。这种由于潜布电容使加工较大面积时表面粗糙度恶化的现象，称作**电容效应**。这就是电火花加工中大面积放电不能获得镜面或较好表面质量的原因。因此当要求获得大面积较好表面粗糙度的表面甚至是获得镜面时，一般均通过人工抛光的方法获得（图 2.40）。但电火花成形加工也存在一些表面质量要求很高的复杂、窄槽、窄缝零件（图 2.41），而这些零件无法用人工抛光的方法解决。为此，在 20 世纪末，日本率先研制了**混粉电火花加工（powder mixed electrical discharge machining，PMEDM）**工艺。利用该工艺可以加工出较大面积的 $Ra0.05 \sim Ra0.1\mu m$ 镜面。其基本方法是在煤油工作液中混入直径 $\phi 1 \sim \phi 2\mu m$ 的硅、石墨或铝导电微粉，并不断地搅拌，避免其沉淀。选择硅、石墨或铝导电微粉的主要原因是该类材料较轻，可以尽可能保障 $\phi 1 \sim \phi 2\mu m$ 的导电微粉均匀地混合在工作液中，并能均匀地进入两电极的极间，延长其沉降所需的时间。传统煤油工作液加工与混粉电火花加工微观表面对比如图 2.42所示，可以观察到，与传统煤油工作液加工相比，混粉电火花加工的表面放电凹坑大且浅。

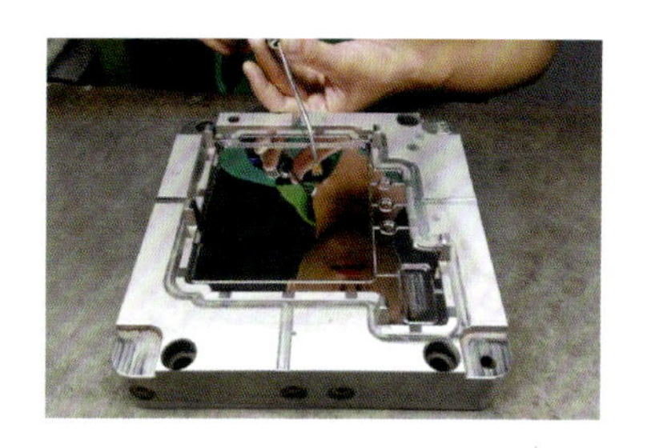

图 2.40　人工抛光工件表面

(a)　(b)　(c)

图 2.41　表面质量要求高的复杂、窄槽、窄缝零件

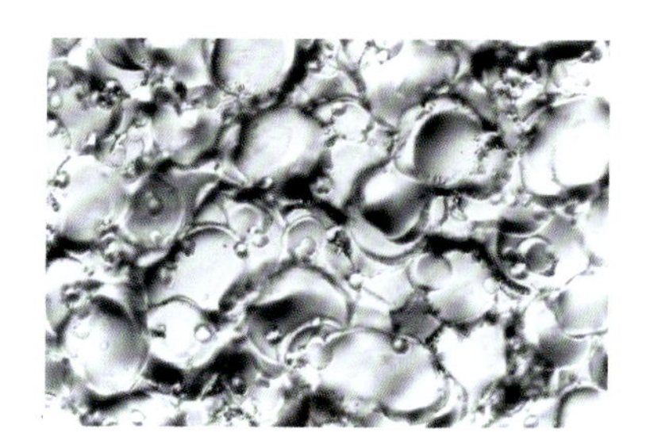

(a) 传统煤油工作液加工

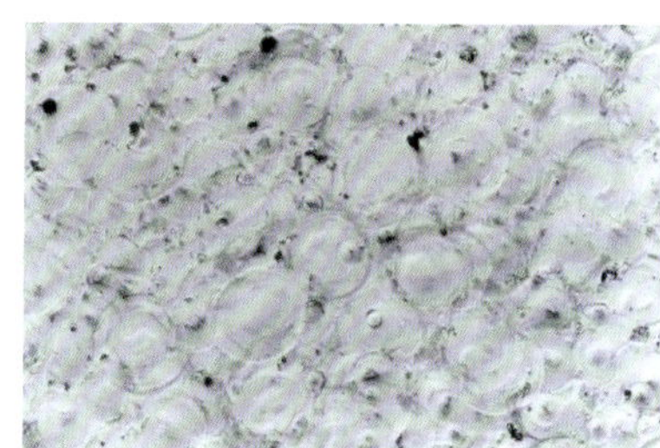

(b) 混粉电火花加工

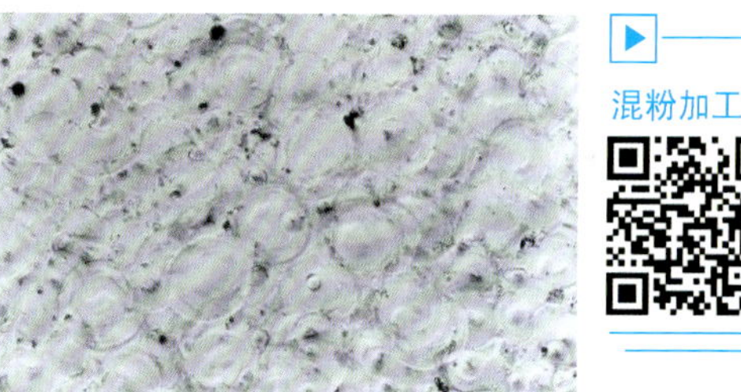

图 2.42　传统煤油工作液加工与混粉电火花加工微观表面对比

混粉电火花加工能加工出大面积镜面，主要机理如下。

(1) 工作液中混入硅、石墨或铝导电微粉后，极间介质的电阻率降低，放电间隙成倍扩大，由于极间电容反比于极间距离，因此极间潜布电容显著减小，极间储能能力降低，释放出的脉冲能量减少（图 2.43），导致放电凹坑变浅；并且由于极间距离增大，排屑、冷却及消电离特性显著改善，加工稳定性大大提高。

(2) 每次混粉电火花加工进行的放电，带电粒子都不是直接轰击到工件表面的，而是通过极间的微粉将能量逐级传递到工件表面，从而减小了脉冲能量，使放电凹坑进一步变浅。

(3) 混粉电火花加工放电能量的传递，不仅通过极间的微粉传递降低了能量，而且在传递过程中形成了扇面的扩散，使到达工件表面的脉冲能量进一步“分散”而减小，形成的放电凹坑大且浅，如图 2.44 所示。

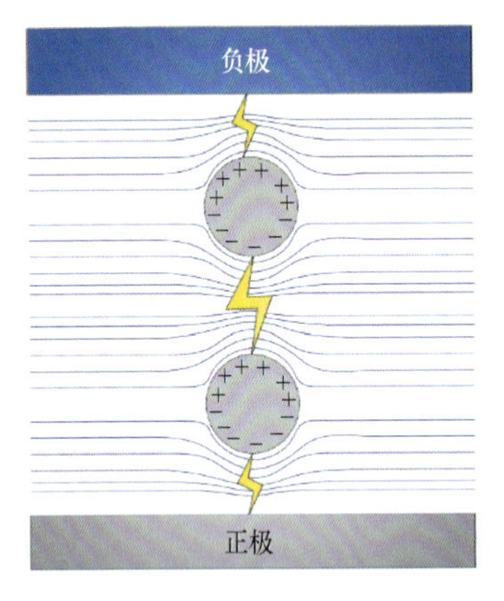

图 2.43 串联放电示意图

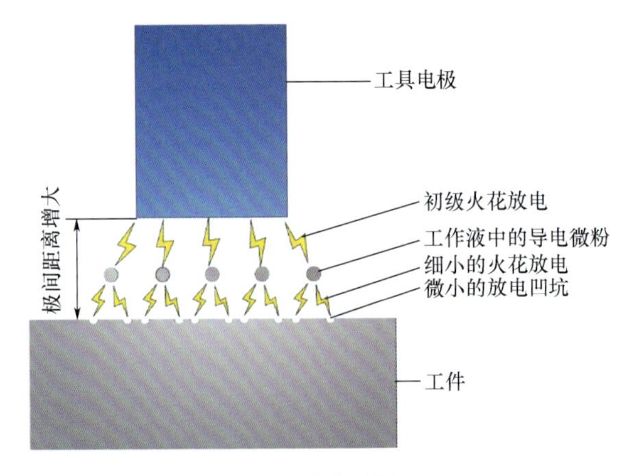

图 2.44 放电分散原理

(4) 如工作液中加入的是硅或铝导电微粉，则混粉电火花加工后，工件表面可以形成特殊的“玻璃”层，大大提高了工件表面的耐磨性及耐腐蚀性。

混粉电火花加工获得的大面积镜面加工表面如图 2.45 所示。一般混粉电火花加工会单独使用一套工作液系统。

图 2.45 混粉电火花加工获得的大面积镜面加工表面

2.6 电火花小孔高速加工

电火花小孔高速加工

2.6.1 电火花小孔高速加工的原理

电火花小孔高速加工采用中空管状铜材或铜基合金材料作为工具电极，利用火花放电蚀除原理，在导电材料工件上加工出直径与工具电极直径相当的深小孔，具有材料去除率高、工艺简单、成本较低、能在工件表面非法向加工贯通孔或盲孔等优点，尤其是可在高强韧类、高硬脆类等难切削材料（如硬质合金和导电陶瓷、导电聚晶金刚石等）上加工直径 ϕ0.3～ϕ3mm、深径比大于 300∶1 的小孔，在制造领域越来越多地用来解决传统机械钻削无法加工的深小孔、微孔、群孔、异形小孔及特殊超硬材料的小孔加工等。电火花小孔高速加工主要应用于航空航天、军工及模具工业等特殊材料的关键零件的群孔、深小孔加工。

2.6.2 电火花小孔高速加工机床

电火花小孔高速加工机床及专门加工涡轮叶片气膜孔的多轴数控电火花小孔加工专用机床分别如图 2.46 和图 2.47 所示。电火花小孔高速加工的群孔零件如图 2.48 所示，涡轮叶片气膜孔如图 2.49 所示。

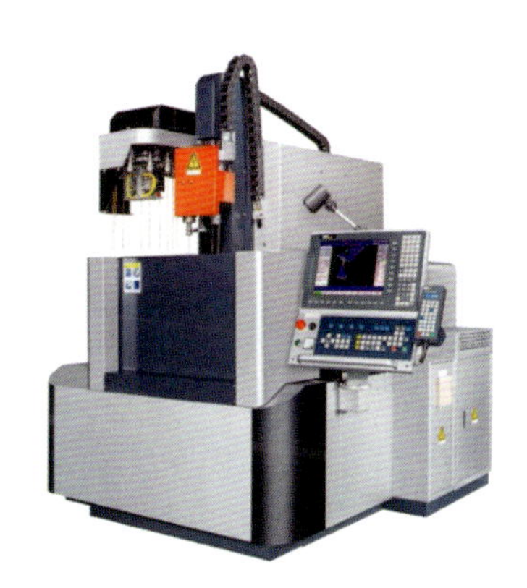

图 2.46 电火花小孔高速加工机床

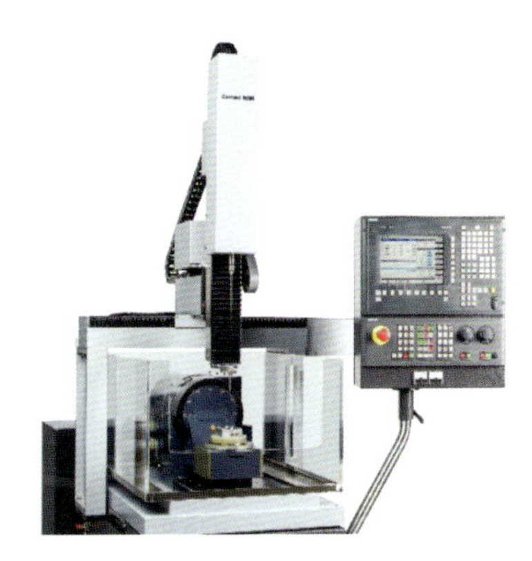

图 2.47 多轴数控电火花小孔加工专用机床

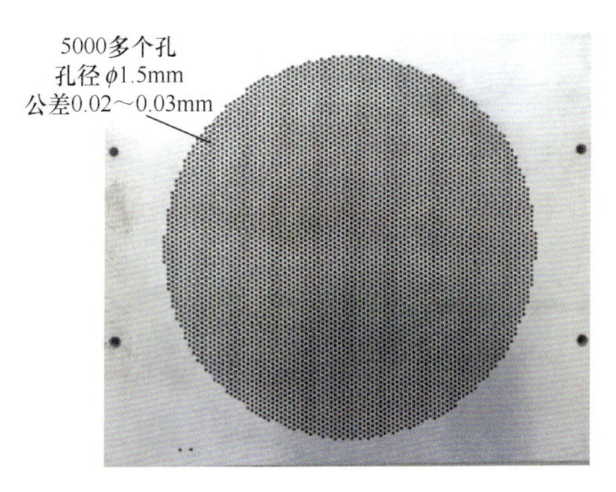

图 2.48 电火花小孔高速加工的群孔零件

图 2.49 涡轮叶片气膜孔

2.6.3 电火花小孔高速加工的主要特点

电火花小孔高速加工区别于一般电火花加工方法，其主要特点如下。

（1）采用中空管状工具电极。

（2）管状工具电极中通有高压工作液，一方面可以强制冲走放电蚀除产物，另一方面可以增大管状工具电极的刚性。

（3）在加工过程中，工具电极做旋转运动，以使管状工具电极的端面损耗均匀，不致受到放电及高压工作液的反作用力而产生振动移位，而且使流动的高压工作液以类似液体静压轴承的原理，通过小孔的侧壁按螺旋线的轨迹排出小孔，使管状工具电极与夹头旋转轴线保持一致，不易产生短路故障，可以加工出直线度和圆柱度较好的深小孔。加工时，管状工具电极做轴向进给运动，其中通入1～7MPa的高压工作液（自来水、去离子水、蒸馏水、乳化液或煤油）。电火花小孔高速加工原理如图2.50（a）所示，加工区域的微观示意图如图2.50（b）所示。

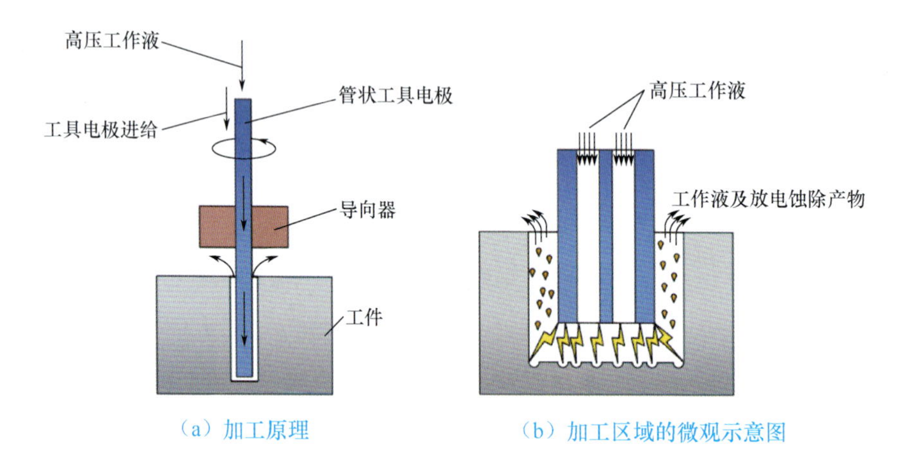

图 2.50 电火花小孔高速加工原理及加工区域的微观示意图

由于电火花小孔高速加工中高压工作液能强制将放电蚀除产物排出，而且能强化电火花放电的蚀除作用，因此，这种加工方法的最大特点是加工速度高。一般电火花小孔高速加工的加工速度可以达到 30～60mm/min，比机械加工钻削小孔快。

用一般空心管状工具电极加工小孔，即使工具电极旋转也容易在工件上留下料芯，料芯会阻碍工作液的高速流通，而且料芯过长过细时会歪斜，引起短路。为此，电火花小孔高速加工时通常采用特殊冷拔的双孔、三孔甚至四孔管状工具电极，其截面上有多个月形孔，如图 2.51 所示，当工具电极转动时，不会在工件上留下料芯。多孔工具电极截面如图 2.52 所示。

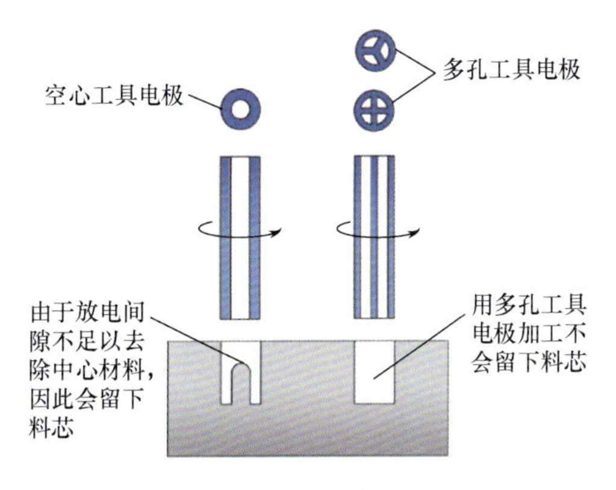

图 2.51 空心工具电极加工及多孔工具电极加工对比

图 2.52 多孔工具电极截面

电火花小孔高速加工时，放电区域很小，从放电加工机理分析，其容易在某个小区域形成集中放电，故放电中含有电弧放电成分；虽然有高压冲液及工具电极旋转，但其放电的极间条件还是比较恶劣的，这也是电火花小孔高速加工工具电极相对损耗很高的主要原因。正常加工时，工具电极的相对损耗超过 20%，而加工直径小于 0.5mm 的小孔，工具电极的相对损耗超过 50%，并且由于工具电极的损耗规律受到诸多因素的影响，加工盲孔时精确控制深度十分困难。

目前，电火花小孔高速加工通常使用黄铜管作为工具电极，在黄铜管工具电极中通以纯净水或水基型工作液。由于黄铜管工具电极内径很小，工作液在管内流动的阻力比较大，因此必须采用高压工作液强制排渣来维持间隙正常放电状态，使小孔加工高速、稳定地进行。在加工直径 ϕ0.3mm 的小孔时，通入黄铜管工具电极中工作液的压力只有达到 5～7MPa才能正常加工。

电火花小孔高速加工工具电极直径为 ϕ0.3～ϕ3mm，标准工具电极长度为 400mm。加工时工具电极的转速为 20～120r/min。

2.7 其他电火花加工方法

2.7.1 回转式电火花加工

回转式电火花加工是我国在 20 世纪 70 年代发明的一种电火花精密加工技术。回转式电火花加工具有多种回转加工方式，典型回转加工方式如图 2.53 所示。机床可分别

做 ω_1、ω_2、ω_3 三种回转运动和 X_1、Y_1、X_2、Z 四种直线运动，并可灵活组合成各种复合运动。

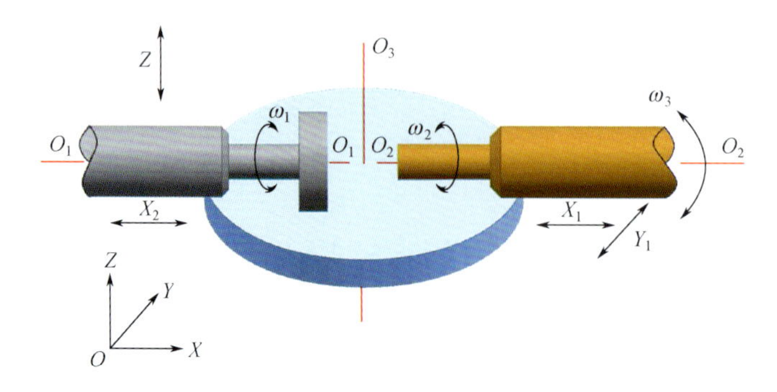

图 2.53　典型回转加工方式

回转式电火花加工除能加工圆柱面、圆锥面、平面、螺旋曲面外，还可以加工渐开线、摆线、螺旋线、等速螺旋线、二次曲线等单一型面及其组成的复杂型面，使得这些型面精确成形并具有良好的拟合性能。其加工精度可以达到微米级，表面粗糙度可以达到镜面水平，在金属精密加工领域实现了过去许多难以解决的复杂类型工件的精密加工。

图 2.54 所示为回转式电火花加工的典型零件实物。

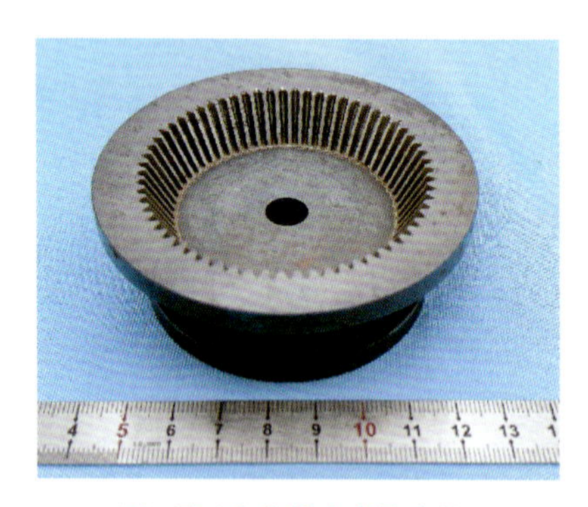

（a）硬质合金精密内锥齿轮

（b）整体硬质合金精密人字齿轮

（c）锥形静压轴承

（d）大面积凸镜面

图 2.54　回转式电火花加工的典型零件实物

2.7.2 电火花取折断丝锥

在机械加工中，由于存在大量难加工材料，因此工具或刀具时常折断，尤其以丝锥、钻头等居多。采用常规手工或腐蚀的方法取折断的丝锥、钻头，不仅工作效率较低、成本较高，而且经常处理不好，即使处理完，也会对工件造成一定的损伤。

便携式电火花取丝锥机如图 2.55 所示。其体积小、质量轻、便于携带，工作头与主机箱采用分体式设计，工作头可以任意方向旋转，以适合各种复杂工件表面的加工；采用磁性底座，可以吸附在工件上加工，便于装夹和操作使用；电气控制采用功能模块化设计。便携式电火花取丝锥机加工现场如图 2.56 所示。

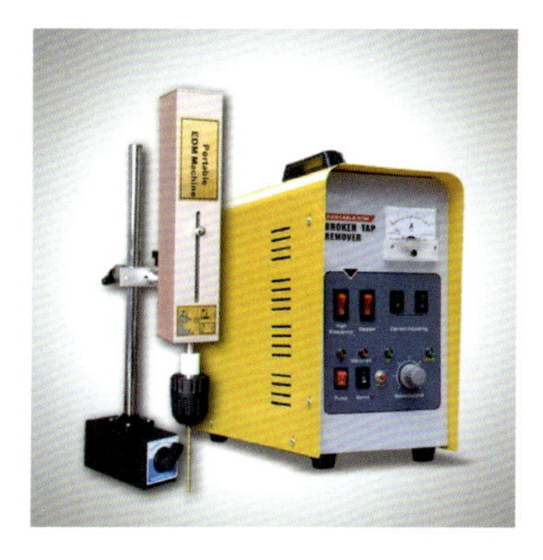

图 2.55 便携式电火花取丝锥机

图 2.56 便携式电火花取丝锥机加工现场

2.7.3 电火花沉积工艺

电火花沉积（electro spark deposition，ESD）工艺是一种脉冲微弧焊工艺，其原理如图 2.57 所示。它利用工具电极在工件上进行脉冲堆焊，脉冲频率为 0.1～4kHz，脉冲宽度为几微秒（10^{-6}～10^{-5} s），使工件和工具电极之间产生火花放电，放电只发生在非常小的区域，从而产生大量的热能，将放电熔化的工具电极材料沉积到基体金属表面，微量的工具电极材料在脉冲等离子弧的作用下熔化，并在基体金属表面快速固化形成涂层，涂层与基体金属表面材料呈冶金结合。电火花沉积涂层适合在高应力、高温、易磨损、易腐蚀等恶劣环境下使用。

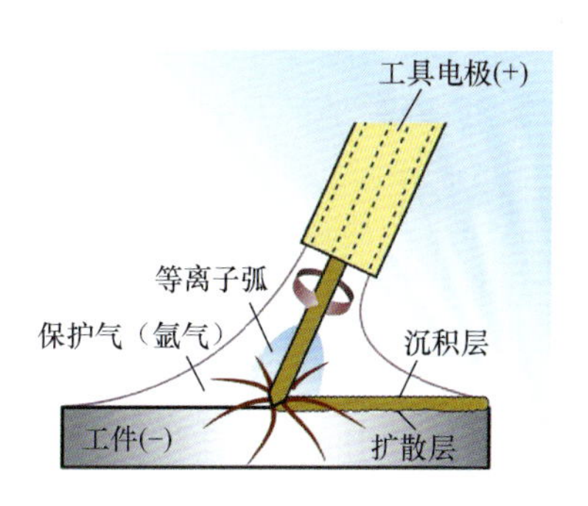

图 2.57 电火花沉积工艺原理

在电火花沉积工艺中，几乎任何导电材料均可以制成工具电极，包括合金和陶瓷（如 WC - Co）等。电火花沉积工艺既可以用于对零件表面进行涂层处理，也可以对零件局部区域进行堆焊修复；既可以用于现场修复，又可以用于维修站维修。电火花沉积修复零件，大部分可以在现场进行，而且只需很短的时间。电火花沉积工作现场如图 2.58 所示。

图 2.58　电火花沉积工作现场

思考题

2 - 1　什么是电火花加工？电火花加工主要分为哪几类？

2 - 2　电火花加工需要具备哪些条件？

2 - 3　简述电火花放电的微观过程。

2 - 4　电火花加工中的极性效应指的是什么？我们应当怎样充分利用极性效应？

2 - 5　说明电火花成形加工通常选用纯铜或石墨作工具电极的原因。

2 - 6　电火花加工后的表面质量包括哪些？表面变质层分为哪几部分？阐述各层具有的特点。

2 - 7　阐述直线电动机应用于电火花加工的优点。

2 - 8　等能量脉冲电源有什么特点？使用等能量脉冲电源的意义是什么？

2 - 9　为什么电火花加工不能采用恒速进给系统？采用恒速进给系统可能产生什么问题？

2 - 10　为什么电火花成形加工中很难获得大面积的镜面加工表面？混粉电火花加工的原理是什么？

2 - 11　简述电火花小孔高速加工的特点。

2 - 12　简述电火花沉积工艺原理。

第3章 电火花线切割加工

◇ 本章教学要求

教学目标	知识目标	（1）掌握电火花线切割的基本原理、特点及应用； （2）了解电火花线切割机床的分类、组成及性能差异； （3）掌握镀锌电极丝提高工艺性能的机理； （4）了解电火花线切割机床伺服进给控制的基本原理； （5）了解电火花线切割机床的脉冲电源系统，重点掌握抗电解电源改善切割表面完整性的机理； （6）了解电火花线切割加工的基本工艺规律，掌握拐角形成的原因及解决方法。 （7）了解电火花线切割加工工艺流程
	能力目标	（1）从低速单向走丝电火花线切割电极丝材质“纯铜—黄铜—镀锌”的发展历程，体会惯性思维和创新思维对科技发展造成的影响； （2）从抗电解电源的设计思路导致“以割代磨”的逐步实现，体会抓住主要矛盾，实现重点突破的重要性
	思政落脚点	工匠精神、创新意识、精益求精、专业能力、逻辑思维、科学精神
教学内容		（1）电火花线切割加工的基本原理、特点及应用范围； （2）电火花线切割机床分类； （3）电火花线切割机床主机； （4）电火花线切割机床控制系统； （5）电火花线切割脉冲电源； （6）电火花线切割编程； （7）电火花线切割加工的基本工艺规律； （8）电火花线切割加工工艺流程
重点、难点及解决方法		（1）镀锌电极丝提高工艺指标并降低断丝概率的机理，通过蒸食物过程讲解； （2）抗电解电源的基本原理及效果，通过避免 OH^- 在工件表面沉积的指导思想解释； （3）避免线切割加工拐角需采取的措施，从拐角形成机理寻找解决方法
学时分配		授课 4 学时

3.1 电火花线切割加工的基本原理、特点及应用范围

3.1.1 电火花线切割加工的基本原理

电火花线切割加工（wire cut electrical discharge machining，WEDM）是在电火花加工的基础上，于20世纪50年代末最先在苏联发展起来的一种用线状工具电极（铜丝或钼丝）靠火花放电对工件进行切割的工艺形式，简称线切割。

电火花线切割加工用一根细长的金属丝做工具电极，并以一定的速度沿丝轴线方向移动，不断进入和离开切缝内的放电加工区。加工时，脉冲电源的正极接工件，负极接电极丝，并在电极丝与工件切缝之间喷注工作液。同时，安装工件的工作台由数控装置根据预定的切割轨迹控制电动机驱动，从而加工出所需形状的零件。目前电火花线切割加工采用的都是计算机数字控制（computer numerical control，CNC）系统。图3.1所示为电火花线切割加工的原理示意图。

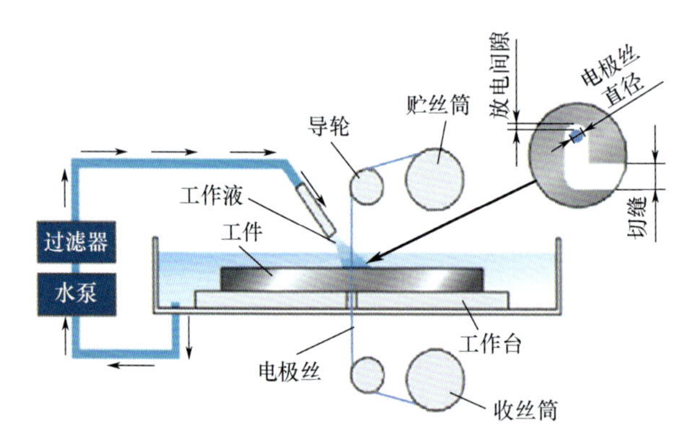

图3.1 电火花线切割加工的原理示意图

3.1.2 电火花线切割加工的特点

电火花线切割加工具有电火花加工的共性，金属材料的硬度和韧性不影响切割速度，常用于加工淬火钢和硬质合金，其特点如下。

（1）不像电火花成形加工那样需要制造特定形状的工具电极，只需输入控制程序即可。

（2）主要加工对象是贯穿的平面形状，当机床具有使电极丝做相应倾斜运动的功能时，也可加工斜面。

（3）利用数控多轴的合成运动，可方便地加工复杂形状的直纹表面，如上下异形面。

（4）电极丝直径较小（ϕ0.02～ϕ0.30mm），切缝很窄，有利于材料的利用，还适合加工细小零件，如用ϕ0.03mm的钨丝作为电极丝，切缝可小到0.04mm，内角半径可小到R0.02mm。

（5）电极丝在加工中是移动的，不断更新（低速单向走丝电火花线切割）或往复使用（高速往复走丝电火花线切割），可以完全或短时间内不考虑电极丝损耗对加工精度的影响。

（6）依靠计算机对电极丝轨迹的控制和偏移轨迹的计算，可方便地调整凹凸模具的配

合间隙，依靠斜度切割功能，可能实现凹凸模同时加工。

（7）用去离子水（低速单向走丝电火花线切割）和油基型工作液、复合型工作液、水基型工作液（高速往复走丝电火花线切割）作工作介质，不会着火，可连续运行。

（8）自动化程度高、操作方便、加工周期短、成本低（尤其对于高速往复走丝电火花线切割机床）。

3.1.3 电火花线切割加工的应用

电火花线切割加工广泛应用于国民经济各生产制造部门，成为一种必不可少的工艺手段，主要用于加工冲裁模（图3.2）、拉制模（图3.3）、塑料模（图3.4）、挤压模、电火花成形用的工具电极及各种复杂零件等。

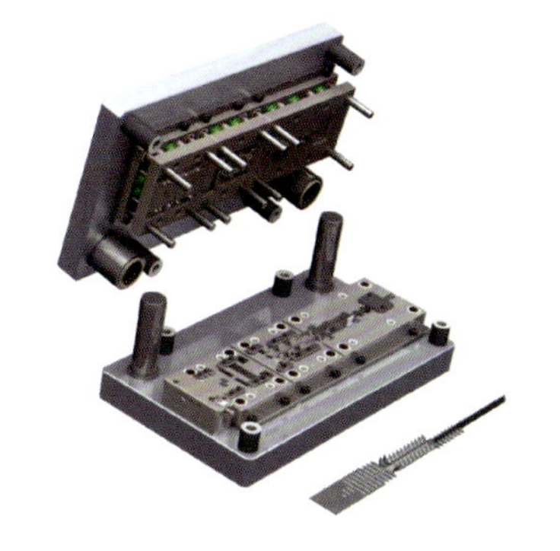

图3.2 冲裁模

图3.3 拉制模

图3.4 塑料模

随着计算机控制技术的发展，电火花线切割加工不仅可以加工各种复杂形状的直壁零件，而且可以加工包括大斜度、上下异形面在内的立体形状复杂模具和零件。

3.2 电火花线切割机床分类

电火花线切割机床按电极丝运动方式的不同，可分为两类：一类是我国自主生产的**高速往复走丝电火花线切割机床（high speed wire-cut electrical discharge machines，HSWEDM）**，国家标准称为**往复走丝电火花线切割机床（reciprocating travelling wire electrical discharge machines）**，简称**高速走丝机**，俗称**快走丝机**；另一类是主要由国外生产的**低速单向走丝电火花线切割机床（low speed wire-cut electrical discharge machines，LSWEDM）**，国家标准称为**单向走丝电火花线切割机床（unidirectional travelling wire electrical discharge machines）**，简称**低速走丝机**，俗称**慢走丝机**。

高速走丝机是我国在20世纪60年代末研制成功的。由于它结构简单，性能价格比高，在我国得到迅速发展，并出口到世界各地，目前年产量为3万～8万台，整个市场的保有量已超过60万台。高速走丝机的结构如图3.5所示，走丝原理如图3.6所示。电极丝从周期性往复运转的贮丝筒输出，经过上线架、上导轮，穿过上喷嘴，再经过下喷嘴、下导轮、下线架，回到贮丝筒，完成一次走丝。带动贮丝筒的电动机周期反向运转时，电极丝反向送丝，实现电极丝的往复运转。高速走丝机的走丝速度为8～10m/s，电极丝为

ϕ0.08～ϕ0.2mm 的钼丝或钨钼丝。目前，高速走丝机能达到的加工精度为±0.01mm，表面粗糙度 *Ra*2.5～*Ra*5.0μm，可满足一般模具的加工要求。高速走丝机主要由电极丝将工作液带入极间进行冷却，因此适合高厚度工件切割，目前商品化高速走丝机最高切割厚度大于 2000mm，该设备是由南京航空航天大学与杭州华方数控机床有限公司联合研制的，切割样件如图 3.7 所示。

高速走丝机操作

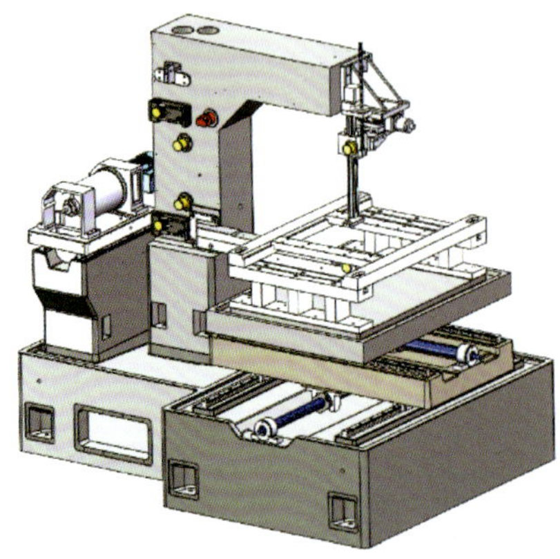

图 3.5　高速走丝机的结构

贮丝筒　上导轮　上线架　脉冲电源　(−)　进电块　工件　(+)　绝缘底板　下导轮　下线架　水泵　电极丝　工作液槽

图 3.6　高速走丝机的走丝原理

2000mm超高厚度切割

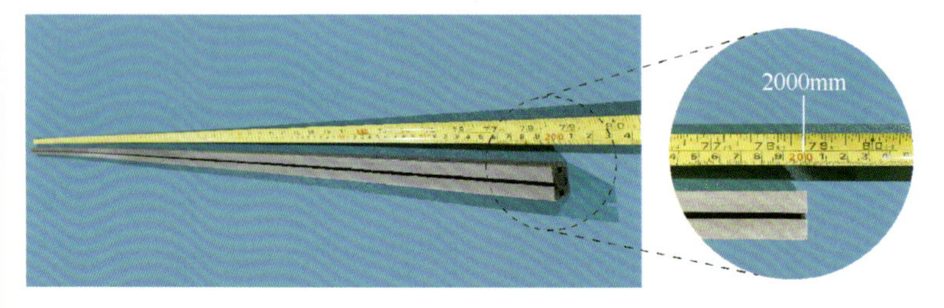

图 3.7　2000mm 超高厚度切割样件

HB型中走丝线切割加工

目前，业内称为**中走丝机**的机床实际上是具有多次切割功能的高速走丝机，其一般是在高速走丝机上附加导向器及电极丝张力控制装置等，控制系统可以实现多次切割，以提高切割表面质量和切割精度，同时控制系统建立了简单的数据库供用户选用。中走丝机主切粗加工时采用高速（8～12m/s）走丝及大能量切割，在多次切割修整时采用低速（1～3m/s）走丝及小能量修切，通过多次切割减小材料变形、电极丝换向冲击及电极丝损耗带来的误差，使加工表面质量与精度提高，一般经过三次切割后（割一修二）达到的加工精度在±0.005mm 以内，表面粗糙度约为 *Ra*1.2μm，最佳表面粗糙度可以达到 *Ra*0.4μm，加工质量介于高速走丝机与普通低速走丝机之间，已经达到甚至部分超过中档低速走丝机的工艺指标，但在切割指标的稳定性及持久性方面还需进一步改善。

高速走丝机自动穿丝技术

近年来，高速走丝机的操作自动化也有了突破性的进展，具有自动穿丝功能的高速走丝机已经面世。

低速走丝机及其加工现场如图 3.8 所示。电极丝通过走丝系统以低速（低于 0.25m/s）通过切缝单向运动，由收丝控制电动机控制电极丝的走丝速度，供丝盘控制电极丝的张力。电极丝为黄铜丝、镀锌铜丝等，直径一般为 ϕ0.15～ϕ0.35mm。在微细加工时采用细钨丝，直径为 ϕ0.02～ϕ0.03mm。工作介质用去离子水，在特殊情况下用煤油。目前，先进的精密低速走丝机可以采用 ϕ0.02～ϕ0.03mm 的钨丝切割，主要用于集成电路引线框架模加工，还有微型插接件、微型电动机铁芯、微型齿轮等模具加工。图 3.9 所示为采用 ϕ0.02mm 钨丝切割的冰花图形（工件厚度为 0.5mm，材料为 PD613，外形尺寸为 1.0mm）。

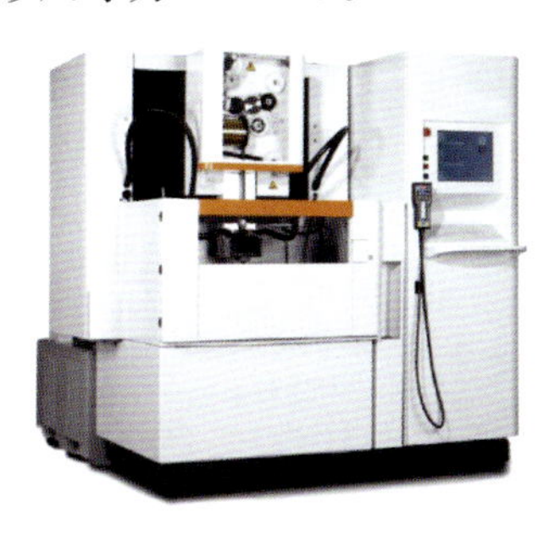

（a）低速走丝机

（b）加工现场

图 3.8 低速走丝机及其加工现场

低速走丝机运行平稳，电极丝的张力容易控制，加工精度比较高，一般为±0.005mm，最高为±0.001mm；高档低速走丝机可以通过多次切割实现镜面加工（图 3.10）。

图 3.9 采用 ϕ0.02mm 钨丝切割的冰花图形

图 3.10 高档低速走丝机实现的镜面切割

由于低速走丝机的排屑条件较差，因此必须采用高压喷液加工，加工大厚度工件时比较困难，切割工件厚度超过 200mm 后，切割速度明显降低，如需切割更高厚度的工件，需要提高走丝速度，因单向走丝，电极丝消耗量很大，故运行成本较高（一般是高速走丝机的数十倍甚至近百倍）。目前，业内通常将低速走丝机分为顶级、高档、中档、入门四个档次。

高速走丝机与低速走丝机的性能比较见表 3-1。

表 3-1 高速走丝机与低速走丝机的性能比较

项目	高速走丝机	低速走丝机
走丝速度/(m/s)	8～10	0.01～0.25
走丝方向	往复	单向
工作液	水基型工作液、油基型工作液、复合型工作液（浇注冷却）	去离子水（高压喷液）

续表

项目	高速走丝机	低速走丝机
电极丝材料	钼丝、钨钼丝	黄铜丝、镀锌丝
切割速度/(mm^2/min)	60～120	120～200
最高切割速度（mm^2/min)	400	500
加工精度/mm	±0.01～±0.02	±0.005～±0.01
最高加工精度/mm	±0.005	±0.001～±0.002
表面粗糙度 Ra/μm	2.5～5.0	0.63～1.25
最佳表面粗糙度 Ra/μm	0.4	0.05
最高切割厚度/mm	＞2000	800
参考价格（中等规格）/万元	2～10	40～200

3.3 电火花线切割机床主机

3.3.1 高速往复走丝电火花线切割机床

高速走丝机一般由主机、控制系统和脉冲电源三部分组成。我国电火花线切割机床型号是根据 JB/T 7445.2—2012《特种加工机床　第 2 部分：型号编制方法》编制的，机床型号由汉语拼音字母和阿拉伯数字组成，表示机床的类代号、通用特性代号、组代号和系代号、主参数等。型号为 DK7725 的高速走丝机含义如下。

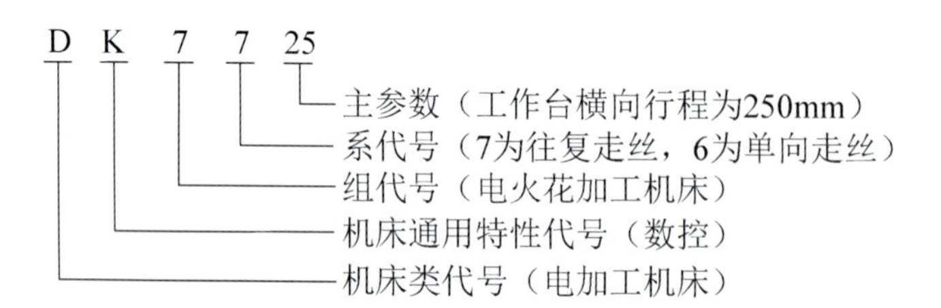

高速走丝机的主要技术参数包括工作台行程（纵向行程×横向行程）、最大切割厚度、加工表面粗糙度、加工精度、切割速度及数控系统的控制功能等。机床可按线架形式分为音叉式和 C 型结构，如图 3.11 所示。C 型结构具有较好的线架刚性且操作方便，为常用机型。

1. 床身

床身是机床的基础部件，是 X、Y 拖板，工作台，运丝系统和线架的支撑座。床身一般采用铸铁制造，为箱型结构，以保持高强度、高刚性及较小的变形，从而长期保持机床精度。

2. 工作台及拖板

高速走丝机工作台大多采用反应式步进电动机或混合式步进电动机作为驱动元件，电动机通过齿轮箱减速，驱动丝杠带动工作台运动。近年来，在中走丝机上已经普遍采用交流伺服电动机作为驱动电动机并直接驱动滚珠丝杠的直拖结构，其减小了齿轮箱的齿轮间

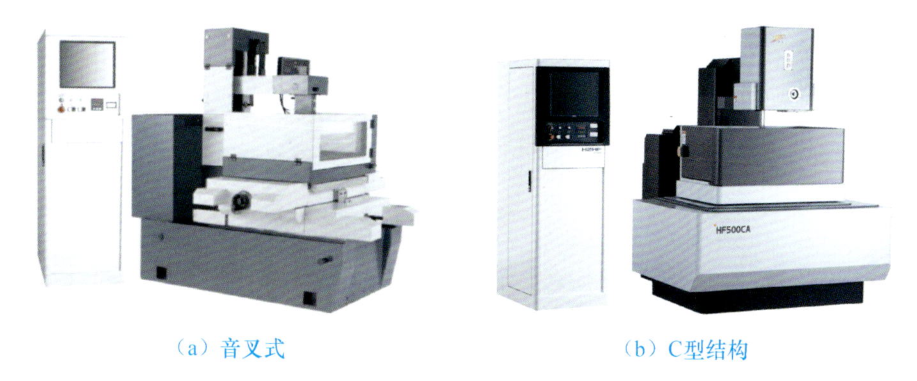

（a）音叉式　　（b）C型结构

图 3.11　高速走丝机机型

隙传动误差，并且可通过与电动机连接的精密编码器构成半闭环检测控制系统，将滚珠丝杠螺距误差输入数控装置实时补偿，提高了坐标工作台的运动精度。

图 3.12 所示为拖板驱动机构的三维爆炸图。

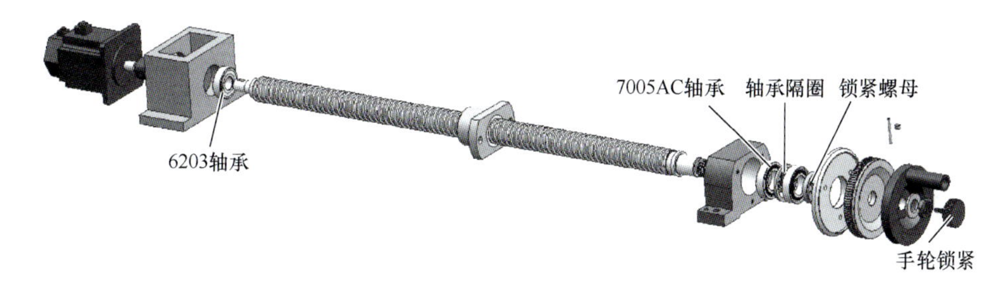

图 3.12　拖板驱动机构的三维爆炸图

由于机床的 X、Y 拖板沿着两条平行导轨运动，导轨起导向作用，因此对导轨的精度、刚度和耐磨性要求较高。直线导轨是数控机床导轨的主要选择。直线滚动导轨副由滑块、导轨、滚珠（或滚柱）、保持器、返向器（图中未标注）及密封装置组成，其结构如图 3.13 所示。当滑块与导轨做相对运动时，滚珠沿着导轨上经淬硬和精密磨削加工而成的四条滚道滚动，在滑块端部滚珠通过返向器进入返向孔，再循环进入导轨滚道，返向器两端装有防尘密封垫，可有效地防止灰尘、屑末进入滑块。

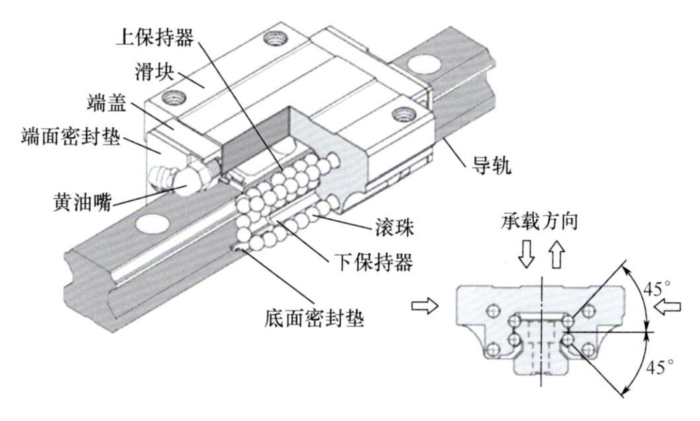

图 3.13　直线滚动导轨副结构

丝杠传动副由丝杠和螺母组成，其作用是将电动机的旋转运动变为拖板的直线运动。常用的滚珠丝杠副由丝杠、螺母、滚珠、返向器、注油装置和密封装置组成。丝杠螺纹为圆弧形，螺母与丝杠之间装有滚珠，滚珠使丝杠与螺母间的滑动摩擦变为滚动摩擦。滚珠沿圆弧轨道向前运行，到前端后进入返向器，返回后端，再循环向前。双螺旋滚珠丝杠副结构如图 3.14 所示。

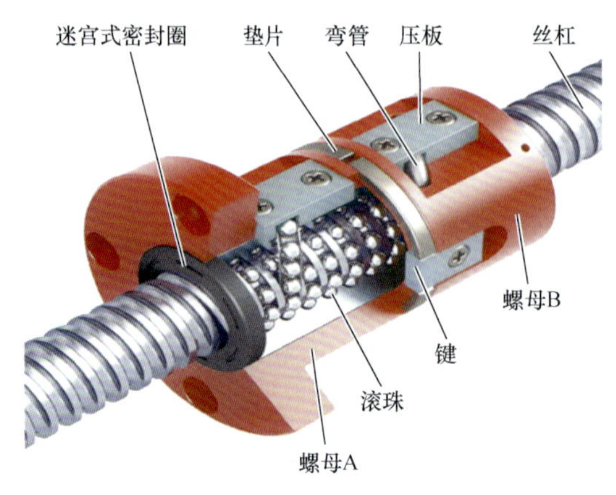

图 3.14 双螺旋滚珠丝杠副结构

3. 运丝系统

运丝系统的功能是带动电极丝按一定的线速度周期往复走丝，并将电极丝呈螺旋状排绕在贮丝筒上。图 3.15 所示为运丝系统的三维爆炸图。电动机通过弹性联轴器驱动贮丝筒，贮丝筒转动带动电极丝走丝，并通过齿轮副或同步带机构减速驱动丝杠螺母副，丝杠螺母副带动拖板左右移动，使电极丝呈螺旋状排列在贮丝筒上。

高速往复走丝电火花线切割运丝系统

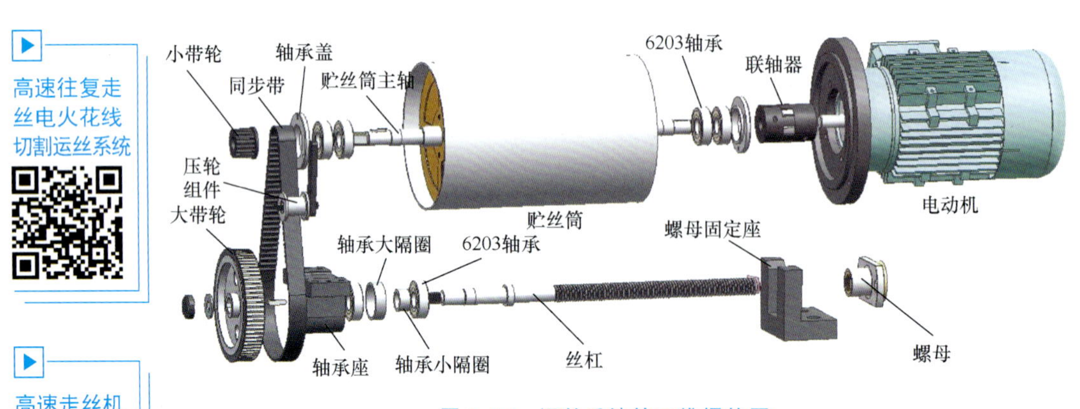

图 3.15 运丝系统的三维爆炸图

高速走丝机贮丝筒部件

4. 线架、导轮及导向器

线架主要对电极丝起支撑作用，并使电极丝工作部分与工作台平面保持垂直或成一定的几何角度。线架按结构形式分为音叉式和 C 型结构。

高速走丝机的走丝速度为 8～10m/s，而导轮直径一般为 ϕ40mm，因此加工时，导轮的转速可以达到 6000～8000r/min。图 3.16 所示为导轮组件。

要求使用硬度高、耐磨性好的材料（如 Cr12、GCr15、W18Cr4V）制造导轮，也可选用硬质合金、陶瓷、人造宝石（蓝宝石）、氧化锆等材料增强导轮 V 形槽工作面的耐磨性和耐蚀性。

由于高速走丝机加工过程中电极丝高速运行及定期换向，因此电极丝空间位置的稳定性不易保证，从而影响加工精度及表面质量，导向器是解决这一问题的关键部件，目前普遍使用圆环形导向器（俗称“眼模”），如图 3.17 所示。由于其可以对电极丝全方位限位，因此限位效果较好。

图 3.16　导轮组件　　　图 3.17　圆环形导向器

5. 张力机构

在高速走丝机加工过程中，一方面，电极丝处在火花放电的高温状态，在张力的作用下，放电受热后产生延伸、损耗变细，因此随着加工时间的延续，电极丝将会伸长而变得松弛；另一方面，电极丝在贮丝筒带动下往复走丝，加工一段时间后，电极丝会逐步在贮丝筒上出现一端松一端紧的现象，俗称单边松丝现象，因此必须对电极丝张力进行控制。以往电极丝张力控制普遍采用人工紧丝方式，一般工作一个班次（8h）就需要人工紧丝一次。随着对电极丝张力控制必要性认识的加深及加工要求的提高，已经有相当一部分机床配有自动紧丝机构，而张力机构也由简单的机械式张力机构逐渐发展为闭环张力控制系统。目前，张力机构分为重锤式张力机构、双向弹簧式张力机构、闭环张力控制机构等。其中双向弹簧式张力机构是目前中走丝机使用最多的一种张力机构。

双向弹簧式张力机构将弹簧的弹性变形产生的弹力，分别施加在加工区域上、下两部分电极丝上，从而对电极丝张力进行控制。由于双向弹簧式张力机构的移动调节部件质量小，因此对电极丝张力的变化响应速度快。

双向弹簧式张力机构的工作原理如图 3.18 所示，实物如图 3.19 所示，主要由固定支座、导向导杆、移动滑块及压缩弹簧等组成。

6. 锥度机构

斜度切割是基于 X 轴、Y 轴和 U 轴、V 轴四轴联动完成的，目前在高速往复走丝电火花线切割加工中常用的锥度机构有小锥度机构和摆动式大锥度机构。

（1）小锥度机构。

音叉式线架小锥度机构如图 3.20 所示，在上线架前端安装锥度头，上导轮悬挂在锥度头的下方。十字拖板悬挂式锥度装置（图 3.21）一般采用滚珠导轨，步进电动机驱动减速齿轮、小导程微型丝杠实现驱动位移。

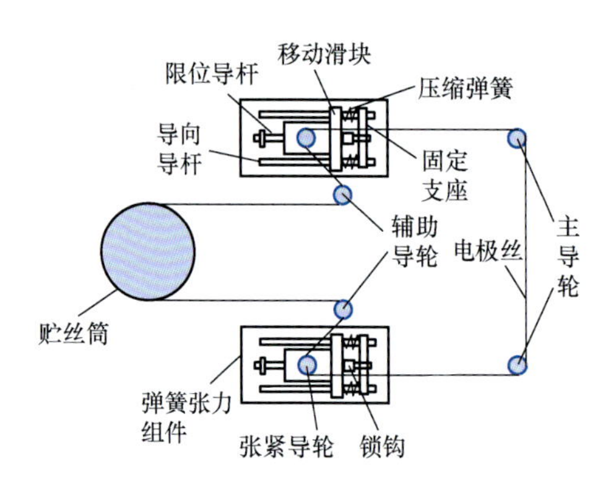

图 3.18 双向弹簧式张力机构的工作原理

图 3.19 双向弹簧式张力机构实物

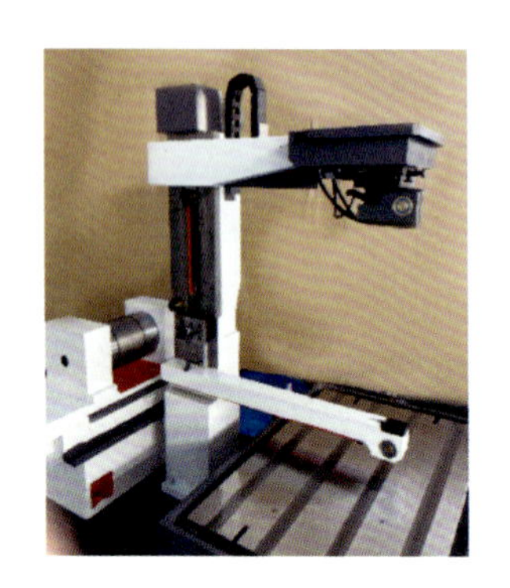

图 3.20 音叉式线架小锥度机构

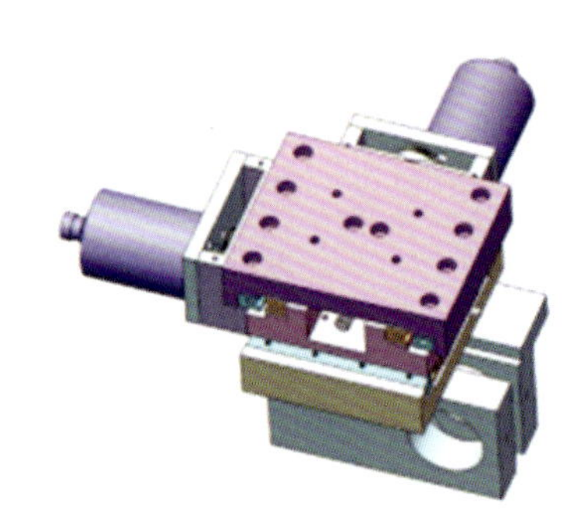

图 3.21 十字拖板悬挂式锥度装置

C 型结构机床将小锥度机构（图 3.22）安装在上线架前端，如图 3.23 所示。导向器可以由 Z 轴电动机驱动并根据工件厚度上下升降，U 轴、V 轴分别采用高刚性的导轨支撑，具有良好的承载能力，U 轴、V 轴的步进电动机与丝杠采用直联方式，传动误差较小，可以达到较高的加工精度。

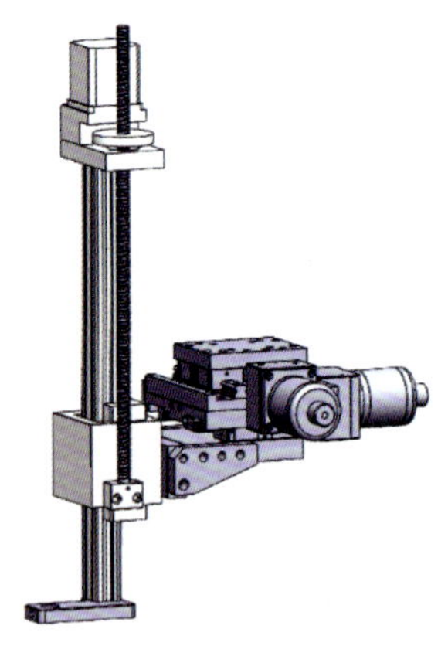

图 3.22 C 型结构机床小锥度机构

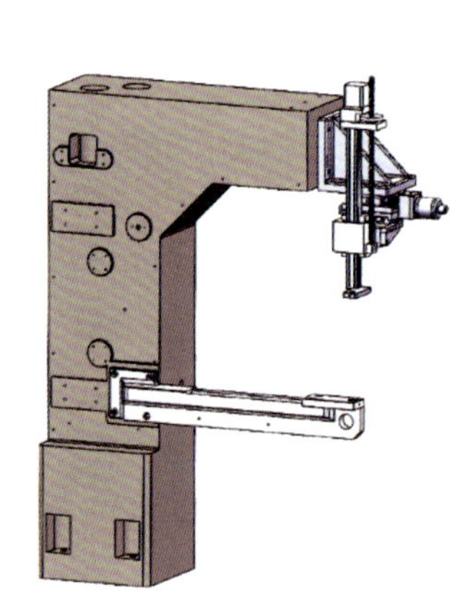

图 3.23 C 型结构机床小锥度机构的安装位置

（2）摆动式大锥度机构。

目前，摆动式大锥度机构最大切割斜度已经达到±45°。可以用来切割一些特殊斜度。图3.24所示为几种特殊斜度切割要求。六连杆摆动式大锥度机构示意图如图3.25所示，实物如图3.26所示。

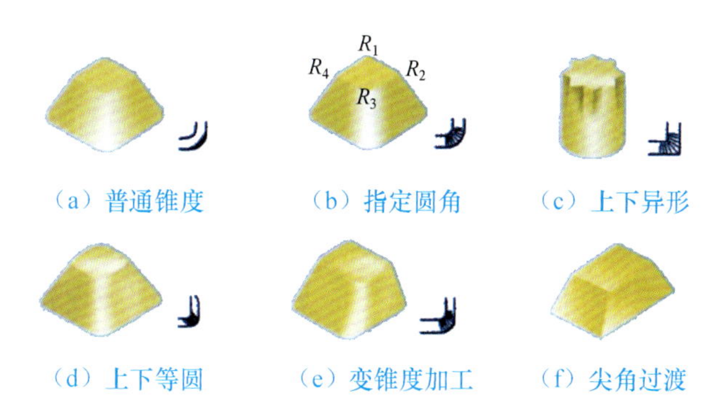

图3.24 几种特殊斜度切割要求

图3.25 六连杆摆动式大锥度机构示意图

图3.26 六连杆摆动式大锥度机构实物

7．工作液及循环过滤系统

目前高速往复走丝电火花线切割工作液主要有油基型工作液、水基型工作液和复合型工作液。油基型工作液以矿物油为基础（矿物油含量约为70%），添加酸、碱、乳化剂和防锈剂等配制而成，加水稀释后呈乳白色（俗称乳化液），市面上的典型产品有DX-1、DX-2、南光-1（乳化皂）等。这类工作液的优点是加工表面和机床不易锈蚀，小能量条件下加工稳定性较好；其主要缺点是加工过程中会产生黑色黏稠电蚀物，并对环境有污染。使用油基型工作液加工时，单位电流的切割速度一般为20mm²/（min·A），切割表面易产生烧伤纹。随着社会环保意识的增强，废液不能迅速降解的油基型工作液使用量正在逐步减小。

不含油的水基型工作液也称合成型工作液，其特点是适用于不同材质和不同厚度的工件，切割速度、切割表面粗糙度都优于油基型工作液，在加工过程中不产生黑色油泥，加工蚀除产物容易沉淀、易过滤，并有良好的环保性；但防锈性较差，电极丝损耗较大，并且由于电化学作用，切割工件表面较暗，长时间不开机时易出现导轮抱死及工作台不易擦拭等问题。使用水基型工作液加工时，单位电流的切割速度为22～25mm²/（min·A）。为避免该类工作液的缺陷，同时发挥其优点，实际生产中常有将水基型工作液与油基型工作液按一定比例混合使用的情况。

复合型工作液以佳润（JR）系列产品为代表，它含有严格控制比例的植物油组分，同时具有很好的洗涤、冷却效果，电极丝的损耗可以降低50%。使用复合型工作液加工时，单位电流的切割速度为25～30mm^2/(min·A)，切割表面洁白、均匀，并且具有很好的环保性，已成为目前中走丝机配套产品，并且随线切割机床出口到世界各地。目前，市面上复合型工作液产品主要有液体、膏体及固体浓缩皂形式，其防锈能力介于油基型工作液与水基型工作液之间。

对于高速走丝机，工作液使用寿命通常以切割速度判定，当切割速度较初始情况降低20%以上时，就判定工作液失效。一般情况下，工作液箱容积为40～60L，工作时间按每天两班（16h）计算，使用周期为15～20d。使用寿命到后，最好将工作液全部更换。

由于各地水质难以实地检测，因此中走丝机普遍要求采用纯净水配制工作液，尤其是抽取地下水为自来水的区域。

图3.27所示为高速走丝机工作液循环系统示意图。按一定比例配制的电火花线切割专用工作液，由工作液泵输送到线架上的工作液分配阀体上，通过两个调节阀，分别控制上、下线架的喷嘴流量，工作液经加工区落在工作台上，再由回水管返回工作液箱进行过滤。

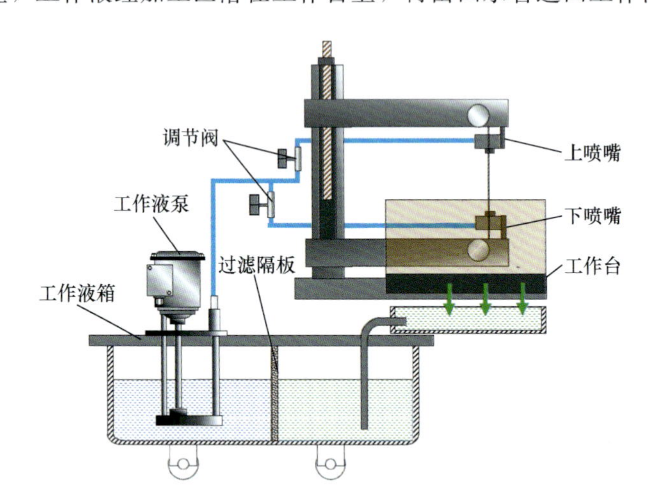

图3.27　高速走丝机工作液循环系统示意图

在电火花线切割加工过程中，工作液的清洁程度对加工稳定性起着重要作用。目前，中走丝机常用双泵式（立式）高压水箱（图3.28）进行过滤。中走丝机工作液循环系统的工作原理如图3.29所示。双泵结构中一个泵保障过滤进行，一个泵进行极间喷液。

图3.28　中走丝机双泵式（立式）高压水箱

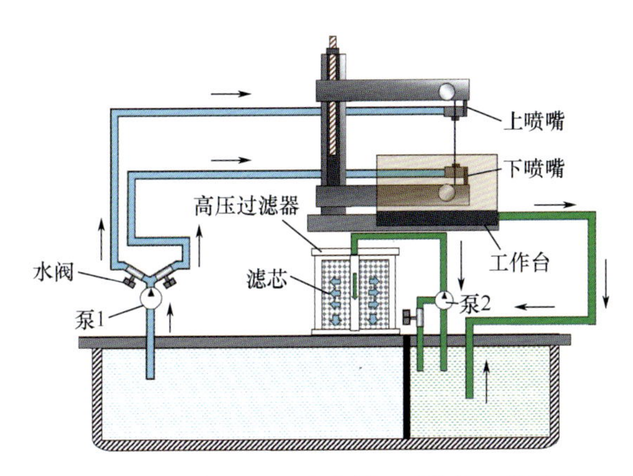

图 3.29 中走丝机工作液循环系统的工作原理

在高速往复走丝电火花线切割工作液循环使用过程中，由于受到高温放电氧化、微生物、金属粉屑和环境介质的影响，工作液逐渐腐败变质为废液，因此必须定期更换工作液。变质的工作液不仅金属浓度高，而且成分复杂，只有处理后才能排放，若不经处理就排放，会污染土壤和地下水，破坏生态环境。

8. 电极丝

高速往复走丝电火花线切割用电极丝以纯钼丝和钼合金丝为主，常见的有钨钼合金、铼钼合金。该类电极丝以纯钼和钼合金为原料，经过旋锻、拉制等金属压延加工过程，制取各种直径规格的丝材。电极丝的直径一般为 ϕ0.08～ϕ0.20mm，最常用的电极丝直径是 ϕ0.18mm。电极丝直径应该根据允许切割缝宽、工件厚度和拐角尺寸而定。

3.3.2 低速单向走丝电火花线切割机床

低速走丝机发展极为迅速，在加工精度、表面粗糙度、切割速度等方面有较大突破，加工精度可达±0.001mm，切割速度在特定条件下达 500mm^2/min，经过多次精修加工后，工件表面粗糙度达 Ra0.05μm，并可将表面变质层厚度控制在 1μm 以下，其切割的硬质合金模具使用寿命可达到机械磨削的水平。目前，低速走丝机广泛应用于精密冲模、粉末冶金压制模、样板、成形刀具及特殊零件加工。**低速单向走丝电火花线切割加工性能优异，目前还找不到可以与之竞争的其他加工技术。**

低速走丝机主机一般由床身、立柱、工作台、Z 轴升降机构、走丝系统、锥度机构、工作液系统等构成。我国以 DK76××命名低速走丝机的规格，“6”代表单向走丝，其余符号的含义与高速走丝机相同。典型 T 型床身的低速走丝机机械部分结构如图 3.30 所示。

1. 床身、立柱、工作台及 Z 轴升降机构

低速走丝机需要具有高刚性、高精度的特点，还应考虑加工时热变形的影响，故机床采用对称结构设计，并配有床身、立柱的热平衡装置，以使机床各部件受热后均匀、对称变形，减少因环境温度变化引起的机床精度变化。目前，低速走丝机工作台普遍采用陶瓷材料。

Z 轴升降机构用以放电切割时调节喷嘴贴近工件表面，保证有足够的喷液压力用于蚀除产物的排除，从而提高切割速度，切割完毕 Z 轴升降机构升起，便于取出废料。

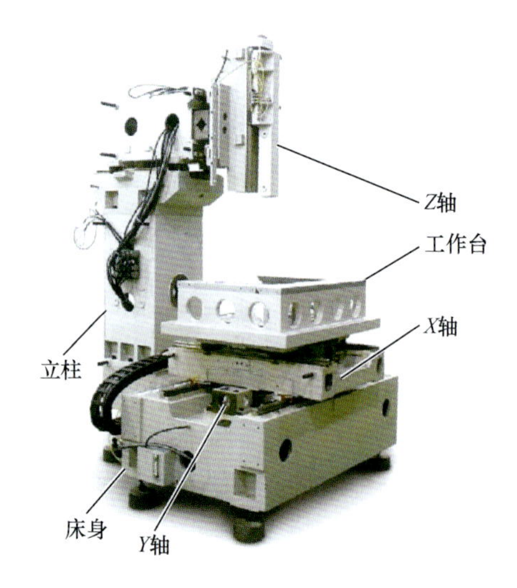

图 3.30　典型 T 型床身的低速走丝机机械部分结构

2. 走丝系统

走丝系统包括电极丝的送丝机构、断丝检测机构、恒速恒张力机构、电极丝导向器、收丝机构及自动穿丝系统等。走丝系统主要对电极丝的走丝速度、张力及稳定性进行控制。

走丝系统运行时，电极丝由贮丝筒送出，经过导丝轮到张力轮、压紧轮、上导轮、自动穿丝装置、剪丝器，进入上导向器、加工区和下导向器，使电极丝保持精确定位；再经下导轮、收丝轮，使电极丝以恒定张力、恒定速度回收进入废丝箱，完成整个走丝过程。典型低速走丝机的走丝路径如图 3.31 所示，电极丝的张力根据丝径不同控制在 2～25N。

下面对电极丝导向器、收丝机构、自动穿丝系统及新近出现的双丝全自动切换走丝系统、电极丝旋转切割技术进行介绍。

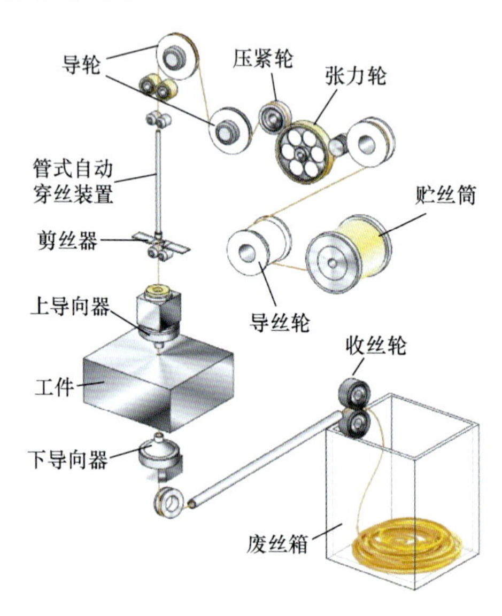

图 3.31　典型低速走丝机的走丝路径

（1）电极丝导向器。

电极丝导向器一般分为V形导向器、圆形导向器及拉丝模式导向器三种。

V形导向器工作原理如图3.32所示，采用高精度开合系统，增大了导向器与电极丝的接触长度，可以消除电极丝的弯曲。自动穿丝时，V形导向器自动打开，电极丝很容易穿过下导向器，依靠高压喷液，即使是略有弯曲的电极丝也能十分容易穿过导向器。

圆形导向器如图3.33所示。电极丝直接穿入导向器，给自动穿丝带来一定的难度。为了便于自动穿丝，上导向器一般设计成拼合导向器，其精度取决于活动部件的导向精度，下导向器仍为圆形导向器。

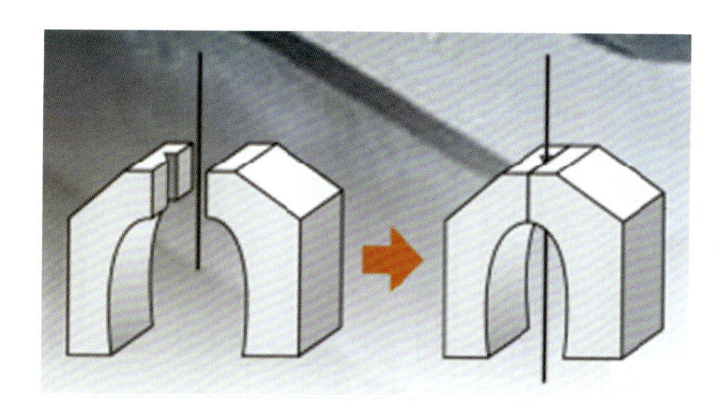

图3.32　V形导向器工作原理

图3.33　圆形导向器

拉丝模式导向器与圆形导向器的导向原理类似，其能够完全包容电极丝，间隙为0～3μm，直壁定径部分不到1mm，孔的两端呈喇叭口，用于穿丝导向和斜度切割中的电极丝转向，当使用的电极丝经过淬硬拉细、局部过热拉断出尖后，穿丝仍相当容易，清理也不难。

（2）收丝机构。

收丝机构（图3.34）的作用是使张力轮与收丝轮之间的电极丝产生恒定的张力和恒定的走丝速度，并将用过的电极丝排到废丝箱内。收丝机构主要由收丝电动机、收丝传动齿轮和收丝轮组成，在控制电极丝的走丝速度的同时，与张力控制电动机共同控制电极丝在加工区域的张力，保证电极丝平稳运行。由于低速走丝机使用的电极丝是一次性的，因此，在长时间运转中，需要处理大量的废丝，为避免电极丝乱窜造成短路及大量占用空间，一些机床采用碎丝装置将废丝截断，以增大废丝的容纳量，降低短路危险，使极间附加的电容也随之消失，对放电性能有利。碎丝回收装置一般安装在机床后面的废丝排出口处，切碎的废丝从冲水管道排出，如图3.35所示。

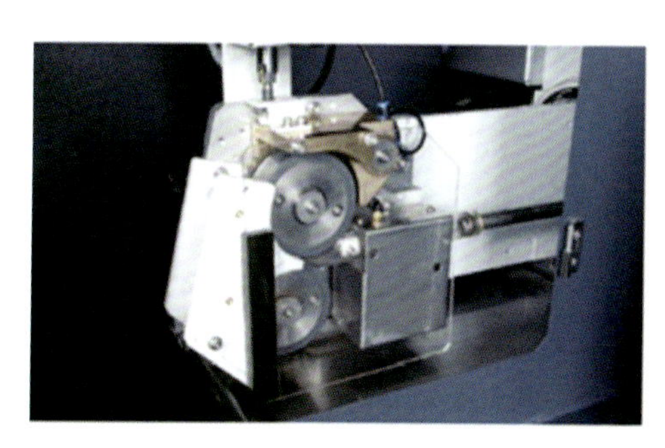

图3.34　收丝机构

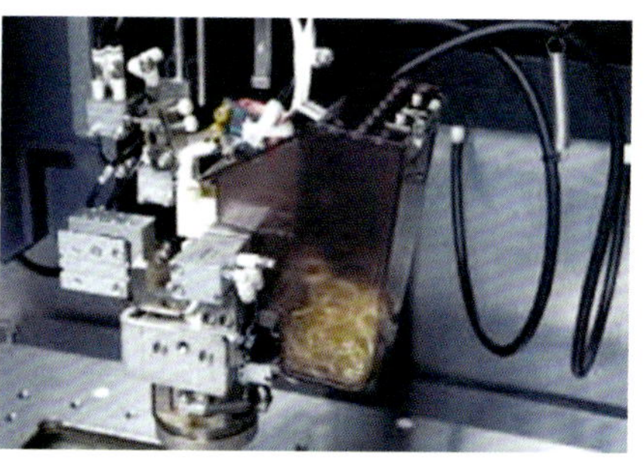

图3.35　碎丝回收装置

低速走丝机废丝切断装置

(3) 自动穿丝系统。

低速走丝机一般都配有自动穿丝（automatic wire threading，AWT）系统（有些厂家称为 AT 系统），通常采用高压水柱引导穿丝，穿丝水柱很细，将电极丝包裹在中间，保证电极丝尖端到达下导向器时的位置在导向喇叭口范围内，如图 3.36 所示，水柱喷水自动穿丝功能一般用于工件厚度较大（大于 100mm）的自动穿丝情况。

传统的自动穿丝系统常对电极丝采用剪切方式，但剪刀钝化后，剪断电极丝时，横向剪切力的作用导致电极丝断口极不稳定，如图 3.37（a）所示，会影响穿丝的成功率，因此自动穿丝技术普遍采用退火拉直的方式，先将电极丝通电加热拉直后拉断，并冷却成最佳针型，如图 3.37（b）所示。

图 3.36 高压水柱引导式自动穿丝系统

不稳定 最佳

电极丝断口形状

(a) (b)

图 3.37 电极丝断口比较

退火拉直自动穿丝机构的工作原理如图 3.38（a）所示，其工作过程如下：电极丝导入送丝轮，穿入导丝管，再导入穿丝专用的拉力轮，导丝管上下两侧通电，加热导电块，给两个导电块之间的电极丝加热，送丝轮与拉力轮旋转方向相反，在指定点将加热变红的电极丝拉伸变细，尖端细化、拉断、喷液冷却，电极丝变硬，然后导电块和拉力轮自动退

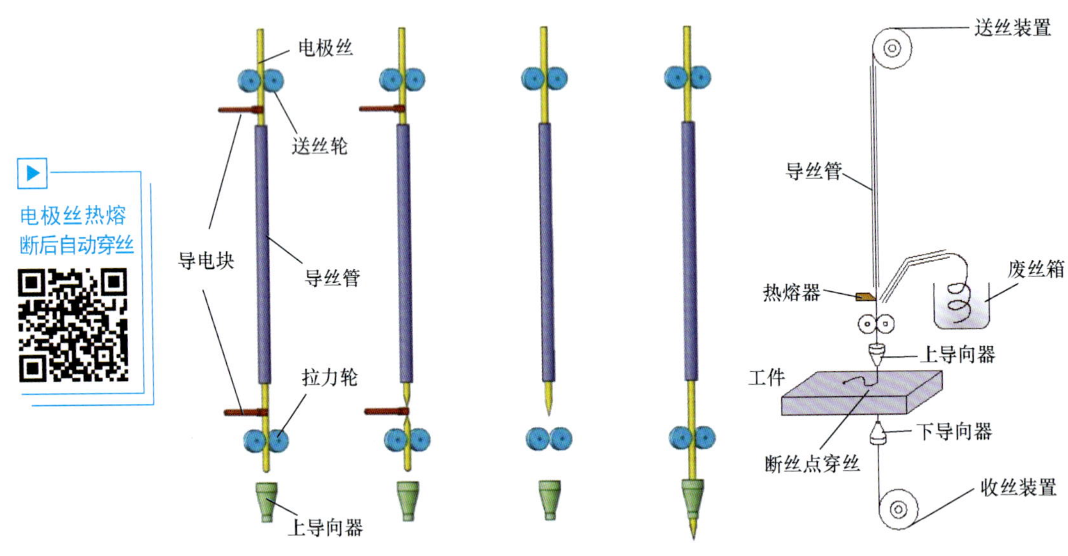

（a）自动穿丝机构的工作原理 （b）废丝处理示意图

图 3.38 退火拉直自动穿丝机构

回原位，产生的废丝由机械机构（手）移除到侧面的废丝箱中，如图 3.38（b）所示，成针状的电极丝由高压水柱将电极丝穿过上导向器、工件加工起始孔、下导向器。整个穿丝过程需要 15～20s。采用这种退火拉直措施后，电极丝变得挺直、坚硬、尖端细化并具有针状外形，大大提高了各种情况下的穿丝成功率，甚至可以做到在断丝点原地穿丝。

（4）双丝全自动切换走丝系统。

在低速单向走丝电火花线切割加工中，如果只采用一种直径的电极丝切割，最高切割速度在精密冲模加工中往往难以应用，其原因是最高切割速度需要使用粗丝（ϕ0.25～ϕ0.30mm），但粗丝实现精密及细节加工比较困难，一些精密加工只能使用细丝（如ϕ0.10mm），因此出现了具有双丝全自动切换功能的走丝系统。

双丝全自动切换走丝系统是指在同一机床上按不同加工要求，无须停机，可以自动切换两种直径或不同材质的电极丝进行切割，犹如加工中心换刀一样，从而提高了切割速度。这种走丝系统在进入上导向器之前是两套走丝系统，后面部分与常规结构一样。瑞士阿奇夏米尔公司的 ROBOFIL 2050TW、ROBOFIL 6050TW 双丝线切割机床，其走丝系统具有互锁结构，最高加工精度为±1μm，表面粗糙度为 Ra0.05μm。该走丝系统能够在 45s 内实现 ϕ0.25mm 和 ϕ0.10mm 电极丝之间的转换。双丝切换机构如图 3.39（a）所示，对于直径更小的电极丝，可以在机床下部附加一个细丝导向器以进一步保持电极丝的定位精度，如图 3.39（b）椭圆处所示。

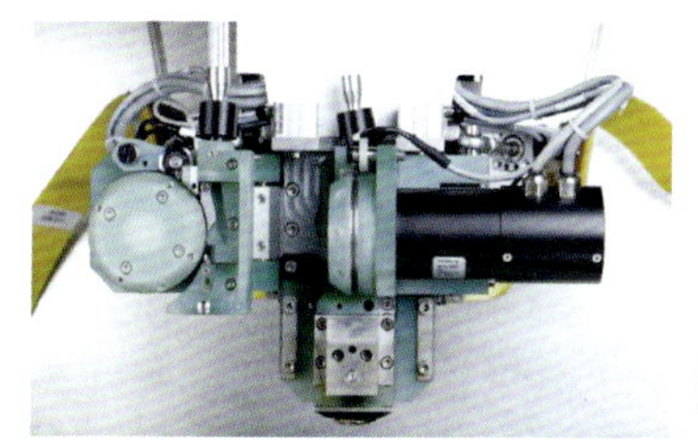

（a）双丝切换机构

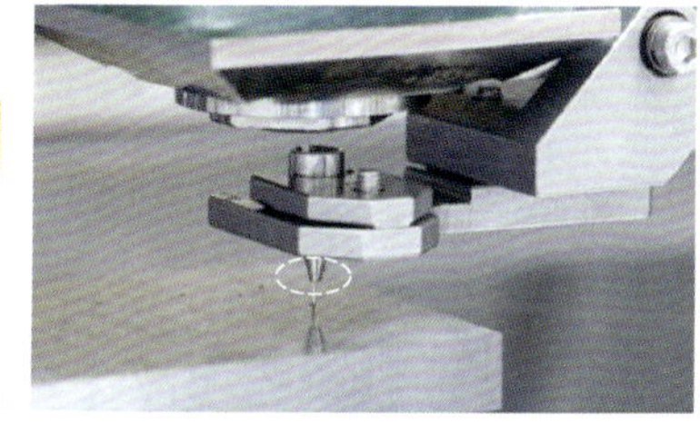

（b）切换到细丝加工

图 3.39 双丝全自动切换走丝系统

用双丝全自动切换走丝系统分别进行粗、精加工，解决了精密加工和高效加工的矛盾，在保证工件加工精度的前提下，使总的加工时间大大缩短，同时可节省价格高昂的细丝，降低加工成本。双丝全自动切换走丝系统与单丝走丝系统加工时间对比如图 3.40 所示。可以看出，在达到**相同加工精度的情况下，双丝切割加工比单丝切割加工节省超过30%的时间。**

（5）电极丝旋转切割技术。

电极丝旋转切割技术被称为 i Groove 技术，低速单向走丝电火花线切割电极丝走丝时，旋转机构使加工区域的电极丝按照一定的速度和方向（向左或向右）旋转，以实现加工区域从上到下均在未放电过的新电极丝面上放电，如图 3.41 所示。由于充分利用了电极丝的新表面，因此工件切割的表面质量及几何精度大大提高，并且显著减小了电极丝的消耗量。试验表明，与常规加工相比，电极丝旋转切割技术解决了板材厚度突然变化产生条纹等问题；电极丝消耗量降低 30%以上，对降低加工的运行成本有重要意义；采用新表面电极丝进行放电蚀除，在提高切割表面质量的同时，切割速度提高了 10%～20%。

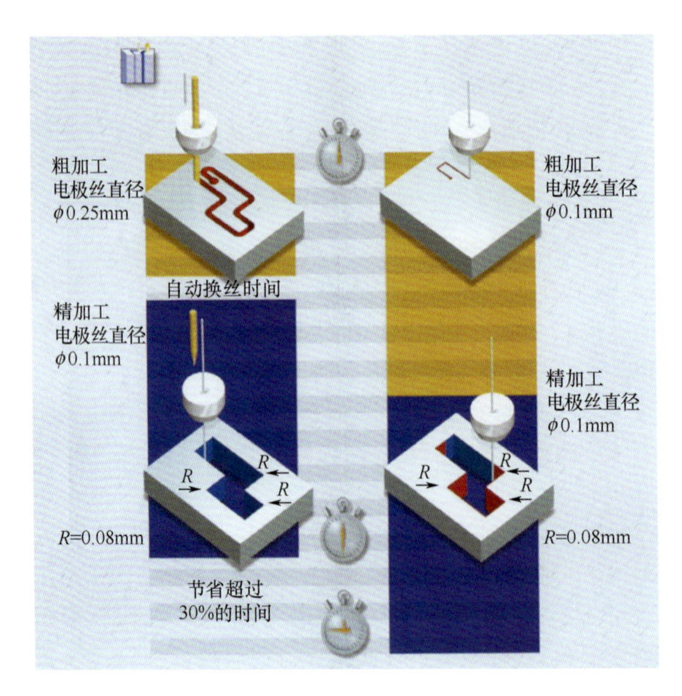

（a）双丝全自动切换走丝系统　　（b）单丝走丝系统

图 3.40　双丝全自动切换走丝系统与单丝走丝系统加工时间对比

图 3.41　电极丝旋转切割

3. 锥度机构

低速走丝机斜度切割采用电极丝导向器，在 *UV* 工作台的带动下平移，从而完成电极丝的斜度切割运动。低速走丝机锥度机构斜度切割原理如图 3.42（a）所示。目前，机床切割斜度一般为±5°，最大切割斜度大于±45°（与工件厚度有关）。大斜度切割状态如图 3.42（b）所示。

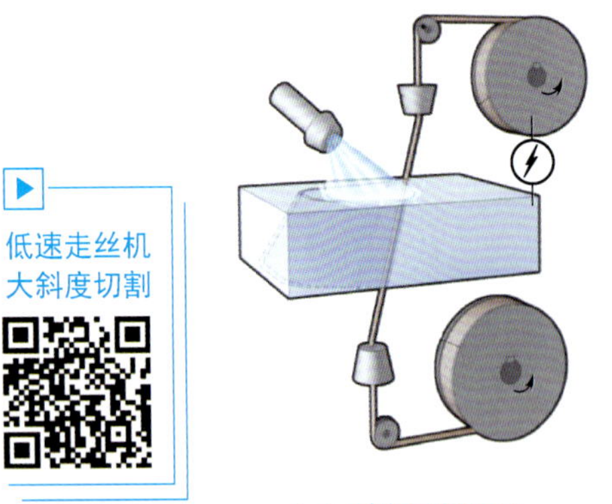

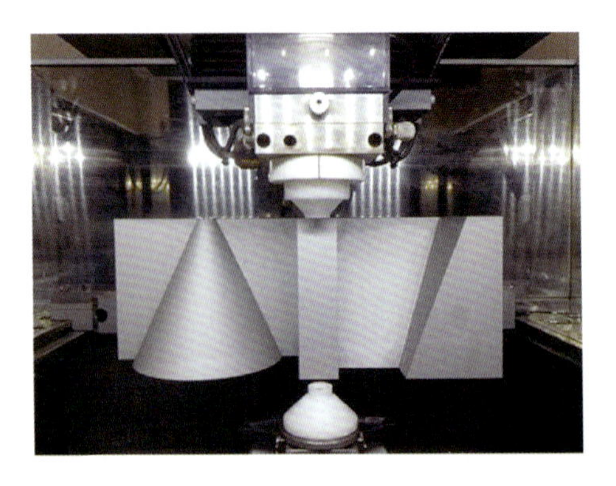

（a）斜度切割原理　　（b）大斜度切割状态

图 3.42　低速走丝机锥度机构斜度切割原理及大斜度切割状态

4. 工作液系统

图 3.43 所示为低速走丝机工作液系统框图。在该系统中，加工液箱的容积大而储液箱的容积小，因为在加工过程中，只有少量工作液（去离子水）做循环，从加工液箱通过循环泵到达过滤器、储液箱，冷却装置，快速供液箱。

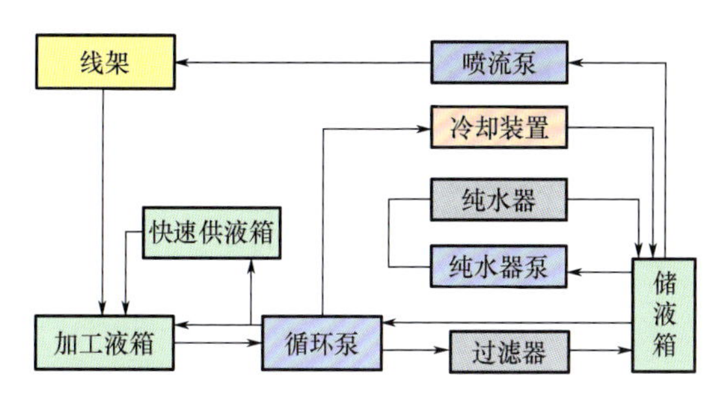

图 3.43 低速走丝机工作液系统框图

（1）加工液箱。加工液箱用于电火花线切割加工时储存工作液。

（2）快速供液箱。在加工开始时，因为加工液箱是空的，需要快速供液，为了缩短供液时间，在储液箱的上部设置一个预先加满工作液的快速供液箱，利用快速供液箱与加工液箱的高度差快速供液，可以节省 80%的供液时间。

“i Groove”电极丝旋转切割技术

（3）过滤器。过滤器的作用是过滤废工作液中的杂质（铁锈、沙粒和其他少量固体颗粒等），保护设备管道上的机床配件免受磨损和堵塞。

低速走丝机过滤器如图 3.44 所示。每个过滤筒里都放置采用特殊折叠方式的滤纸，使过滤器拥有较高的杂质过滤效率和强大的容垢能力，过滤精度小于 5μm。

（a）外观

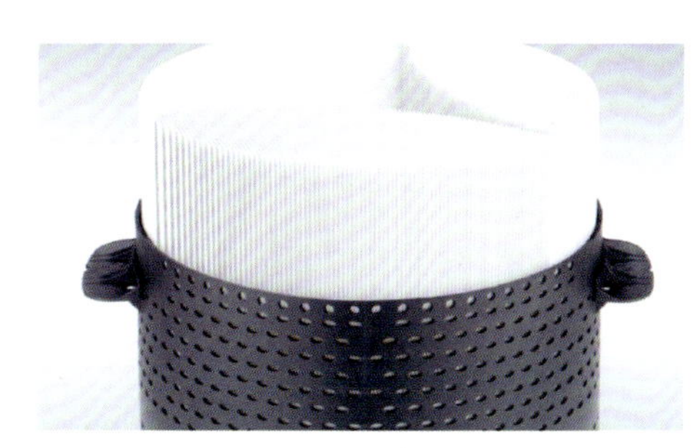

（b）内部结构

去离子水过滤系统

图 3.44 低速走丝机过滤器

（4）纯水器。低速走丝机加工工艺要求用去离子水做工作液，工作液的电阻率显示在控制界面上，当电阻率低于下限时，纯水器电磁阀打开，工作液流向纯水器，电阻率上升；当电阻率高于上限时，电磁阀关闭，纯水器不工作。纯水器内装有离子交换树脂，离子交换树脂是一种具有多孔网状结构的固体，主要由树脂母体和活性基团两部分组成。离子交换树脂作为离子交换剂，当工作液通过离子交换树脂时，其中的活性基团与工作液中的同性离子（如 Ca^{2+}、Mg^{2+}、Fe^{2+} 等）交换，达到软化水（降低水中 Ca^{2+}、Mg^{2+} 的含量）、除盐（减少水中的溶解盐类）和回收废工作液中重金属离子的目的。纯水器外观、工作原理及离子交换树脂如图 3.45 所示。

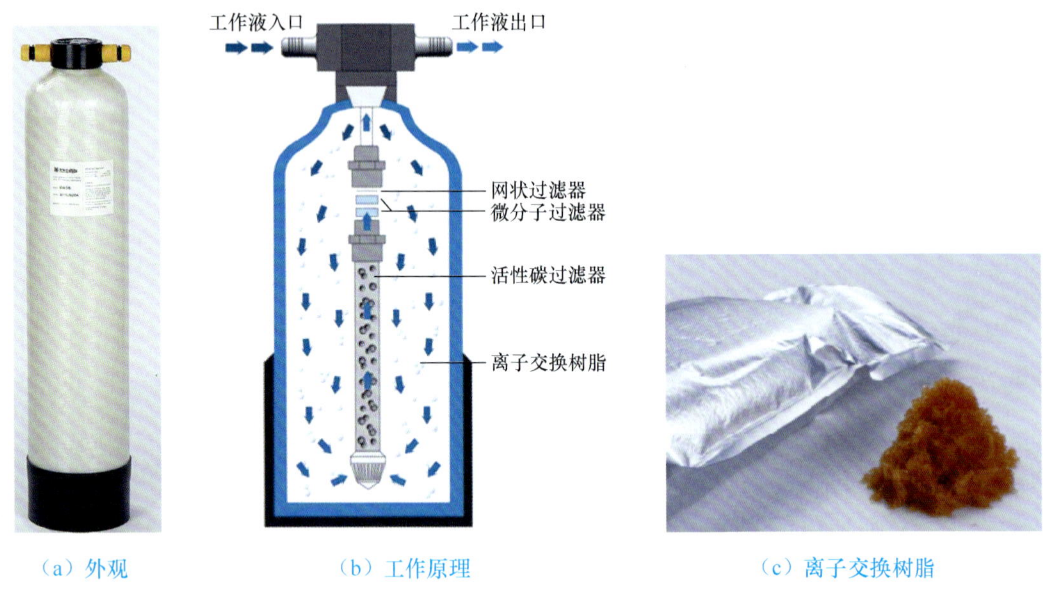

（a）外观　（b）工作原理　（c）离子交换树脂

图 3.45　纯水器外观、工作原理及离子交换树脂

（5）冷却装置。冷却装置用以控制工作液的温度，使其温度与室温相同。

（6）喷流泵、循环泵和纯水器泵。整个工作液系统有三个泵：喷流泵采用高压泵，变频调速，向上下导向器、自动穿丝装置、加工液箱供液；循环泵用于工作液过滤、冷却及向加工液箱供液；纯水器泵用于向纯水器供液。

目前，低速走丝机基本采用浸液式供液方式，由于被加工工件浸没在工作液中，因此对加工精度及加工稳定性有益。

5. 电极丝

市面上常见的低速单向走丝电火花线切割用电极丝为黄铜电极丝和镀锌电极丝，如图 3.46 所示。

低速单向走丝电火花线切割诞生于 20 世纪 60 年代，自诞生起一直沿用电火花成形加工工具电极材料的思路，采用的是纯铜电极丝。虽然纯铜具有非常好的导电性及导热性，但其抗拉强度低，在放电加工时，伴随着一定张紧力条件下的放电，一旦放电能量增大，就极易导致电极丝熔断，由于放电能量一直不能增大，因此切割速度一直得不到有效提高。

1977 年，黄铜电极丝开始进入市场。黄铜是纯铜与锌的合金，最常见的配比是 65%（质量分数）的纯铜和 35%的锌。由于黄铜丝的抗拉强度高，可以增大放电能量，因此切割速度有了突破，故黄铜丝是低速单向走丝电火花线切割的真正第一代专用电极丝。当时对于厚度为 50mm 的工件，切割速度从原来的 $12mm^2/min$ 提高到 $25mm^2/min$。在试验过程中，研究人员发现黄铜电极丝中低熔点的锌（锌熔点为 419.5℃，纯铜熔点为 1083.4℃）对改善极间的放电特性有明显的促进作用。从理论上讲，锌的比重应该越高越好，但在黄铜电极丝的制造过程中，锌的比重超过40%后，材料会变得太脆而不适合拉成直径较小的细丝，于是人们想到在黄铜电极丝外面再加一层锌，做成包芯丝。1979年，瑞士的几位工程师发明了这种制造工艺，由此产生了镀锌电极丝，其截面图如图3.47所示。包芯丝制造工艺使电极丝的发展向前迈进了一大步，并促进更多新型镀层电极丝的出现。目前，镀层电极丝的生产工艺主要有浸渍、电镀和扩散退火。电极丝的芯材主要有黄铜、纯铜和钢。镀层的材料有锌、纯铜、铜锌合金等。

图3.46 低速单向走丝电火花线切割用电极丝

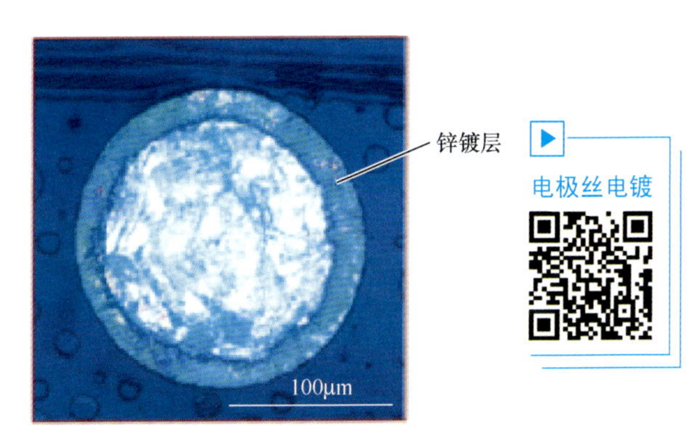

图3.47 镀锌电极丝截面图

镀锌电极丝能提高切割速度，且不易断丝。如同蒸制食物（图3.48）一样，无论外界加热的火焰温度多高，都首先作用在水上，而水的沸点是100℃。对于镀锌黄铜丝而言，虽然放电通道内的温度高达10000℃左右，但该温度首先作用在具有较低熔点的镀锌层上，锌的熔点为419.5℃，镀锌层一方面通过自身的气化吸收绝大部分热量，从而保护电极丝基体，使加工中不易断丝，另一方面由于镀锌层从固态被加热到气态的气化体积瞬间增大，产生很强的爆炸性气压，爆炸性气压会将蚀除产物推出放电区域，起到改善放电通道内洗涤性及排屑性的作用，从而大大提高了切割速度。镀锌层保护黄铜丝原理如图3.49所示。

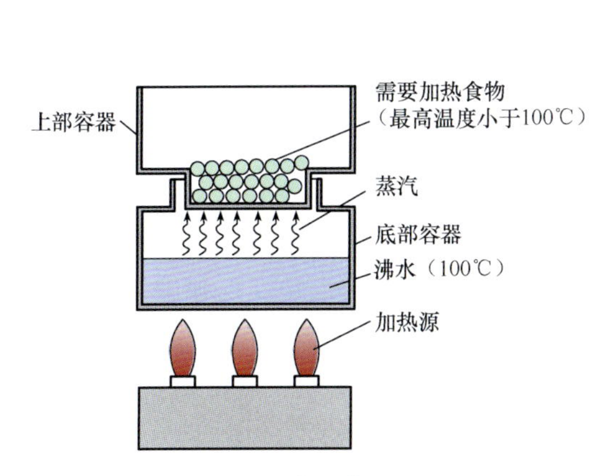

图3.48 蒸制食物原理

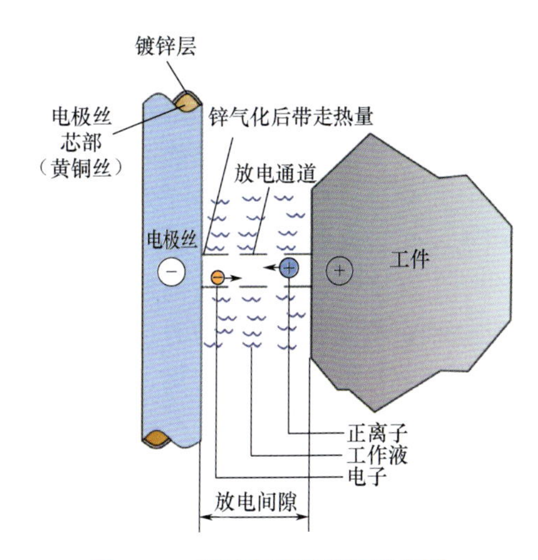

图3.49 镀锌层保护黄铜丝原理

与黄铜电极丝相比，镀锌电极丝具有的主要优点如下：切割速度高，不易断丝；加工表面质量好，无积铜，表面变质层得到改善；加工精度高，特别是尖角部位的形状误差、厚工件的面轮廓度误差等均比用黄铜电极丝切割时有所改善；导向器等部件的损耗减小，不容易堵塞导向器的导向嘴；等等。

随着低速走丝机对工件加工质量要求的不断提升，对电极丝性能的要求也不断提高，尤其是电源对电极丝提出了更加严格的要求，需要其能承受峰值电流超过1000A和平均电流超过45A的大电流切割，而且能量的传输只有非常有效才能提供高表面质量（小于$Ra0.2\mu m$）所需的高频脉冲电流，因此需要电极丝具有良好的电导率。

3.4 电火花线切割机床控制系统

电火花线切割机床控制系统主要包括加工轨迹（通常称切割轨迹）控制、伺服进给控制、走丝系统控制、机床操作控制及其他辅助控制等。下面仅对电火花线切割机床的加工轨迹控制、伺服进给控制和机床电气控制进行介绍。

1. 加工轨迹控制

电火花线切割加工轨迹控制是把加工零件的形状和尺寸用规定的代码和格式，编写成程序指令或在计算机上直接绘制出图形，然后输入数控系统，数控系统编辑处理后分配信息，使各坐标轴移动若干最小位移量并输出指令控制驱动电动机，由驱动电动机带动精密丝杠，使工件相对于电极丝进行轨迹运动。

数控系统按结构的不同可分为开环控制系统和闭环控制系统两类。开环控制系统是目前高速走丝机常用的一种，它没有位置反馈环节，加工精度取决于机械传动精度、控制精度和机床刚性。闭环控制系统分为全闭环控制系统和半闭环控制系统，目前被低速走丝机采用。半闭环控制系统的位置反馈点为伺服电动机的转动位置，一般由编码器完成，但机床丝杠的传动精度没有反馈。全闭环控制系统的位置反馈点为拖板的实际移动位置，加工精度不受传动部件误差的影响，只受控制精度的影响，是一种高精度的控制系统。

所谓插补，就是在一条曲线或工程图形的起点和终点间，用足够多的短线段逼近给定的曲线或工程图形。常见的工程图形均可分解为直线和圆弧或其组合。常用的插补方法有逐点比较法、数字积分法、矢量判别法和最小偏差法等。每种方法都有其独特的特点，在电火花线切割控制系统中采用较多的是逐点比较法。

逐点比较法的插补原理如下：在加工过程中，每进给一步，都先判断加工点相对给定线段的偏离位置，用偏差的正负表示，即进行偏差判别；根据偏差的正负，向逼近线段的方向进给一步，到达新的加工点后，对新的加工点进行偏差计算，求出新的偏差，再进行判别、进给。不断运算，不断比较，不断进给，总是使加工点向给定线段逼近，以完成对切割轨迹的控制。逐点比较法每进给一步，都要经过图3.50所示的四个步骤。

（1）偏差判别：判断加工点相对给定线段的偏离位置，以决定拖板的走向。

（2）拖板进给：控制纵拖板或横拖板进给一步，向给定线段逼近。

（3）偏差计算：对新的加工点进行计算，得出反映偏离位置情况的偏差，作为下一步

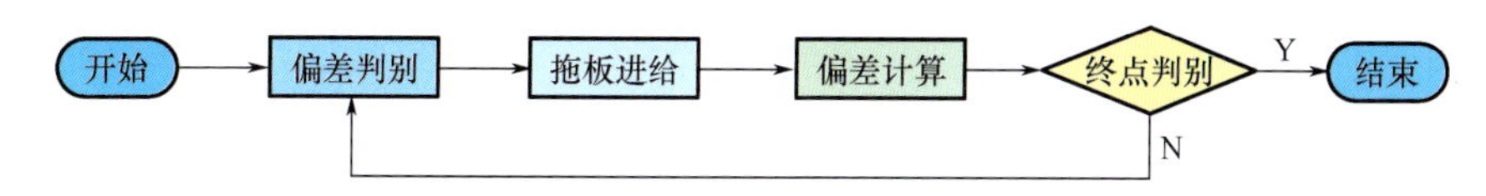

图 3.50 逐点比较法进给框图

进给的依据。

(4) 终点判别：进给一步并完成偏差计算之后，应判断是否到达图形终点，如果已到达图形终点，则发出停止进给命令；如果未到达图形终点，则继续重复前面的步骤。

加工轨迹为斜线时，如图 3.51 (a) 所示，若加工点在斜线的下方，系统计算出的偏差为负，此时控制加工点沿 Y 轴正方向移动一步；若加工点在斜线的上方，系统计算出的偏差为正，此时控制加工点沿 X 轴正方向移动一步。同理，切割轨迹为圆弧时，如图 3.51 (b)所示，若加工点在圆外，应控制加工点沿 Y 轴负方向移动一步；若加工点在圆内，应控制加工点沿 X 轴正方向移动一步。据此，加工点逐点逼近给定线段，直至整个图形切割完毕。

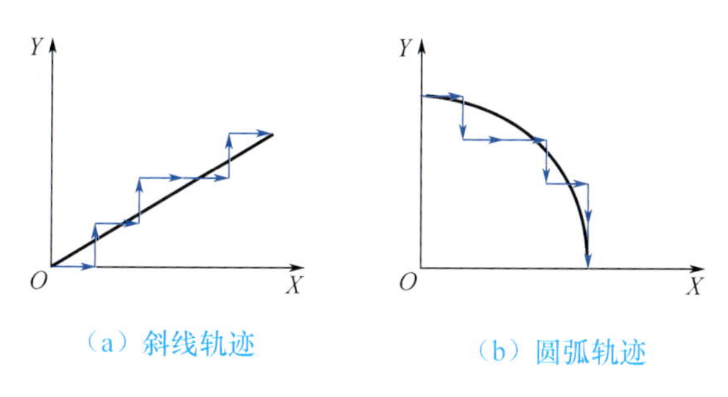

(a) 斜线轨迹 (b) 圆弧轨迹

图 3.51 逐点比较法插补原理

2. 伺服进给控制

电火花线切割加工的进给速度不能采用等速方式，必须采用伺服进给方式。对于高速走丝机，伺服进给控制主要使电极丝的进给速度等于金属的蚀除速度，并保持合适的放电间隙。

在电火花线切割加工中，进给速度是由变频电路控制的，它使电极丝进给速度“跟踪”工件的蚀除速度，防止放电开路或短路，并自动维持一个合适的放电间隙，具体控制方法如下。

首先由取样电路测出工件和电极丝之间的放电间隙。若间隙大，则加速进给；若间隙小，则放慢进给；若间隙为零，则为短路状态，短路状态超过一定时限，控制系统判断极间发生短路，指令电极丝按已切割轨迹回退，以消除短路状态。

由于实际加工时，放电间隙很小，无法直接测量实际间隙，因此通常采用与放电间隙有一定关系的间隙电压、间隙电流或电压电流同时检测，作为判断间隙变化的依据。较常采用的是检测间隙平均电压，将测量的间隙平均电压输入变频电路。变频电路是一个电压-频率转换器，它把放电间隙中平均电压的变化成比例地转换为频率的变化，间隙大，间隙平均电压高，变频电路输出脉冲频率高，计算机插补运算速度提高，则进给速度高；反之，间隙小，间隙平均电压低，变频电路输出脉冲频率低，计算机插补运算速度降低，则进给速度低或停止进给，从而实现电火花线切割加工的自动伺服进给。

此外，当机床不处于放电加工状态时，需要工作台移动一段距离，可以将自动伺服进给开关由“自动”挡变换为“手动”变频挡，由变频电路内部提供一个固定的直流电压代替放电间隙的平均电压，再经变频电路输出一定频率的脉冲，触发插补运算器使 *XY*（或 *UV*）工作台快速移动。

设计取样电路时，可以采用光电耦合器将放电间隙与取样电路隔离，使两部分没有直接的电联系，减少间隙放电对取样信号的干扰，从而提高变频电路的稳定性。

图 3.52 所示为典型峰值电压取样变频电路。在变频取样电路中，取样信号分别取自工件和电极丝，工件和电极丝之间的间隙电压经过限流电阻，再经过 24V 稳压管，从而使 3 点电压的峰值得到一定限幅，24V 稳压管起到一个门槛作用（根据不同加工情况，门槛电压会略有变化），即只有高于 24V 的电压才能进入取样电路，继而触发后续的插补运算器工作。电火花线切割加工中示波器检测的几种放电波形如图 3.53 所示，24V 约在正常极间放电维持电压的下临界线上，也就是说，只有放电加工中出现高于该电压的空载及加工波，取样电路才有信号输入，从而触发后续的插补运算器工作，使拖板向前进给；当出现短路及少部分加工信号时，由于没有高于 24V 的电压信号进入取样电路，后续的插补运算器无信号发出，因此机床不进给，如果在设定时间内计算机没有检测到输入的取样信号，则判断为短路，从而控制工作台沿着已加工轨迹回退。放电脉冲信号进入取样电路后，

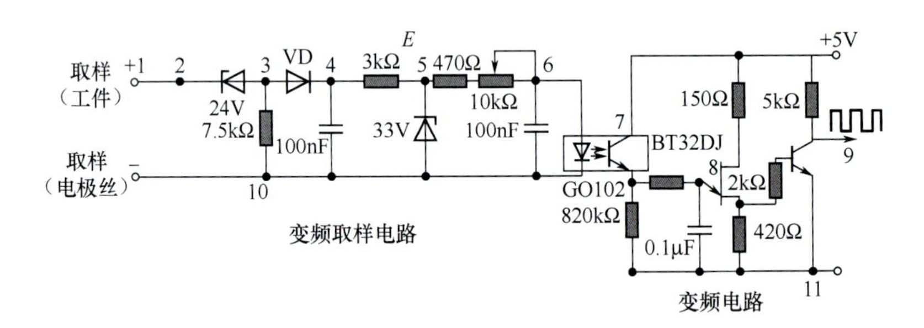

图 3.52 典型峰值电压取样变频电路

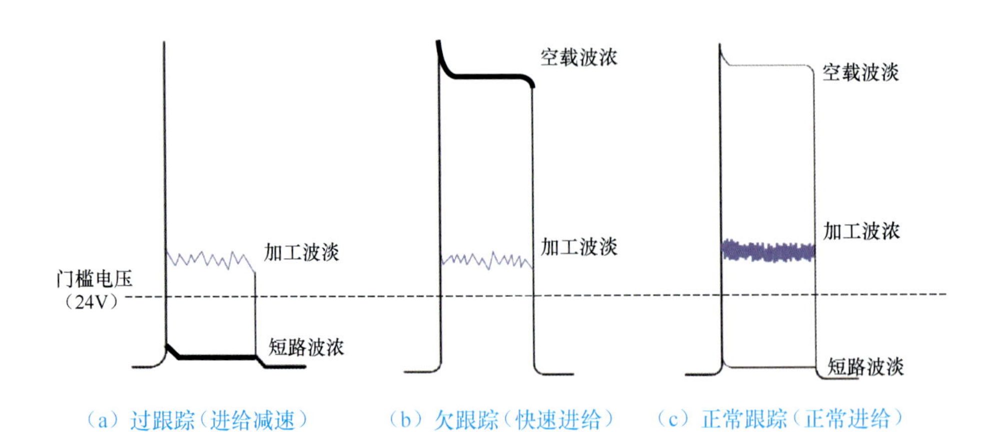

图 3.53 电火花线切割加工中示波器检测的几种放电波形

由两个电容器和电阻（图 3.52）组成的 π 形滤波器将已经降幅的放电信号进行整流和滤波，变成近似直流电压信号。33V 稳压管起限幅作用，它正常加工时不起作用，间隙开路时使取样电压 E 不能太高，以保护后面的电路。取样电压经光电耦合器把信号输入以单结晶体管 BT32DJ 为主的变频电路。由 9 点输出变频脉冲至计算机进行轨迹插补运算。

一般高速走丝机采用步进电动机作为工作台驱动电动机。步进电动机有混合式和反应式两种，分别有两相、三相、四相、五相等型号。目前，高速走丝机常用 75BF003 三相反应式步进电动机。

3. 机床电气控制

随着数控技术的进步，近年来脉冲电源、机床电气不再是独立的部分，而是作为机床数控系统的一部分融合在整个控制系统中。脉冲电源的脉冲宽度、脉冲间隔、峰值电压甚至脉冲波形等电源参数，伺服进给的方式和方法及机床电气的工作液泵开关、运丝启停等相关操作均可通过计算机软件完成。许多原本用硬件实现的功能都被软件取代，使得功能组合更合理、更完善，自动化程度更高，操作更简便，可靠性也得到进一步提高。

3.5 电火花线切割脉冲电源

目前，高速走丝机脉冲电源多为矩形波脉冲电源或分组脉冲电源，脉冲宽度为 1～128μs，脉冲间隔 5～1500μs 可调，最大占空比为 1∶12，峰值电流为 10～50A，平均加工电流为 0.1～10A，由于脉冲宽度较小，因此均采用正极性加工。

低速走丝机脉冲电源与高速走丝机脉冲电源在原理上基本相同，但由于低速单向走丝电火花线切割使用铜电极丝及采用去离子水作为工作介质，因此两种线切割的切割精度、表面粗糙度不同，而且加工过程和工艺特征存在很多差异。首先，由于低速单向走丝电火花线切割采用的铜电极丝电阻率较低，因此加工电压不能太高，峰值电流为 0～1000A；其次，为获得较高的加工精度和表面质量，并形成气化蚀除效果，应尽可能减小脉冲宽度，实际加工中，脉冲宽度为 0.1～30μs；最后，为提高切割速度，在高压冲液能保证极间处于较好的放电状态下，可以提高脉冲频率，即减小脉冲间隔，增大单位时间内的放电次数，脉冲间隔为 0.1～60μs。

下面介绍几种典型的电火花线切割脉冲电源。

1. 矩形波脉冲电源

图 3.54 所示为晶体管矩形波脉冲电源工作原理及放电波形。工作原理如下：晶振脉冲发生器发出固定频率的矩形方波（也可以通过其他方式发出方波），经过多级分频后产生所需的脉冲宽度和脉冲间隔，控制功率晶体管的基极形成所需的脉冲电源参数，开启的功率晶体管数目及限流电阻决定了放电的峰值电流。

2. 高频分组脉冲电源

采用高频分组脉冲电源是为了尽可能达到切割速度不显著降低，同时能改善表面切割质量的要求。高频分组脉冲电源相当于在单位时间内，输出了与矩形波脉冲电源基本相同的放电能量，但能量的输出方式不同于矩形波脉冲的一次输出，它将能量分为几份输出，

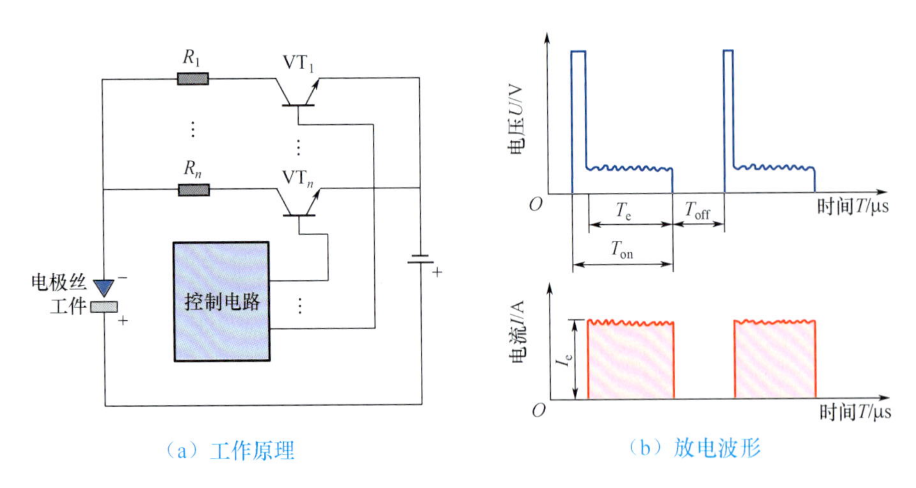

（a）工作原理　　（b）放电波形

图 3.54　晶体管矩形波脉冲电源工作原理及放电波形

如图 3.55 所示，用高频分组脉冲电源加工蚀除坑的总体积 $6V_{分组}$ 可以近似看成与用矩形脉冲电源加工蚀除坑体积 $V_{矩形}$ 相同，但其表面粗糙度 $Ra_{分组}$ 比用矩形脉冲电源加工表面粗糙度 $Ra_{矩形}$ 低，从而在一定程度上缓解了切割速度与表面粗糙度之间的矛盾，其电路原理如图 3.56 所示。

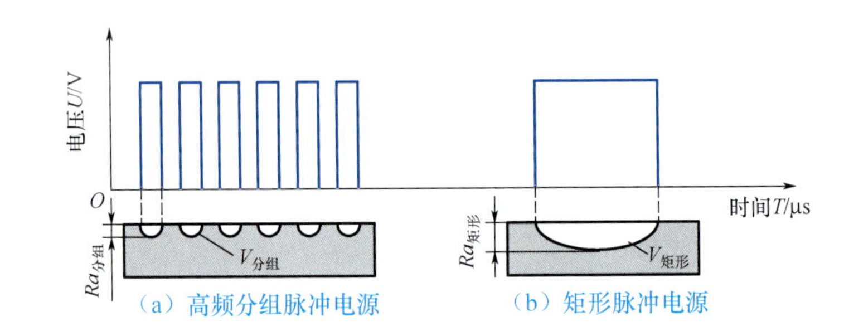

（a）高频分组脉冲电源　　（b）矩形脉冲电源

图 3.55　高频分组脉冲电源与矩形脉冲电源加工效果对比示意图

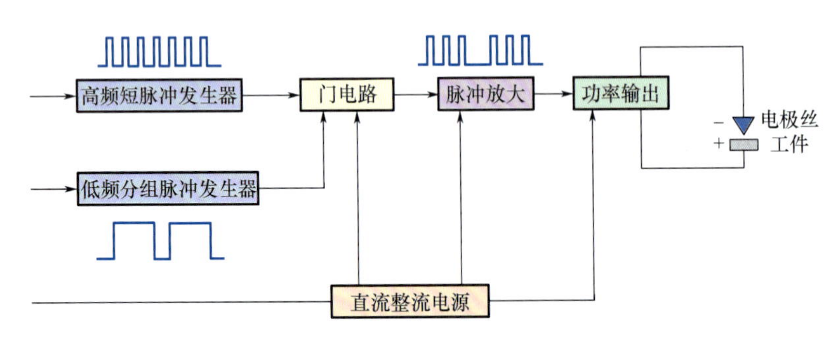

图 3.56　高频分组脉冲电源的电路原理

脉冲形成电路由高频短脉冲发生器、低频分组脉冲发生器和门电路组成。高频短脉冲发生器是产生小脉冲宽度和小脉冲间隔的高频多谐振荡器，低频分组脉冲发生器是产生大脉冲宽度和大脉冲间隔的低频多谐振荡器，两个多谐振荡器输出的脉冲信号经过与门后，输出高频分组脉冲，如图 3.57 所示。而后与矩形脉冲电源一样，放大高频分组脉冲信号，再经功率输出级，把高频分组脉冲能量输送到放电间隙中。高频分组脉冲有小脉冲宽度 t_{on} 和较小脉冲间隔 t_{off}，对加工间隙消电离不利，因此输出一组高频窄脉冲后，需经过一个较大脉冲间隔 T_{off}，使加工间隙充分消电离，再输出下一组高频脉冲，以达到既稳定加工又保证切割速度并维持较低表面粗糙度的目的。

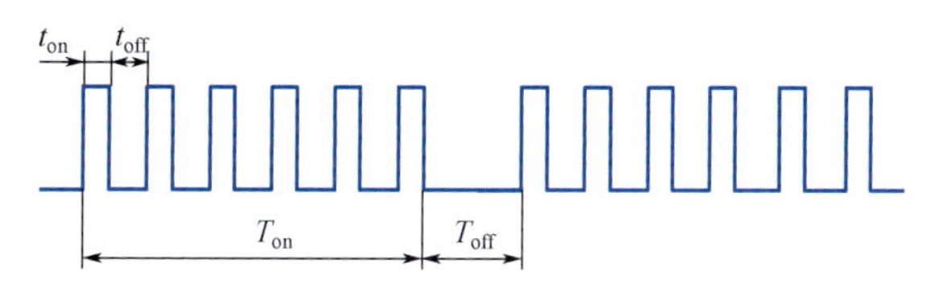

图 3.57　高频分组脉冲电源输出波形

3. 等能量脉冲电源

等能量脉冲电源在第 2 章介绍过。传统的等频脉冲电源加工中，由于从发出脉冲到极间介质击穿需要一定的击穿延时时间，如果脉冲宽度固定，就会导致实际放电时间忽长忽短（脉冲宽度＝放电击穿延时＋放电维持时间）。在一定的极间状况下，放电峰值电流幅值基本一定，而单脉冲输出的放电能量是放电维持电压与在此阶段放电峰值电流的乘积，由于每次脉冲放电，放电电流持续时间都不同，因此每次放电脉冲输出的能量都不同，加工表面的放电凹坑尺寸都不同，如图 3.58 所示，在一定表面粗糙度条件下，蚀除量减小，影响了切割速度。

等能量脉冲电源通过检测放电延时后的下降沿信号，反馈到脉冲电源的控制端，使脉冲电源的输出自放电开始延时至结束维持相同的放电时间，因此每个放电脉冲形成的放电能量都基本一致，保障了放电凹坑的均匀性，如图 3.59 所示，从而保证了加工表面的均匀性，并在相同表面粗糙度条件下获得最高的切割速度。

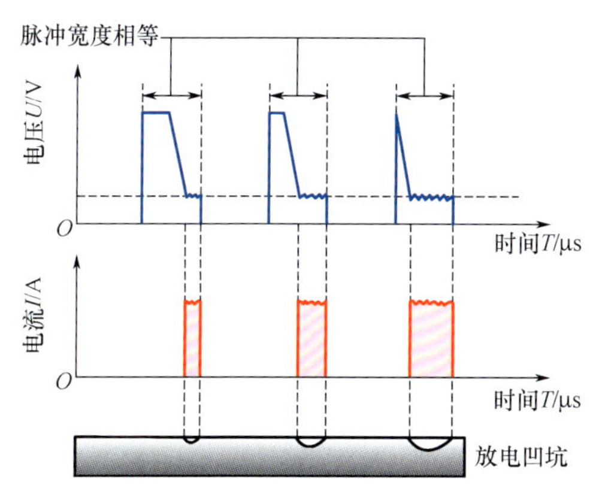

图 3.58　等频脉冲电源加工情况

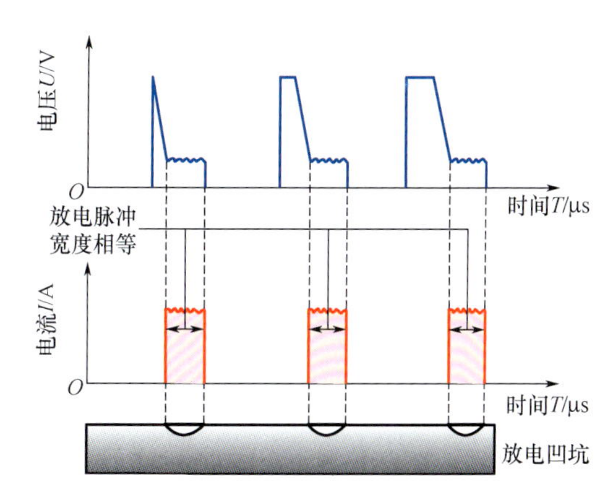

图 3.59　等能量脉冲电源加工情况

4. 抗电解脉冲电源

目前，抗电解脉冲电源主要用于低速走丝加工，虽然低速走丝加工采用去离子水作为工作介质，但介质中仍然会存在一定数量的离子，在脉冲电源的作用下会发生电化学反应。当工件接正极时，在电场的作用下，去离子水中的氢氧根离子（OH^-）定向运动，在工件上不断沉积，使铁、铝、铜、锌、钛、碳化钨等材料锈蚀、氧化，形成所谓的软化层，如图3.60所示。在切割硬质合金工件时，硬质合金中的结合剂钴会成为离子状态溶解在水中，同样形成软化层，从而使加工材料表面硬度下降，模具使用寿命缩短。

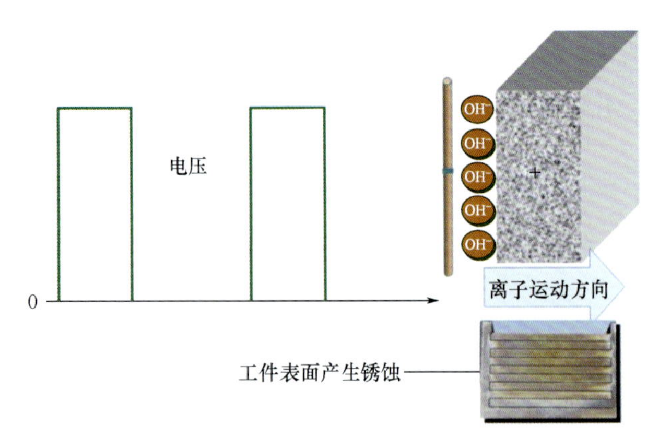

图3.60 传统脉冲电源加工形成表面软化层机理

抗电解（anti-electrolytic，AE）脉冲电源也称无电解电源（electrolytic free，EF），其工作原理是在不产生放电的脉冲间隔内，在电极丝与工件间施加反极性电压，使极间平均电压为零，这种交变脉冲使去离子水中的OH^-在工件与电极丝间一直处于振荡状态，不趋向于工件和电极丝，可有效防止工件表面的锈蚀、氧化，硬质合金的钴结合剂也不会流失，如图3.61所示。

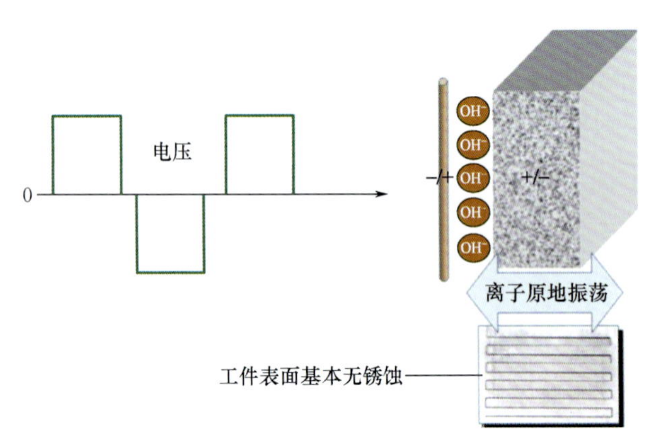

图3.61 抗电解脉冲电源加工消除表面软化层机理

抗电解脉冲电源通过采用交变脉冲的方式防止工件材料电解氧化，其优点在于：消除软化层，减少裂纹，提高表面硬度，大大提高零件的使用寿命；减少修切次数；对改善模具的表面质量、降低微观裂纹和锈蚀、提高模具的使用寿命有良好的效果。与用集成电路引线框架模的加工进行对比，采用抗电解脉冲电源加工的硬质合金模具使用寿命已达到机械磨削加工的水平，在接近磨损极限处甚至优于机械磨削。在优化放电能量的配合下，可使表面变质层控制在1μm以下。

采用抗电解脉冲电源加工铝、钛合金等有色金属材料时，工件的氧化情况有很大改善。采用普通脉冲电源与抗电解脉冲电源加工铝及钛合金工件表面对比如图3.62所示。

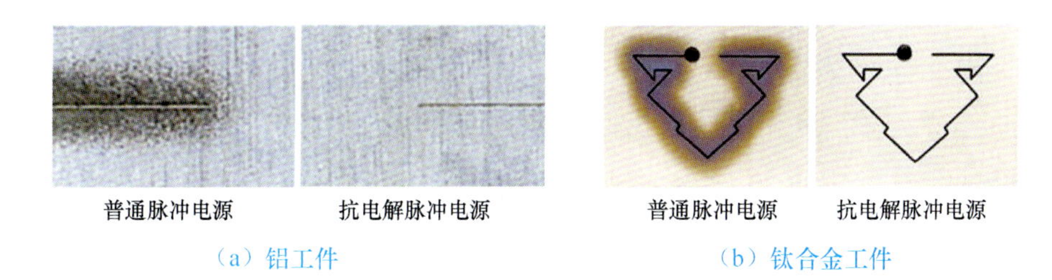

（a）铝工件　（b）钛合金工件

图3.62　采用普通脉冲电源与抗电解脉冲电源加工铝及钛合金工件表面对比

由于以往低速走丝加工存在加工表面缺陷层，因此只能作为一种中加工的手段，切割后的表面还需要进行数控机械磨削及抛光等处理。其表面缺陷包括软化层、热变质层、微裂纹、镀覆层及铁锈等。随着近年来优化放电能量的新型脉冲电源及抗电解脉冲电源的产生，通过放电能量的优化，将脉冲宽度变窄拉高，使放电能量集中，让材料以气化方式蚀除，可大幅度减小表面变质层厚度及工件表面内应力，且避免表面裂纹的产生，改善表面质量。配合抗电解脉冲电源的使用，低速走丝加工在表面质量和加工精度等方面完全满足精密、复杂、长使用寿命模具的加工要求，模具使用寿命达到或高于机械磨削的水平，可以作为最终精密加工的手段，“以割代磨”的趋势越来越明显。

虽然抗电解电源有悖于极性效应理论，对切割速度有一定影响，但由于低速走丝加工中电极丝一次性使用，相对于能进行精加工而言，切割速度的损失显得微不足道。

3.6　电火花线切割编程

由于电火花线切割机床的控制系统是按人的“命令”控制机床加工的，因此对于要切割的图形，需用机器接受的“语言”编排好“命令”，并“告知”控制系统，这项工作称为数控线切割编程，简称编程。

为了便于机器接受“命令”，必须按照一定的格式编制数控程序。线切割程序格式有ISO、EIA、3B、4B等，我国以往使用较多的是3B和4B格式，近年来随着技术的发展及国际化进程的加快，ISO格式的使用比重在逐渐增大。

ISO代码有G功能码、M功能码等，电火花线切割加工前，必须按照加工图纸编制加工程序。目前，编控一体的高速走丝机已具有自动编程功能，并且可以做到控制机与编程机合二为一，在控制加工的同时，可以“脱机”进行自动编程。高速走丝机自动编程都采用绘图式方法。操作人员只需根据待加工的零件图形，按照机械作图的步骤，在计算机显示屏上绘出零件图形，计算机内部的软件即可自动转换成3B格式或ISO格式的线切割程序。

3B程序是我国高速走丝机在单板（片）机上应用较广的手工编程方法。

1. 程序格式

3B 程序格式见表 3-2。

表 3-2 3B 程序格式

B	x	B	y	B	J	G	Z
分隔符	X 坐标值	分隔符	Y 坐标值	分隔符	计数长度	计数方向	加工指令

3B 程序中，B 为分隔符，用来区分及隔离 x、y 和 J 等数码，B 后的数字如为 0，则此 0 可以不写，x、y 分别为直线的终点或圆弧的起点坐标值，编程时均取绝对值，以 μm 为单位。J 为计数长度，以 μm 为单位。G 为计数方向，分为 Gx 和 Gy，可以按 X 方向和 Y 方向计数，工作台在该方向每走 1μm 计数都累减 1，当累减到计数长度 J=0 时，这段程序运行完毕。Z 为加工指令，分为直线 L 与圆弧 R 两大类。直线按走向和终点所在象限分为 L1、L2、L3、L4 四种；圆弧按第一步进入的象限及走向的顺、逆分为 SR1、SR2、SR3、SR4 及 NR1、NR2、NR3、NR4 八种，如图 3.63 所示。

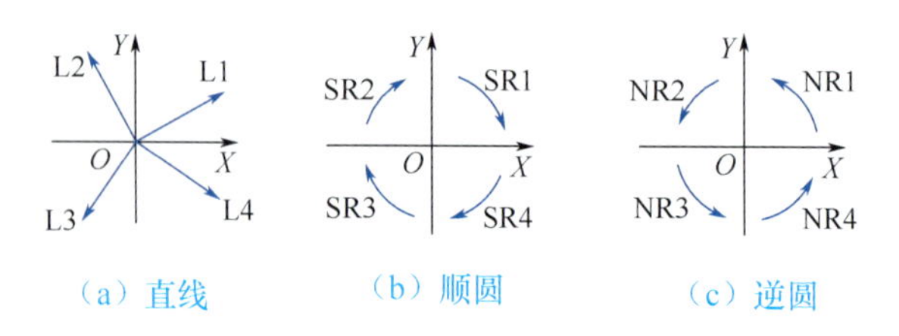

图 3.63 直线和圆弧的加工指令

2. 直线编程

(1) 把直线的起点作为坐标原点。

(2) 把直线的终点坐标值作为 x、y，均取绝对值，单位为 μm，因为 x、y 的比值表示直线的斜率，所以也可用公约数将 x、y 等比例缩小。

(3) 计数长度 J 按计数方向 Gx 或 Gy 取该直线在 X 轴或 Y 轴上的投影值，即取 x 值或 y 值，以 μm 为单位，决定计数长度时，要考虑所选计数方向。

(4) 计数方向的选取原则，应取此程序最后一步的轴向为计数方向，不能预知时，选取与终点处的走向较平行的轴向作为计数方向，可减小编程误差与加工误差。一般取 x、y 中绝对值较大的及轴向作为计数长度 J 和计数方向。

(5) 加工指令按直线走向和终点所在象限不同分为 L1、L2、L3、L4，其中与 +X 轴重合的直线计作 L1，与 +Y 轴重合的计作 L2，与 −X 轴重合的计作 L3，依此类推，与 X 轴、Y 轴重合的直线，编程时，x、y 均可计为 0，且在 B 后可不写。

3. 圆弧编程

(1) 把圆弧的圆心作为坐标原点。

(2) 把圆弧的起点坐标值作为 x、y，均取绝对值，单位为 μm。

(3) 计数长度 J 按计数方向取 X 轴或 Y 轴上的投影值，以 μm 为单位，如果圆弧较长，跨越两个以上象限，则分别取计数方向 X 轴（或 Y 轴）上各个象限投影值的绝对值累加，作为该方向总的计数长度，也要考虑所选计数方向。

（4）计数方向取与该圆弧终点处的走向较平行的轴向作为计数方向，以减小编程误差和加工误差。一般取 x、y 中绝对值较小的轴向作为计数方向。

（5）加工指令按圆弧第一步所进入的象限可分为 R1、R2、R3、R4；按切割走向又可分为顺圆 S 和逆圆 N，于是共有 8 种指令，即 SR1、SR2、SR3、SR4 和 NR1、NR2、NR3、NR4。

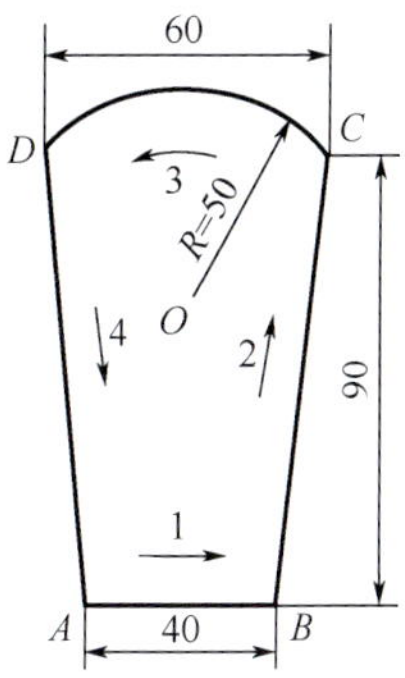

4. 工件编程举例

切割图 3.64 所示的图形，该图形由三条直线和一条圆弧组成，分四个程序编制（暂不考虑切入路径的程序）。

（1）加工直线。坐标原点取在 A 点，与 X 轴重合，x、y 均可作 0 计（按 x=40000，y=0，可编程为 B40000B0B40000GxL1），故程序为 BBB40000GxL1。

（2）加工斜线。坐标原点取在 B 点，终点 C 的坐标值是 x=10000，y=90000，故程序为 B10000B90000B90000GyL1，也可写成 B1B9B90000GyL1。

图 3.64　编程图形

（3）加工圆弧。坐标原点取在圆心 O，此时起点 C 的坐标可用勾股弦定理计算，得 x=30000，y=40000，故程序为 B30000B40000B60000GxNR1。

（4）加工斜线。坐标原点取在 D 点，终点 A 的坐标为 x=10000，y=−90000（其绝对值为 x=10000，y=90000），故程序为 B1B9B90000GyL4。

实际线切割加工和编程时，需要考虑电极丝半径 r 和单面放电间隙 Δ 的影响。切割孔和凹模时，应将编程轨迹偏移减小（$r+\Delta$）电极丝偏移量；切割凸模时，应将编程轨迹偏移增大（$r+\Delta$）电极丝偏移量。

3.7 电火花线切割加工的基本工艺规律

影响电火花线切割加工工艺效果的因素很多且相互制约，通常用切割速度、表面质量或表面完整性和加工精度来衡量电火花线切割加工的性能。

1. 切割速度

在电火花线切割加工中，工件的切割速度和蚀除速度是不同的概念，切割速度的单位为 mm^2/min，也就是单位时间内，电极丝扫过的工件表面面积。最大切割速度指的是沿一个坐标轴方向切割时，在不考虑切割精度和表面质量的前提下，单位时间内切割工件达到的最大切割面积。蚀除速度指的是单位时间内蚀除的工件材料体积，单位为 mm^3/min，与切割速度及切缝宽度有关。在电火花线切割加工中，实际上调整加工参数直接影响的是工件的蚀除速度。

在实际加工中，最大切割速度需要有特定的加工条件，用户不能真正享用到。根据加工情况的不同，切割速度又分为正常切割速度、平均切割速度及变截面切割速度等。

切割速度不仅受电参数的影响，还受包括电极丝直径、走丝速度在内的非电参数的影响，主要因素如图 3.65 所示。目前，高速走丝机的切割速度为 60～120mm^2/min，最高切割速度可达到 400mm²/min；低速走丝机的切割速度为 120～200 mm²/min，最高切割速度可达到 500 mm²/min。

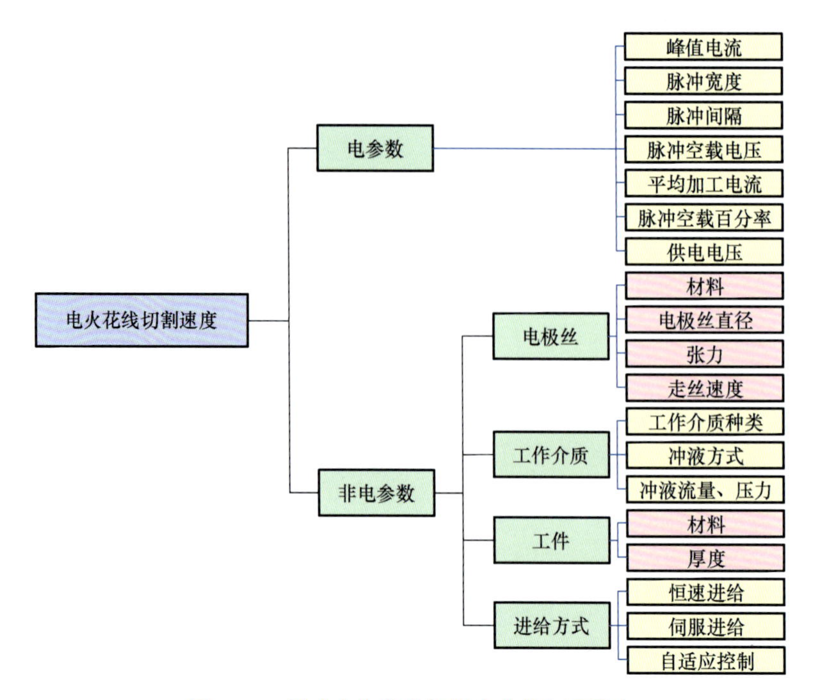

图 3.65 影响电火花线切割速度的主要因素

2. 表面质量

电火花线切割加工表面质量主要包括表面条（线）纹、表面粗糙度、表面变质层及显微裂纹三个方面。

(1) 表面条（线）纹。

高速走丝加工时，电极丝周期性地换向会产生肉眼可见的条纹，条纹主要分为两大类。

① 换向机械纹。加工区域的电极丝换向后，由于受到导轮、轴承精度的改变及电极丝张力变化的影响，电极丝在导轮定位槽内产生位移或导轮发生总体位移而导致电极丝空间位置发生变化，因此在工件表面形成机械纹。这类条纹贯穿整个切割表面，对切割表面粗糙度的影响很大。这类条纹是由走丝系统机械精度问题导致的，只能通过改善走丝系统的稳定性加以解决，如提高导轮、轴承、贮丝筒本身的精度与装配精度，保持电极丝张力恒定并采用导向器等。

② 黑白交叉条纹。其形成原因是切割表面极间形成烧伤。这类条纹主要出现在工件上下端面的电极丝出口处，会降低切割表面质量。表面烧伤一般发生在工作液洗涤性、冷却性较差且放电能量相对较大的情况下。例如，采用油基型工作液时，因为油基型工作液在放电高温下产生胶黏性的蚀除产物并堵塞在切缝内，导致工作液很难进入切缝，同时蚀除产物无法顺利排出切缝，因此在切缝出口区域，放电是在含有大量蚀除产物的恶劣条件下进行的。在这种含有大量蚀除产物且冷却不充分的条件下产生的放电，将导致大量含碳的蚀除产物反黏在工件表面。由于工件表面得不到及时冷却而引起表面烧伤，同时电极丝也极易熔断，因此切割表面的黑白交叉条纹都出现在电极丝走丝的出口方向，颜色由工件

内向外逐渐变深，而且受重力的作用，当上下冷却基本对称时，电极丝自下而上走丝时蚀除产物的排出能力比电极丝自上而下走丝时弱，工件上部的条纹比下部的条纹颜色深且长，如图3.66所示。在条纹范围内，由于条纹处存在因蚀除产物未能排出而堆积在工件表面的炭黑物质，因此条纹表面要凸出正常切割表面。故在加工中保证切缝内冷却状态基本一致，且切缝内工作液在电极丝的带动下可以贯穿流动，是稳定切割并减少烧伤的前提。

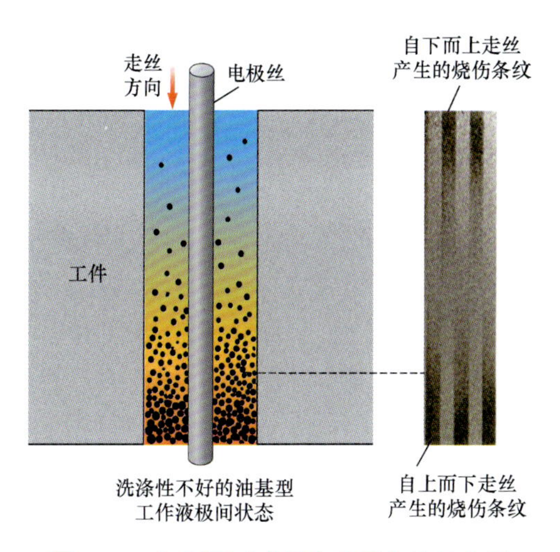

图3.66 切割面形成黑白交叉条纹示意图

选用洗涤性较好的复合型工作液时极间状态如图3.67所示。加工中炭黑物质大大减少，在大能量切割时，能保障极间处于均匀的冷却状态，切割表面基本没有黑白交叉条纹，并且由于电极丝能获得及时的冷却，复合型工作液中特殊保护膜能吸附在电极丝上，这层保护膜可起到类似“防弹衣”的作用，能吸收部分正离子的轰击能量，并且在轰击作用产生的同时，通过自身的汽化将轰击形成的大量热量带走，从而减少放电通道内热量对电极丝的热疲劳影响，极大地降低电极丝的损耗，延长电极丝的使用寿命。由于切缝中的蚀除产物残留很少，工件切割完毕能自行滑落，因此适合多次切割的小参数修整。

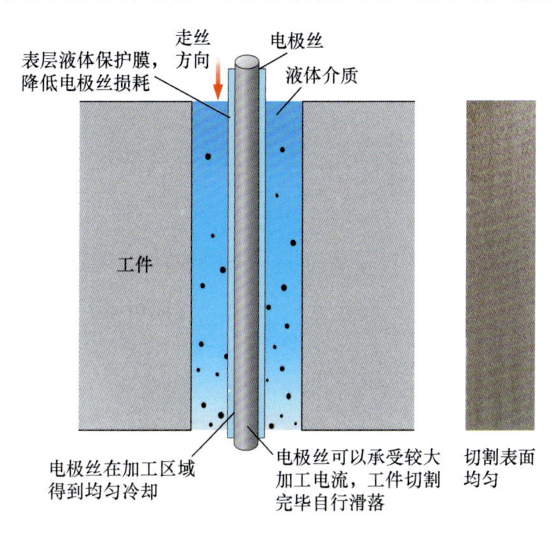

图3.67 选用洗涤性较好的复合型工作液时极间状态

低速走丝加工时，由于是单向走丝且走丝平稳，因此不易在工件表面产生机械纹，但极间的高压喷液必须保证极间充分冷却。一旦极间冷却状况恶化，就会立即发生断丝。

（2）表面粗糙度。

表面粗糙度直接反映了加工模具和零件表面的光滑程度，直接影响模具和零件的使用性能，如耐磨性、配合性、接触刚度、疲劳强度、耐蚀性等。影响加工表面粗糙度的因素很多，主要是脉冲参数的影响，工件材料、工作液种类及电极丝张紧力等对表面粗糙度也有一定影响。我国和欧洲国家常用轮廓算术平均偏差 Ra 表示加工表面粗糙度。高速往复走丝电火花线切割一般加工表面粗糙度为 $Ra2.5$～$Ra5.0\mu m$，中走丝多次切割最佳表面粗糙度可以达到 $Ra0.4\mu m$，低速单向走丝电火花线切割的加工表面粗糙度为 $Ra0.63$～$Ra1.25\mu m$，最佳表面粗糙度为 $Ra0.05$～$Ra0.1\mu m$（镜面）。

（3）表面变质层及显微裂纹。

在电火花线切割加工过程中，在瞬时放电高温和工作液的快速冷却作用下，工件表面会产生组织变化、应力及显微裂纹，在表面与基体之间形成变质层。表面变质层将使模具切割表面硬度下降，并产生显微裂纹，导致模具发生早期磨损，严重影响模具的制造质量和使用寿命。

通常，表面变质层的厚度随脉冲能量的增大而增大。电火花放电过程具有随机性，即使在相同加工条件下，表面变质层的厚度也是不均匀的，但电规准对表面变质层厚度有明显影响。一般表面变质层厚度达几十微米。

低速单向走丝电火花线切割表面变质层硬度往往低于基体金属硬度，而高速往复走丝电火花线切割采用复合型工作液，并且脉冲能量尤其是峰值电流要大大小于低速单向走丝电火花线切割的情况，因此高速往复走丝电火花线切割通过多次切割后，重铸层厚度可以控制在 $10\mu m$ 以下，并且由于工作液具有防锈及油性组分，因此表面变质层硬度往往高于基体金属。

3. 加工精度

电火花线切割的加工精度主要包括加工尺寸精度、切割表面面轮廓度及角部形状精度等。影响加工精度的因素很多，主要有脉冲参数、电极丝、工作液、工件材料、进给方式、机床精度及加工环境等，但重要因素是机床的运动精度、电极丝空间位置的稳定性、工件加工变形、环境控制、面轮廓度控制、拐角精度控制等。其中拐角精度是衡量电火花线切割加工精度的一个重要指标，拐角精度控制一直是国内外电火花线切割加工领域的研究热点。

拐角精度有时也称塌角精度，是指切割方向改变时工件上产生的形状误差。

在加工过程中，电极丝在放电爆炸力及冲液压力的作用下，不可避免地产生向后的滞后弯曲，使得加工拐角时产生塌角，影响工件的尺寸精度与形状精度。具体表现如下：切割凸角时，电极丝的滞后和凸角附近能量的集中产生过切；切割凹角时，电极丝运动轨迹偏离并滞后编程轨迹，产生一部分切不到的现象，如图 3.68 所示。这些拐角误差在精冲模具或一些精密模具的加工过程中，因配合间隙的改变而产生模具报废或冲裁的产品产生飞边等问题。

电火花线切割所用的电极丝是半柔性的，在加工过程中，电极丝由上下导向器支撑并向前进给，作用在电极丝上的综合作用力 F 主要包括放电爆炸力、高压冲液时液体向后方已经切割形成的切缝流动形成的冲力、电场作用下的静电引力和电极丝的轴向张力等。由于电极丝的质量和刚度都较小，因此在加工过程中不可避免地产生振动并引起变形，在综

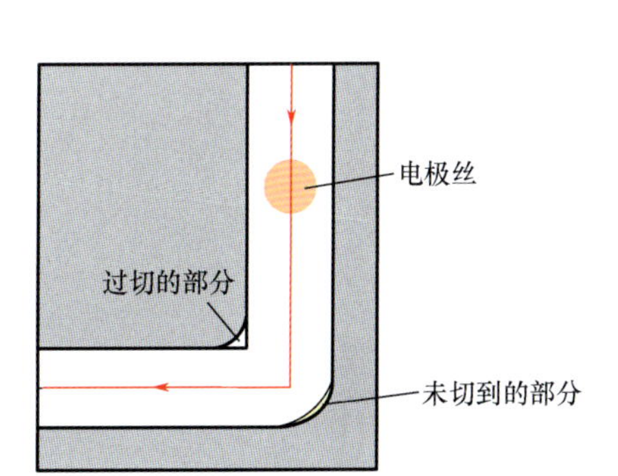

图 3.68 拐角加工存在的问题

合作用力 F 的作用下，向加工方向的反方向凸起，形成电极丝理论位置和实际位置的差异，出现滞后量 δ，如图 3.69（a）所示。通常，切割尖角和小半径圆角时，由于电极丝的运动轨迹滞后于编程设定的轨迹 δ，因此其滞后于放电理论切割线，如图 3.69（b）所示。当加工过程沿直线 L_2 方向进给到拐角处时，电极丝放电点实际上并没有到达拐角点，而是滞后了 δ，当加工过程继续沿直线 L_1 方向进行时，电极丝放电点只能从滞后 δ 处逐渐拐弯，直到加工一定距离后到达所要加工的直线 L_1 上，在拐角处形成塌角。

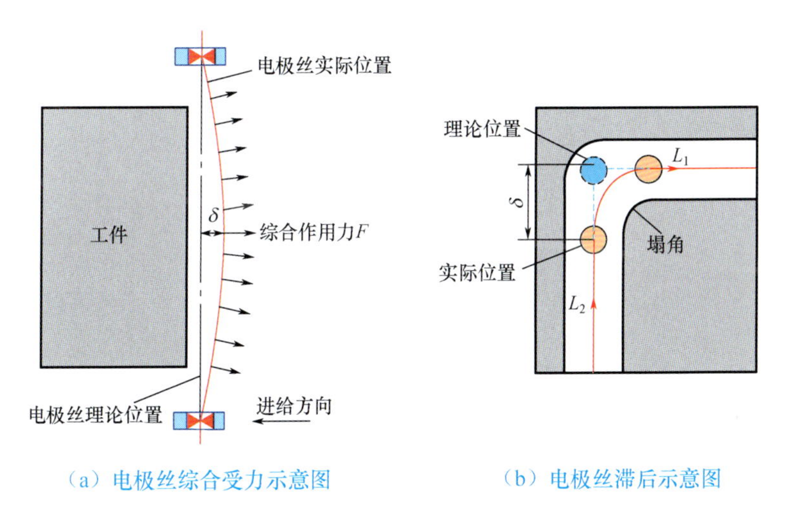

（a）电极丝综合受力示意图　　（b）电极丝滞后示意图

图 3.69 工件塌角产生的原因

为了减小这个误差，应该设法减少电极丝的滞后现象，如到达拐角处时降低进给速度、减小脉冲放电能量并增大电极丝张力，甚至进行轨迹补偿等，也可以采用图 3.70 所示的附加程序加工，在拐角处增加一个正切的小正方形或三角形作为附加程序，以切割出清晰的尖角，但只能应用在凸模加工上。目前，在高速往复走丝电火花线切割中最常用的拐角处理对策是在程序的转接点处设置停滞时间（一般设定为 10～20s），在转接点时，持续的火花放电及电极丝的张力使电极丝在拐角处尽可能在停滞时间内回弹到理论切割线位置，以尽量减小滞后量，然后进行转角程序的下一道加工。对于低速单向走丝电火花线切割，一般有专门的拐角控制软件，可使塌角尺寸大幅度减小；同时，在加工高精度工件时，在拐角处自动放慢 X 轴、Y 轴的进给速度，减小放电能量，增大电极丝张力，使电极丝的实际位置尽可能与 X 轴、Y 轴的坐标点同步。

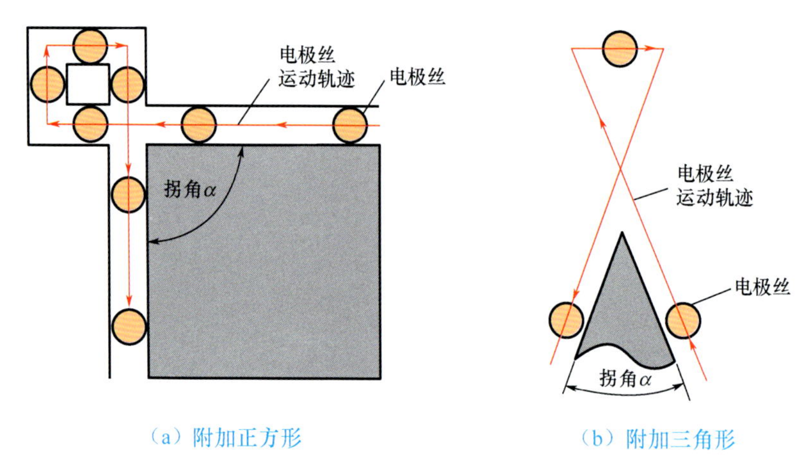

(a) 附加正方形　(b) 附加三角形

图 3.70 拐角和尖角附加程序加工

3.8 电火花线切割加工工艺流程

1. 电火花线切割加工工艺路线

电火花线切割加工工艺路线大致分为以下四个步骤，如图 3.71 所示。

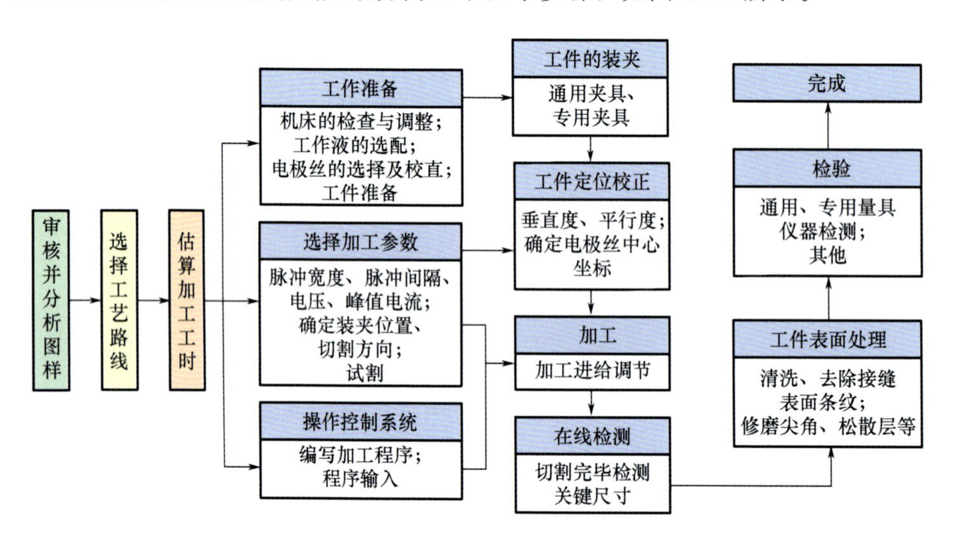

图 3.71 电火花线切割加工工艺路线安排

(1) 审核并分析工件图样，选择工艺路线，估算加工工时。

(2) 进行工作准备，包括机床的检查与调整、工作液的选配、电极丝的选择及校直、工件准备（如加工工件穿丝孔）等。

(3) 选择加工参数，包括脉冲参数及进给速度调节。

(4) 操作控制系统，编写加工程序并输入控制系统。

必须注意：电火花线切割加工完成之后，应在关键尺寸检测合格后取下工件，然后根据要求进行表面处理并检验加工质量。

电火花线切割加工前，要准备好工件毛坯，如果加工的是凹形封闭零件，还要在毛坯上按要求加工穿丝孔，然后选择夹具、压板等工具。

2. 工件的一般装夹

（1）高速走丝机工件的装夹。

由于电火花线切割加工理论上无宏观作用力，不像金属切削机床一样要承受很大的切削力，因此在高速走丝机上装夹工件时，夹紧力不用很大，导磁材料还可用磁性夹具夹紧。高速走丝机的工作液主要依靠高速运行的电极丝带入切缝，不像低速走丝机一样用高压冲液，故对切缝周围的材料余量没有要求，因此工件装夹比较方便。由于电火花线切割是一种贯通加工方法，因此工件装夹后被切割区域要悬空于工作台（桥式工作台如图3.72所示）的有效切割区域。

（2）低速走丝机工件的装夹。

低速走丝机在加工过程中会用高压工作液冲走放电蚀除产物。高压工作液的压力比较大，一般为0.8～1.2MPa，某些机床甚至可达到2.0MPa。如果工件装夹不可靠，在加工过程中，高压工作液会导致工件产生位移，影响加工精度，甚至导致切出的图形不正确。因此，装夹工件时，至少应保证在工件上有两处用夹具压紧，如图3.73所示。

图3.72 高速走丝机桥式工作台

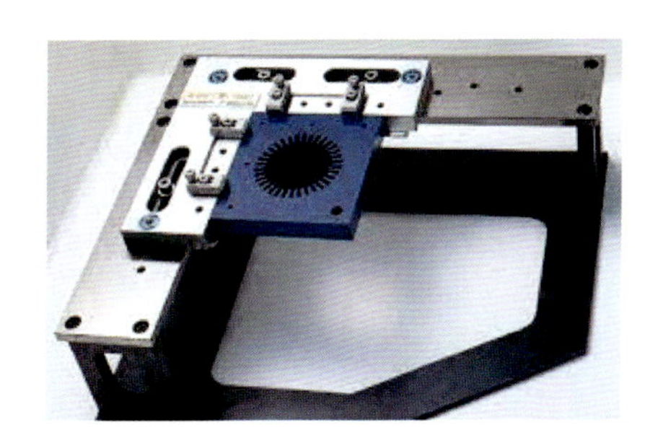

图3.73 低速走丝机工件装夹方式

此外，由于低速走丝机工作时喷嘴贴近工件表面，因此要注意机床在移动或者加工过程中是否会与工件或者夹具发生碰撞，故常采用在工件侧面装夹的方式，如图3.74所示。

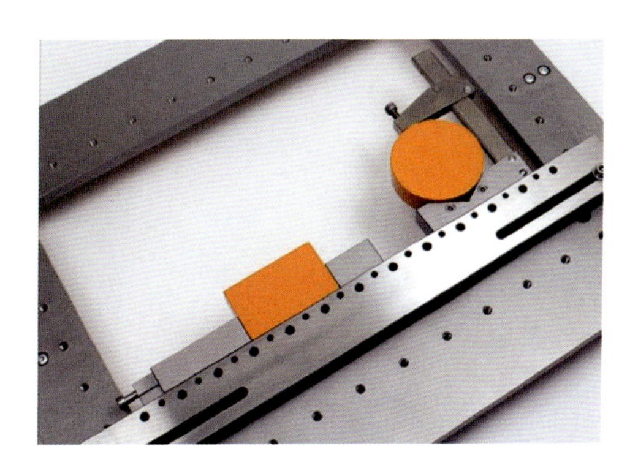

图3.74 低速走丝机工件侧面装夹方式

六轴联动斜齿面切割

PCD刀盘自动检测及修整

3. 电火花线切割加工拓展

普通电火花线切割机床可以通过 X、Y、U、V 四轴联动，加工出直壁、斜度、上下异形等零件。而对于一些特殊的零件，可以通过增加旋转轴与直线轴的联动控制实现加工。并且使用旋转台附件，由此可加工一些形状复杂、无法用常规线切割加工方法加工的特殊零件。目前，旋转台附件在低速走丝机上应用较多，如发动机固定涡轮叶片榫槽的加工（图 3.75）、PCD 刀具的刀刃修整加工（图 3.76）。

图 3.75　利用旋转台附件加工发动机固定涡轮叶片榫槽

图 3.76　利用旋转台附件修整 PCD 刀具的刀刃

思考题

3-1　简述电火花线切割加工的基本原理、特点及应用。

3-2　阐述高速走丝机和低速走丝机的组成及性能差异。

3-3　低速单向走丝电火花线切割采用双丝全自动切换走丝系统的目的是什么？

3-4　为什么镀锌电极丝可以提高切割速度并降低断丝概率？

3-5　论述等能量脉冲电源的原理及特点。

3-6　阐述低速走丝加工抗电解脉冲电源的原理和可以达到的工艺效果。

3-7　复合型工作液提高高速往复走丝电火花线切割加工表面质量的机理是什么？

3-8　电火花线切割加工时为什么会在拐角处产生塌角？如何解决？

第4章 电化学加工

◇ 本章教学要求

教学目标	知识目标	（1）掌握电化学加工的概念、分类及主要特点； （2）掌握电解加工的原理及基本规律； （3）掌握常用电解液的种类及特点； （4）熟悉提高电解加工精度的途径，重点掌握精密电解加工的原理； （5）了解电解加工的主要应用； （6）掌握电镀、电铸原理，了解其各自的应用
	能力目标	（1）能够辨别电火花加工和电化学加工的差异和特点； （2）能够理解精密电解加工系统性提高电解加工精度的原因
	思政落脚点	科学精神、辩证思想、专业与社会、环保意识、可持续发展、融合发展
教学内容		（1）电化学加工概述； （2）电解加工； （3）电沉积加工
重点、难点及解决方法		（1）对三种常用电解液 $\eta - i$ 曲线的理解，通过三种电解液的不同特性进行解释； （2）精密电解加工可以提高电解加工精度的原因，说明其实质是采用脉冲电源及电极振动耦合后极间流场均匀性提高等综合作用的结果
学时分配		授课4学时

4.1 电化学加工概述

4.1.1 电化学加工的概念

电化学加工（electrochemical machining，ECM）是指基于电化学作用原理去除材料（阳极溶解）或增加材料（阴极沉积）的加工技术。早在1833年，英国科学家法拉第就提出了有关电化学反应过程中金属阳极溶解（或析出气体）及阴极沉积（或析出气体）物质质量与通过电量的关系，即法拉第定律，奠定了电化学学科和相关工程技术的理论基础。但是，直到二十世纪三十年代才开始出现电解抛光技术（electropolishing technology）及后来的电镀技术（electroplating technology）。随着科学技术的发展，在二十世纪五六十年代，相继出现了能够满足零件几何尺寸、形状和加工精度要求的电解（electrolysis）、电解磨削（electrolytic grinding）、电铸成形（electrotyping forming）等工艺。从此，电化学加工技术得到了不断发展、应用和创新。

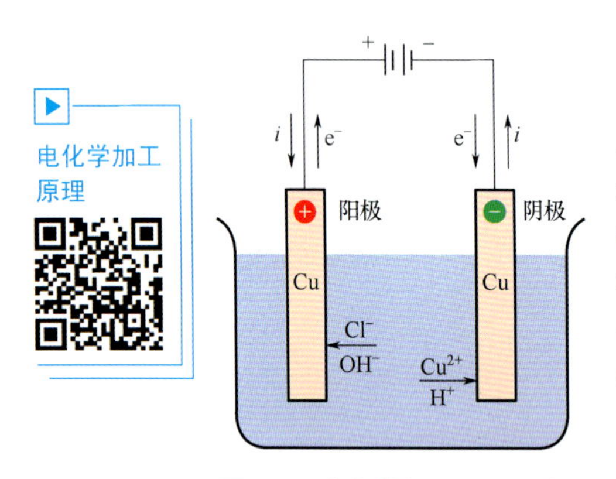

图 4.1 电化学加工原理示意图

1. 电化学加工过程

如图4.1所示，将两个铜片作为电极，接上10V直流电，并浸入 $CuCl_2$ 的水溶液中（此水溶液中含有 OH^- 和 Cl^- 负离子及 H^+ 和 Cu^{2+} 正离子），形成电化学反应通路，导线和溶液中均有电流通过。溶液中的离子做定向移动，Cu^{2+} 移向阴极，在阴极上得到电子还原成Cu原子沉积在阴极表面。在阳极表面Cu原子不断失去电子而成为 Cu^{2+} 进入溶液。溶液中，正、负离子的定向移动称为电荷迁移。在阴、阳极表面发生的得失电子的化学反应称为电化学反应，利用电化学作用对金属进行加工的方法即电化学加工。将两种金属放入导电的水溶液中，在电场的作用下都会发生类似反应。阳极表面失去电子（氧化反应）产生阳极溶解、蚀除，称为电解；在阴极得到电子（还原反应）的金属离子还原成为原子，沉积在阴极表面，称为电镀或电铸。

能够独立工作的电化学装置有两类：一类是当该装置的两电极与外电路中负载接通后能够自发地将电流送到外电路，它将化学能转换为电能，称为原电池（galvanic cell）；另一类是使两电极与直流电源连接后，强迫电流在体系中流过，将电能转换为化学能，称为电解池（electrolytic cell）。电化学加工中常用的电解、电镀、电铸、电化学抛光等都属于电解池，均是在外加电源作用下阳极溶解或阴极沉积过程。

2. 电解质溶液

溶于水后能导电的化合物称为电解质，如盐酸（HCl）、硫酸（H_2SO_4）、氢氧化钠（NaOH）、氢氧化铵（NH_4OH）、氯化钠（NaCl）、硝酸钠（$NaNO_3$）、氯酸钠（$NaClO_3$）等酸碱盐都是电解质。电解质与水形成的溶液称为电解质溶液，简称电解液。电解液中的电解质含量为电解液的浓度。

因为水分子是弱极性分子，所以可以和其他带电的粒子发生微观静电作用。把电解质（如 NaCl）放入水中，会产生电离作用，使 Na^+ 和 Cl^- 一个个、一层层地被水分子拉入溶液，这个过程称为**电解质的电离**，其电离方程式简写为

$$NaCl \longrightarrow Na^+ + Cl^-$$

能够在水中 100%电离的电解质称为**强电解质**。强酸、强碱和大多数盐类都是强电解质；**弱电解质**［如乙酸（CH_3COOH）］在水中仅小部分电离成离子，大部分仍以分子状态存在；水也是弱电解质，它本身能微弱地电离为 H^+ 和 OH^-，导电能力较弱。由于溶液中正负离子的电荷相等，因此电解液仍呈电中性。

3. 电极电位

金属原子是由外层带负电荷的电子和内部带正电荷的阳离子组成的。即使没有外接电源，如果把铜片和铁片插入食盐水中，如图 4.2 所示，也可成为原电池，此时用电压表进行测量，铜片和铁片间有大于 0.5V 的电位差，且铜为（+），铁为（−）；如果将铜片、铁片短接，则会有电流流过。产生此现象的原因如下：当金属和盐溶液接触时，发生（此例中的铁）把外层电子交给溶液中的离子或（此例中的铜）从溶液中得到电子的现象。当铁、锌、铝等较活泼的金属上有多余的电子而带负电时，溶液中靠近金属表面很薄的一层因有多余的金属离子而带正电。因此，活泼的金属（如铁或锌）表面带负电，靠近金属表面的溶液薄层带正电，形成极薄的**双电层**，如图 4.3 所示，金属越活泼，这种倾向越大。

由于存在双电层，因此在正、负电层之间，也就是金属和盐溶液之间形成了电位差。产生在金属和盐溶液之间的电位差称为**金属的电极电位**，常称**平衡电极电位**。

如果金属离子（如铜等不太活泼的金属）在金属上的能级比在盐溶液中的低，即金属离子在金属晶体中比在盐溶液中稳定，则金属表面带正电，靠近金属表面的溶液薄层带负电，也形成双电层，如图 4.4 所示。金属越不活泼，这种倾向越大。

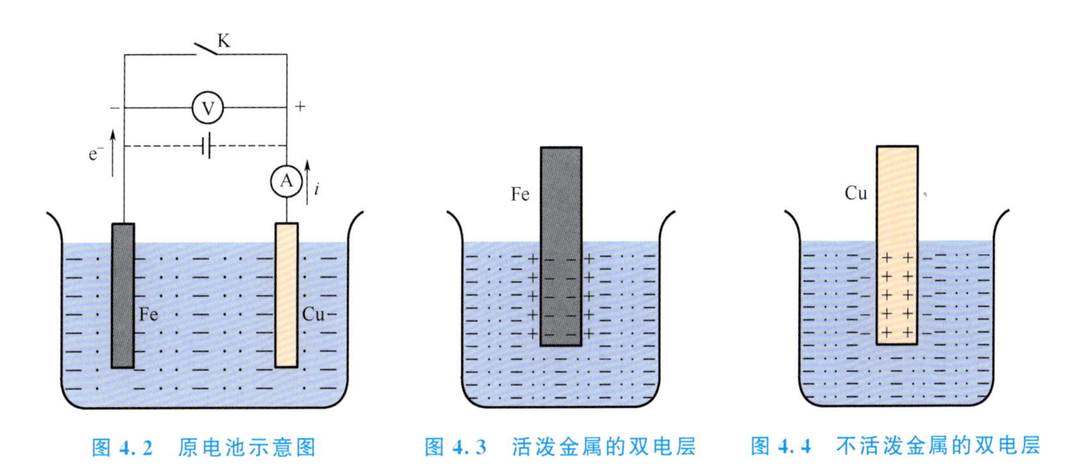

图 4.2 原电池示意图　　图 4.3 活泼金属的双电层　　图 4.4 不活泼金属的双电层

目前，还不能直接测定一种金属和其盐溶液之间双电层的电位差，但是可用盐桥的方法测出两种电极间的相对电位之差，生产实践中规定采用一种电极作标准，其他电极与之比较得出相对值，称为标准电极电位。通常**以标准氢电极为基准**，人为地规定它的电极电

位为零。表 4－1 列出了常用电极的标准电极电位。电极电位越负，表明物质越活泼；电极电位越正，表明物质越不活泼。电极电位反映了物质得失电子的能力。

表 4－1　常用电极的标准电极电位

电极氧化态/还原态	电极反应	标准电极电位/V	电极氧化态/还原态	电极反应	标准电极电位/V
Li^+/Li	$Li^+ + e \rightleftharpoons Li$	−3.0100	Pb^{2+}/Pb	$Pb^{2+} + 2e \rightleftharpoons Pb$	−0.1260
Rb^+/Rb	$Rb^+ + e \rightleftharpoons Rb$	−2.9800	H^+/H_2	$H^+ + e \rightleftharpoons (1/2)\ H_2 \uparrow$	0.0000
K^+/K	$K^+ + e \rightleftharpoons K$	−2.9250	S/H_2S	$S + 2H^+ + 2e \rightleftharpoons H_2S \uparrow$	+0.1410
Ba^{2+}/Ba	$Ba^{2+} + 2e \rightleftharpoons Ba$	−2.9200	Cu^{2+}/Cu	$Cu^{2+} + 2e \rightleftharpoons Cu$	+0.3400
Sr^{2+}/Sr	$Sr^{2+} + 2e \rightleftharpoons Sr$	−2.8900	O_2/OH^-	$H_2O + (1/2)\ O_2 + 2e \rightleftharpoons 2OH^-$	+0.4010
Ca^{2+}/Ca	$Ca^{2+} + 2e \rightleftharpoons Ca$	−2.8400	Cu^+/Cu	$Cu^+ + e \rightleftharpoons Cu$	+0.5220
Na^+/Na	$Na^+ + e \rightleftharpoons Na$	−2.7130	I_2/I^-	$I_2 + 2e \rightleftharpoons 2I^-$	+0.5350
Mg^{2+}/Mg	$Mg^{2+} + 2e \rightleftharpoons Mg$	−2.3800	As^{5+}/As^{3+}	$H_3AsO_4 + 2H^+ + 2e \rightleftharpoons HAsO_2 + 2H_2O$	+0.5800
U^{3+}/U	$U^{3+} + 3e \rightleftharpoons U$	−1.8000	Fe^{3+}/Fe^{2+}	$Fe^{3+} + e \rightleftharpoons Fe^{2+}$	+0.7710
Al^{3+}/Al	$Al^{3+} + 3e \rightleftharpoons Al$	−1.6600	Hg^{2+}/Hg	$Hg^{2+} + 2e \rightleftharpoons Hg$	+0.7961
Mn^{2+}/Mn	$Mn^{2+} + 2e \rightleftharpoons Mn$	−1.0500	Ag^+/Ag	$Ag^+ + e \rightleftharpoons Ag$	+0.7996
Zn^{2+}/Zn	$Zn^{2+} + 2e \rightleftharpoons Zn$	−0.7630	Br_2/Br^-	$Br_2 + 2e \rightleftharpoons 2Br^-$	+1.0650
Fe^{2+}/Fe	$Fe^{2+} + 2e \rightleftharpoons Fe$	−0.4400	Mn^{4+}/Mn^{2+}	$MnO_2 + 4H^+ + 2e \rightleftharpoons Mn^{2+} + 2H_2O$	+1.2080
Cd^{2+}/Cd	$Cd^{2+} + 2e \rightleftharpoons Cd$	−0.4020	Cr^{6+}/Cr^{3+}	$Cr_2O_7^{2-} + 14H^+ + 6e \rightleftharpoons 2Cr^{3+} + 7H_2O$	+1.3300
Co^{2+}/Co	$Co^{2+} + 2e \rightleftharpoons Co$	−0.2700	Cl_2/Cl^-	$Cl_2 + 2e \rightleftharpoons 2Cl^-$	+1.3583
Ni^{2+}/Ni	$Ni^{2+} + 2e \rightleftharpoons Ni$	−0.2300	Mn^{7+}/Mn^{2+}	$MnO_4^- + 8H^+ + 5e \rightleftharpoons Mn^{2+} + 4H_2O$	+1.4910
Sn^{2+}/Sn	$Sn^{2+} + 2e \rightleftharpoons Sn$	−0.1400	F_2/F^-	$F_2 + 2e \rightleftharpoons 2F^-$	+2.8700

电化学加工就是利用外加电场促进电子移动的过程，对于电解加工而言，就是促进阳极铁离子溶解的过程。

4. 电极的极化

平衡电极电位是没有电流通过电极的情况下的电极电位。当有电流通过电极时，电极电位的平衡状态遭到破坏，阳极的电极电位向正移、阴极的电极电位向负移，如图 4.5 所示，这种现象称为**极化**。极化后的电极电位与平衡电极电位的差值称为**超电位**。随着电流密度的增大，超电位也增大。

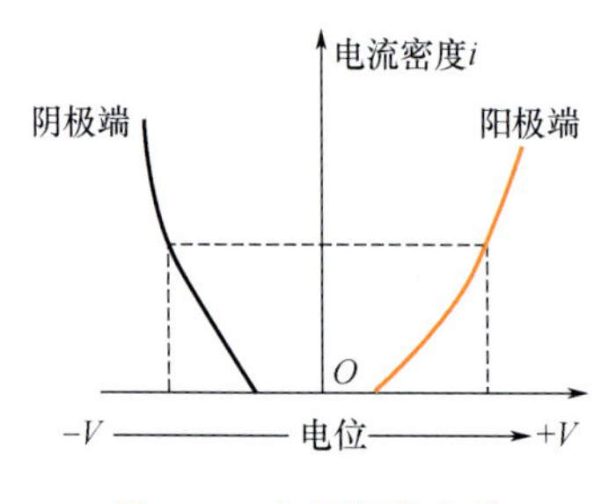

图 4.5　电极极化曲线

电解加工时，阳极和阴极都存在离子的扩散、迁移和电化学反应两种过程。在电极极化过程中，由离子的扩散、迁移缓慢引起的电极极化称为浓差极化，由电化学反应缓慢引起的电极极化称为电化学极化。

（1）浓差极化。

在阳极极化过程中，金属不断溶解的条件之一是生成的金属离子需要越过双电层，向外迁移并扩散。在外电场的作用下，如果阳极表面液层中金属离子的扩散与迁移速度较低，来不及扩散到溶液中，则阳极表面形成金属离子堆积，使电位值增大（阳极电位向正移），就是浓差极化。

浓差极化主要产生在阳极，而在阴极，由于水化氢离子的移动速度很高，因此一般阴极上氢的浓差极化很少。

能加速电极表面离子的扩散与迁移速度的措施，都能使浓差极化减少，如提高电解液流速以增强搅拌作用，升高电解液温度等。

（2）电化学极化。

电化学极化主要发生在阴极，从电源流入的电子来不及转移给电解液中的 H^+，因而在阴极上积累过多的电子，使阴极电位向负移，从而形成了电化学极化。

在阳极，金属溶解过程的电化学极化一般很少，但当阳极上产生析氧反应时，将产生相当严重的电化学极化。

电解液的流速对电化学极化几乎没有影响。电化学极化不仅取决于反应本身（电极材料和电解液成分），还与温度、电流密度有关。温度升高，反应加快，电化学极化减少；电流密度越高，电化学极化越严重。

5. 金属的钝化和活化

在电解加工过程中，还有一种称为钝化的现象，使金属阳极溶解过程的超电位升高，导致电解速度降低。例如铁基合金在硝酸钠（$NaNO_3$）电解液中电解时，电流密度增大到一定值后，铁的电解速度在大电流密度下维持一段时间后急剧下降，使铁处于稳定状态而不再电解。电解过程中的这种现象称为阳极钝化（电化学钝化），简称钝化。

关于钝化产生的原因至今仍有不同看法，其中主要是成相理论和吸附理论两种。成相理论认为，金属与溶液作用后在金属表面形成了一层致密的极薄的钝化膜，它通常由氧化物、氢氧化物或盐组成，从而使金属表面失去原有的活泼性质，导致电解过程减缓。吸附理论认为，金属的钝化是由金属表层形成的氧的吸附层引起的。事实上两者兼而有之，但在不同条件下可能以某理论为主。

钝化膜破坏的过程称为活化。引起活化的方法和因素很多，如加热电解液、通入还原性气体或加入某些活性离子等，也可以采用机械方法刮除、破坏钝化膜。

4.1.2 电化学加工的分类

电化学加工按作用原理和主要加工作用的不同可分为三大类：第Ⅰ类是利用电化学阳极溶解进行加工，第Ⅱ类是利用电化学阴极沉积进行加工，第Ⅲ类是利用电化学加工与其他加工方法结合的电化学复合加工工艺进行加工，见表 4-2。

表 4-2 电化学加工分类

<table>
<tr><th>类别</th><th>加工方法</th><th>加工原理</th><th>主要加工作用</th></tr>
<tr><td rowspan="2">Ⅰ</td><td>电解加工</td><td rowspan="2">电化学阳极溶解</td><td>从工件（阳极）去除材料，用于形状、尺寸加工</td></tr>
<tr><td>电解抛光</td><td>从工件（阳极）去除材料，用于表面加工、去毛刺</td></tr>
<tr><td rowspan="4">Ⅱ</td><td>电铸成形</td><td rowspan="4">电化学阴极沉积</td><td>向芯模（阴极）沉积而增材成形，用于制造复杂形状的电极，复制精密、复杂的花纹模具</td></tr>
<tr><td>电镀</td><td>向工件（阴极）表面沉积材料，用于表面加工、装饰</td></tr>
<tr><td>电刷镀</td><td>向工件（阴极）表面沉积材料，用于表面加工、尺寸修复</td></tr>
<tr><td>复合电镀</td><td>向工件（阴极）表面沉积材料，用于表面加工、磨具制造</td></tr>
<tr><td rowspan="4">Ⅲ</td><td>电解磨削</td><td>电解与机械磨削结合</td><td>从工件（阳极）去除材料或表面光整加工，用于尺寸、形状加工，超精、光整加工，镜面加工</td></tr>
<tr><td>电化学-机械复合研磨</td><td>电解与机械研磨结合</td><td>对工件（阳极）表面光整加工</td></tr>
<tr><td>超声电解</td><td>电解与超声加工结合</td><td>改善电解加工过程以提高加工精度和表面质量，对于小间隙，加工复合作用更突出</td></tr>
<tr><td>电解-电火花复合加工</td><td>电解液中电解去除与放电蚀除结合</td><td>力求综合达到高效率、高精度的加工目标</td></tr>
</table>

4.1.3 电化学加工的主要特点

（1）可加工各种高硬度、高强度、高韧性等难切削的金属材料（如硬质合金、高温合金、淬火钢、钛合金、不锈钢等），适用范围广。

（2）可加工各种具有复杂曲面、复杂型腔和复杂型孔等典型结构的零件，如航空发动机叶片、整体叶盘，发动机机匣凸台、凹槽，火箭发动机火焰尾喷管，炮管及枪管的膛线，喷筒孔，以及深小孔、花键槽、模具型面、型腔等复杂的二维及三维型孔、型面。因为加工过程中没有机械切削力和切削热的作用，所以特别适合加工易变形的薄壁零件。

（3）加工表面质量好。由于材料以离子状态去除或沉积，且为冷态加工，因此加工后无表面变质层、残余应力，加工表面没有加工纹路、毛刺和棱边，一般表面粗糙度为 $Ra0.8 \sim Ra3.2\mu m$，对于电化学复合光整加工，表面粗糙度在 $Ra0.01\mu m$ 以下，因此适合精密微细加工。

（4）加工生产率高。可以在大面积上同时加工，无须划分粗、精加工。特别是电解加工，其材料去除率远高于电火花加工。

（5）加工过程中工具（阴极）无损耗，可长期使用，但要防止阴极的沉积现象和短路烧伤对工具（阴极）的影响。

（6）电化学加工的产物和使用的工作液会对环境、设备有一定的污染和腐蚀作用。

4.2 电解加工

4.2.1 电解加工的原理及特点

电解加工（electrolytic machining）是作为阳极的金属工件在电解液中溶解而去除材料，实现工件加工成形的工艺过程。电解加工系统如图4.6所示。电解加工的基本原理是电化学阳极溶解，该电化学过程又建立在电解加工间隙中特定的电场、流场分布的基础上，故电场理论、流场理论及电化学阳极溶解理论构成了研究电解加工原理及工艺的三大基础理论。电解加工属于非接触加工，在加工过程中，工具（阴极）与工件（阳极）之间存在供电解液流动、进行电化学反应、排除电解产物的间距，称为加工间隙。加工间隙与电解液构成了电解加工的核心工艺因素，决定了电解加工的工艺指标——加工精度、材料去除率、表面质量，也是阴极设计及工艺参数选择的首要依据。

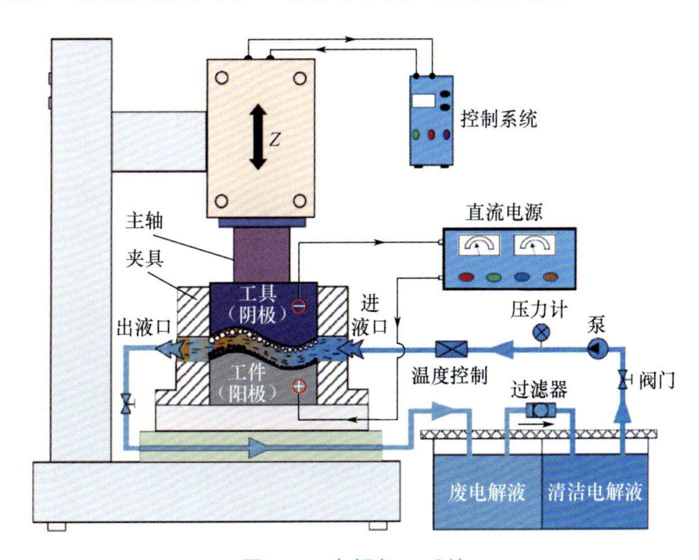

图4.6 电解加工系统

1. 电解加工的工艺条件

在工业生产中，最早应用电化学阳极溶解原理的是电解抛光。进行电解抛光时，由于工件和工具之间的距离较大（一般大于100mm）、电解液静止不动等，因此只能对工件表面进行普遍的腐蚀和抛光，不能有选择性地腐蚀成所需的零件形状和尺寸。电解加工为了实现特定几何形状、尺寸的加工，还必须具备下列特定工艺条件。

（1）工件和工具（大多为成形工具）间需保持很小的加工间隙，一般为0.1～1mm。

（2）电解液不断从加工间隙中高速（6～30m/s）流过，以保证带走阳极溶解产物和电解电流通过电解液时所产生的焦耳热，同时流动的电解液具有减轻极化的作用。

（3）工件和工具分别与直流电源（10～24V）连接，在上述两项工艺条件下，可提高通过加工间隙的电流密度，为 $10 \sim 10^2 A/cm^2$ 数量级。

在上述特定工艺条件下，工件加工表面的金属可按照工具形状高速溶解，而且随着工具向工件进给，并始终保持很小的加工间隙，工件加工表面不断被高速溶解（图 4.7），直至达到符合要求的加工形状和尺寸为止。

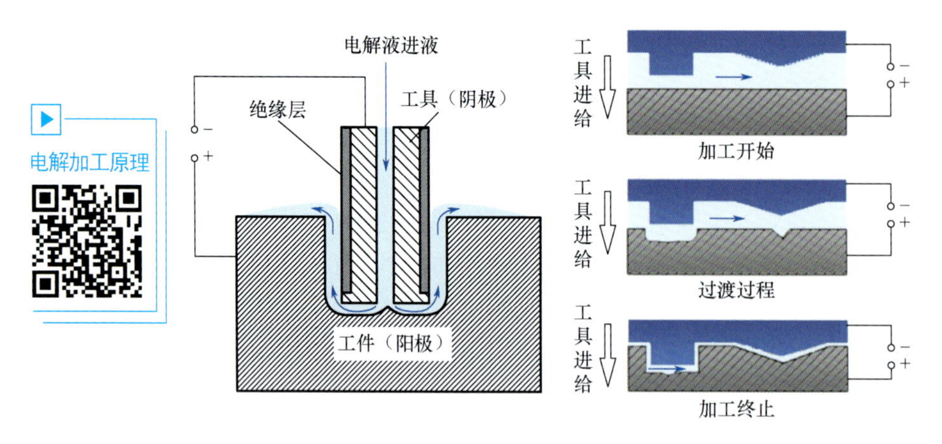

图 4.7 电解加工成形过程示意图

2. 电解加工的优点

（1）**加工范围广**。电解加工可以加工难切削金属材料，包括淬火钢、不锈钢、高温耐热合金、硬质合金，并且不受材料力学性能的限制；还可以加工复杂的型腔、型面、深小孔；既可以采用成形工具，单向进给运动，拷贝式成形加工，又可以采用简单工具或近成形工具，进行数控展成型面加工。

（2）**加工材料去除率高**。加工材料去除率随加工电流密度和总加工面积的增大而增大，一般能达到每分钟数百立方毫米，最高可达 $10^4 mm^3/min$，为普通电火花成形加工的5～10 倍。加工难切削金属材料、复杂型腔、型面、深小孔时，材料去除率比一般机械切削加工高 5～10 倍。

（3）**加工表面质量好**。由于材料去除是以离子状态进行的电化学溶解，属于冷态加工，因此加工表面不会产生冷作硬化层、重铸层，以及由此而产生的残余应力和微裂纹等表面缺陷。当电解液成分和工艺参数选择得当时，加工表面粗糙度可以达到 $Ra0.8 \sim Ra1.25\mu m$，而晶间腐蚀深度在合适的工艺条件下不超过 0.01mm，甚至不会产生。

（4）**工具无损耗**。在电解加工过程中，作为阴极的工具始终与作为阳极的工件保持一定的间隙，不会产生溶解（阴极侧只有氢气析出）；如果加工过程正常，即阴极与阳极不发生火花放电、短路烧蚀，工具不会产生任何损耗，其几何形状、尺寸保持不变，可以长期使用。这是电解加工能够在批量生产条件下保证成形加工精度、降低加工成本的基本原因。

（5）**不存在机械切削力**。电解加工过程不存在机械切削力，因此不会产生由此引起的残余应力和变形，也不会产生如机械切削加工产生的飞边、毛刺。由于不存在机械切削力，因此电解加工特别适用于薄壁零件、低刚性零件的加工。

上述优点使得电解加工首先在兵器、航空航天等制造业中成功应用，而后逐渐推广应用到汽车、拖拉机、采矿机械的模具制造中，成为机械制造业中具有特殊作用的工艺技术。

3. 电解加工的缺点

(1) **加工精度不高**。一般电解加工难以达到高精度要求，三维型腔、型面的加工精度为0.2～0.5mm，孔类加工精度为±0.02～±0.05mm，没有电火花成形加工精度高，尤其是加工过程不如电火花加工稳定。

(2) **加工型腔、型面的工具设计制造的工作量较大**。这些工具的外形和尺寸往往还要通过试验逐步修整，因此工具的设计制造周期较长。

(3) **设备一次投资大**。设备组成复杂，国产设备从人民币十余万元（小型）到几十万元（大型），而进口设备需人民币几百万元（中型）到千余万元（大型、高自动化）。

(4) **若处理不当，可能会对周围环境产生污染**。在某些条件下，电解加工过程会产生少量有害健康的气体，如 Cl_2；对于某些加工材料，在某些特定条件下，也可能产生对人体有害的亚硝酸根离子（NO_2^-）、六价铬离子（Cr^{6+}）。先进电解液系统（包括净化、回收、处理装置）的成本约占全套电解设备成本的1/3。

综上所述，电解加工在难切削材料、复杂形状零件的批量生产方面是一项高效率、高表面质量、低成本的工艺技术。

4.2.2 电解加工的基本规律

1. 生产率及影响因素

电解加工的生产率是指单位时间内去除的金属量，用 mm^3/min 或 g/min 表示。生产率主要取决于工件材料的电化学当量，此外也受电流密度、电解液及加工参数的影响。这里只介绍电化学当量和电流密度对生产率的影响。

(1) 金属的电化学当量对生产率的影响。

电化学加工时，电极上溶解或析出物质的量（质量 m 或体积 V）与电解电流 I 和电解时间 t 成正比，即与电量（$Q=It$）成正比，其比例系数称为电化学当量，该规律为**法拉第电解定律**。

用质量计 $$m=KIt$$

用体积计 $$V=\omega It$$

式中，m 为电极上溶解或析出物质的质量（g）；V 为电极上溶解或析出物质的体积（mm^3）；K 为被电解物质的质量电化学当量［g/(A · h)］；ω 为被电解物质的体积电化学当量［mm^3/(A · h)］；I 为电解电流（A）；t 为电解时间（h）。

法拉第电解定律可用来根据电量计算任何被电解的金属量，且在理论上不受电解液质量分数、温度、压力和电极材料及形状等因素的影响。

电极上的物质之所以产生溶解或析出等电化学反应，是因为电极和电解液间有电子得失交换。例如，要使阳极上的一个铁原子成为二价铁离子溶入电解液，必须从阳极取走两个电子。因此，电化学反应的量必然与电子得失交换的数量成正比，而在理论上与其他条件（如电解液的质量分数、温度、压力等）没有直接关系。

在实际电解加工时，在某些情况下，在阳极可能会出现其他反应，如氧气或氯气的析出，或部分金属以高价离子溶解，额外多消耗一些电荷量，所以被电解的金属量有时会小于计算的理论值。为此，实际应用时常引入**电流效率 η**。

$$\eta=\frac{\text{实际金属蚀除量}}{\text{理论计算蚀除量}}\times 100\%$$

（2）电流密度对生产率的影响。

由法拉第电解定律可计算金属蚀除量，即 $V=\omega It$，而 $I=iA$（电流 I 等于电流密度 i 与加工面积 A 之积），故 $V=\omega iAt$。从数学角度来讲，被蚀除的金属体积 V 又等于加工面积 A 与被电解的金属厚度 h 的乘积，即 $V=Ah$。由此可以推出

$$\omega iAt=Ah$$

则

$$\omega it=h$$

式中，i 为电流密度（A/mm^2）；h 为被电解的金属厚度（mm）。

在实际中，用总的金属蚀除量衡量生产率有很多不便之处，故常用蚀除速度 v_a 衡量生产率，即电解的金属厚度 h 与时间 t 的比值。

$$v_a=\frac{h}{t}=\omega i$$

式中，v_a 为金属阳极（工件）的蚀除速度（mm/min）。

由上式可知，蚀除速度与该处的电流密度成正比，电流密度越大，蚀除速度和生产率越高。

2. 加工间隙和蚀除速度的关系

在图 4.8 中，设加工间隙为 Δ，电极面积为 A，电解液的电阻率 ρ 为电导率 σ 的倒数，即 $\rho=1/\sigma$，则电流

$$I=\frac{U_R}{R}=\frac{U_R\sigma A}{\Delta},\ i=\frac{I}{A}=\frac{U_R\sigma}{\Delta}$$

$$v_a=\omega\sigma\frac{U_R}{\Delta}$$

由上式可知，蚀除速度 v_a 与体积电化学当量 ω、电导率 σ 和欧姆压降 U_R 成正比，与加工间隙 Δ 成反比，即加工间隙越小，工件被蚀除的速度越大。但间隙过小将引起火花放电或蚀除产物排屑不畅，反而会降低蚀除速度，或因蚀除产物堵塞加工间隙而引起短路。

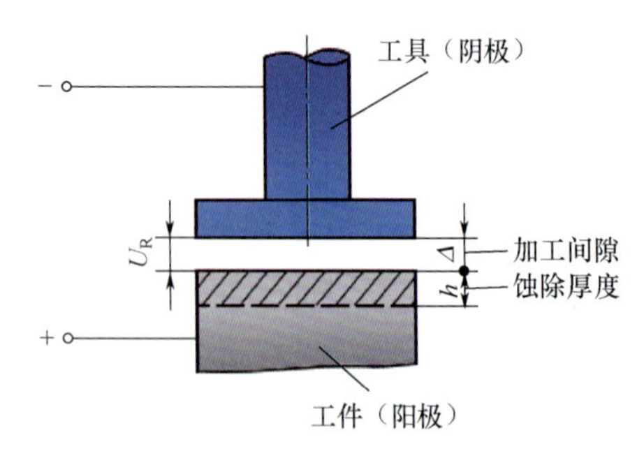

图 4.8 蚀除过程示意图

4.2.3 电解加工时的电极反应

电解加工时，电极间的反应非常复杂，主要原因如下：一般工件材料不是纯金属，而多是含多种金属元素的合金；电解液往往不是该金属的盐溶液，而含有多种成分；电解液的质量分数、温度、压力及流速等对电极的电化学过程有很大影响。

下面以 NaCl 电解液加工钢为例，分析电极反应。NaCl 和 H_2O 的离解，使得电解液中存在 H^+、OH^-、Na^+、Cl^- 四种离子。

1. 阴极反应

根据电极反应过程的基本原理，在阴极，平衡电极电位越正，反应越易进行，被吸引到阴极的为 H^+、Na^+，而 H^+ 的电极电位大于 Na^+ 的电极电位，因此在阴极只会有氢气逸出，不可能产生钠沉淀，其反应式为

$$2H^+ + 2e \longrightarrow H_2\uparrow$$

2. 阳极反应

根据电极反应过程的基本原理，在阳极，平衡电极电位越负，反应越易进行；而在阳极，平衡电极电位由负到正的排序是 Fe^{2+}/Fe、Fe^{3+}/Fe、OH^-、Cl^-，因此在阳极铁先失去电子成为二价铁离子溶入溶液，其反应式为

$$Fe - 2e \longrightarrow Fe^{2+}$$

由于 H^+ 在阴极得到电子，生成氢气，溶液中剩余大量 OH^-，因此溶入溶液的 Fe^{2+} 会与溶液内剩余的 OH^- 结合生成 $Fe(OH)_2$，而 $Fe(OH)_2$ 溶解度很小，以沉淀形式离开反应系统。其反应式为

$$Fe^{2+} + 2OH^- \longrightarrow Fe(OH)_2\downarrow$$

$Fe(OH)_2$ 为白色絮状物，在空气中极不稳定，将逐渐变成红褐色的 $Fe(OH)_3$，即

$$4Fe(OH)_2 + 2H_2O + O_2 \longrightarrow 4Fe(OH)_3\downarrow$$

4.2.4 电解加工表面质量和加工精度

1. 电解加工表面质量

电解加工表面质量是指工件经电解加工后，其表面及表面层的几何尺寸、物理性能、化学性能的变化，又称电解加工工件的表面完整性。从总体上看，电解加工表面质量优于切削加工及很多其他类型的特种加工。电解加工表面质量具有以下主要特点。

（1）电解加工基于阳极溶解原理去除金属，作为“刀具”的阴极不与工件直接接触，没有宏观切削力和切削热的作用，因此工件表面不会生成切削加工过程中形成的塑性变形层（冷作硬化层）等，也不会产生残余应力，更不会像电火花加工、激光加工那样在加工表面产生重铸层或熔化凝固层，相反，会去掉原始的变形层和残余应力层。在一般电解加工中，工件表面的金相组织基本不发生变化，只是在某些条件下显微硬度发生变化。

（2）电解加工没有刀痕问题，阳极溶解不存在方向特征，所以电解加工工件表面质量在各个方向大体相同，表面粗糙度、几何形貌与切削加工相比有很大差别。

（3）与切削加工相比，影响电解加工宏观表面质量的因素更多，而且不是独立线性的影响，经常是多种因素的综合作用。

(4) 电解加工过程基于电化学阳极溶解原理，若各种工艺因素匹配恰当，则可以获得比切削加工好得多的微观表面质量；若匹配不当（如电解液组成不当、加工参数选择不合适、电解液流场设计欠妥），则可能产生某些表面缺陷（如点蚀、晶间腐蚀、表面渗氢等），对工件的使用寿命、疲劳强度会产生严重影响。

电解加工表面质量包括两部分：一是指加工后工件表面粗糙度、波纹度和几何纹理的改变；二是指工件表面层材料组织、性能的改变，即在加工过程中受机械、物理、化学、电、热和微观冶金过程的作用，表面层材料组织、性能发生的变化。这里仅介绍表面粗糙度。

影响电解加工表面粗糙度的主要因素有工件材质、电解液的组成、电流密度、电解液流场及电解电流输入形式等。在相同或相近的工艺条件下，工件材质不同，可能得到完全不同的电解加工表面粗糙度。例如，以 NaCl 电解液加工一般钢材，可以获得的表面粗糙度为 $Ra0.8$～$Ra3.2\mu m$；加工合金钢，可以获得的表面粗糙度为 $Ra0.8\mu m$；加工钛合金，只能得到表面粗糙度为 $Ra6.3\mu m$ 的表面。电流密度对电解加工表面粗糙度的影响非常敏感，随着加工电流密度的提高，表面粗糙度迅速降低（图 4.9 所示为用 $NaNO_3$ 电解液加工镍基高温合金 GH4169 表面粗糙度与电流密度的关系曲线）。对于某些材料（如钛合金），该效果更加明显。电流密度越高，电解去除越快。因此，电解加工时选择尽可能高的电流密度，既可降低表面粗糙度，又可提高加工速度，两者能完全协调。

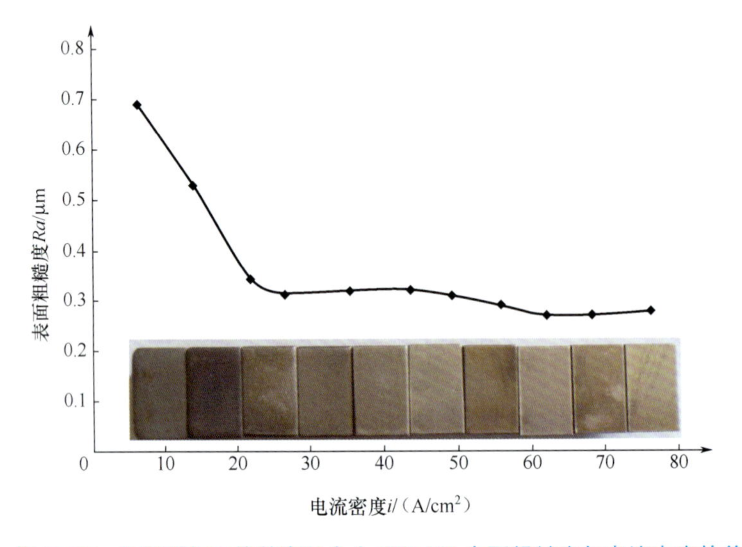

图 4.9 用 $NaNO_3$ 电解液加工镍基高温合金 GH4169 表面粗糙度与电流密度的关系曲线

针对不同工件材料选择合适的电解液组成，采用合理的工艺参数（如采用小间隙、高电流密度加工），合理设计电解液流场，采用脉冲电流或混气电解加工，都可降低工件表面粗糙度。

2. 电解加工精度

在普通电解加工中，因工件与工具间有较大的加工间隙（0.2～2mm），而电解液的电阻率很低（电导率高），故在加工过程中有“杂散腐蚀”现象，加工精度为±0.1～±0.2mm。因此，提高电解加工精度一直是电解加工的重要课题。

3. 电解加工表面质量对零件疲劳强度的影响

电解加工已经广泛用于制造航空发动机的压气机叶片、涡轮叶片及火箭发动机的整体叶盘等，这些零件均需要承受高速旋转条件下的循环载荷及温度急剧变化所引起的热应力，因此要具有可靠的疲劳强度。

电解加工可以去除前道工序遗留的原始刀痕，使疲劳强度提高。另外，电解加工表面不会产生冷作硬化和表面应力。就此而言，电解加工对疲劳强度无显著影响，但如果前道工序产生表面拉应力，而电解加工去除了表面拉应力，就会对提高疲劳强度有利。

就表面粗糙度对零件疲劳强度的影响而言，一般认为，电解加工的表面粗糙度低于机械切削（车削、铣削）加工的表面粗糙度，且高于磨削加工的表面粗糙度。在相同条件下，电解加工零件的疲劳强度高于机械切削加工零件的疲劳强度，且低于磨削加工零件的疲劳强度。

对于模具钢，由于电解加工表面质量优于切削加工和电火花成形加工表面质量，不存在冷作硬化层、重铸层及由此而诱发的显微裂纹，表面粗糙度也较低，因此电解加工的热锻模的疲劳强度较高，其使用寿命显著高于仿形切削及电火花加工制备的热锻模的使用寿命。

4.2.5 电解液

1. 电解液的作用

（1）电解液与工件及工具组成产生电化学反应的电化学体系，实现要求的电解加工过程；同时，电解液中的导电离子是电解池中传送电流的介质，这是其基本作用。

（2）排除电解产物，控制极化，使工件溶解正常、连续进行。

（3）及时带走电解加工过程中产生的热量，使加工区不致过热而引起自身沸腾、蒸发，确保正常加工。

2. 对电解液的要求

（1）具有足够高的蚀除速度（生产率要高）。这就要求电解质在溶液中有较高的溶解度和离解度，且具有很高的电导率。例如，NaCl 水溶液中的 NaCl 几乎能完全离解为 Na^+ 和 Cl^-，并能与水的 H^+、OH^- 共存。另外，电解液中的阴离子应具有较正的标准电位（如 Cl^-、ClO_3^- 等），以免在阳极上发生析氧等副反应，降低电流效率。

（2）具有较高的加工精度和表面质量。电解液中的金属阳离子不应在阴极发生放电反应而沉积到阴极上，以免改变工具的形状及尺寸。因此，选用电解液中的金属阳离子必须具有较负的标准电极电位（如 Na^+、K^+ 等）。当加工精度和表面质量要求较高时，应选择杂散腐蚀小的钝化型电解液。

（3）阳极反应的最终产物应是不溶性的化合物。这主要是为了便于处理，并且不会使阳极溶解的金属阳离子在阴极上沉积，通常被加工工件的主要组成元素的氢氧化物大多难溶于中性盐溶液，故该要求容易满足。在电解加工中，有时会要求阳极产物溶于电解液而不是生成沉淀物，因为在一些特殊情况下（如电解加工小孔、窄缝等），要避免不溶性的阳极产物滞留在加工间隙。

除上述基本要求外，电解液还应性能稳定、操作安全、污染少、对设备的腐蚀性小、价格低、易采购、使用寿命长等。

3. 常用电解液

电解液可以分为中性盐溶液、酸性溶液与碱性溶液三大类。中性盐溶液的腐蚀性弱，使用时较安全，应用最普遍。生产实践中常用的电解液为**三种中性电解液：NaCl 电解液、$NaNO_3$ 电解液及 $NaClO_3$ 电解液**。

（1）NaCl 电解液。NaCl 电解液中含有活性 Cl^-，阳极表面不易生成钝化膜，所以加工时采用 NaCl 电解液可有较高的蚀除速度，而且没有或很少有析氧等副反应，电流效率高，加工表面粗糙度也低。NaCl 是强电解质，在水溶液中几乎能完全离解。因为 NaCl 电解液的导电能力强、适用范围广、价格低、货源充足，所以是应用广泛的电解液。

采用 NaCl 电解液蚀除速度高，但杂散腐蚀也严重，故电解加工时复制精度较差。NaCl 电解液的质量分数常低于 20%，一般为 14%～18%，当要求较高的复制精度时，可采用较低的质量分数（5%～10%）以减少杂散腐蚀。常用的电解液温度为 25～35℃，但加工钛合金时，电解液温度必须高于 40℃。

（2）$NaNO_3$ 电解液。$NaNO_3$ 电解液应用也比较广泛，有些单位把它作为标准电解液；还有些单位以 $NaNO_3$ 为主，加入一定成分的添加剂配成非线性好的电解液。$NaNO_3$ 电解液腐蚀性弱，使用方便，并且加工精度较高。$NaNO_3$ 电解液是一种钝化型电解液，钢在 $NaNO_3$ 中的极化曲线如图 4.10 所示。在曲线 AB 段，阳极电位升高，电流密度增大，符合正常的阳极溶解规律。阳极电位超过 B 点后，由于形成钝化膜，电流密度 i 急剧减小，至 C 点时金属表面进入钝化状态。当电位超过 D 点时，钝化膜开始破坏，电流密度又随电位的升高而迅速增大，金属表面进入超钝化状态，阳极溶解速度又急剧升高。如果在电解加工时，工件的加工区处于超钝化状态，而非加工区由于阳极电位较低处于钝化状态而受到钝化膜的保护，可以减少杂散腐蚀，提高加工精度。

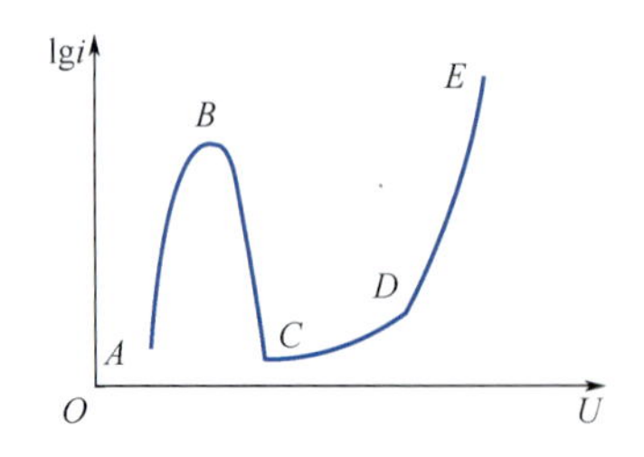

图 4.10　钢在 $NaNO_3$ 中的极化曲线

当 $NaNO_3$ 电解液的质量分数低于 30%时，有比较好的非线性性能，成形精度高，而且对机床设备的腐蚀小，使用安全。但其电流效率、生产率低，而且 $NaNO_3$ 是氧化剂，易燃烧，沾染 $NaNO_3$ 的水溶液干燥后迅速燃烧，故使用及储存时要充分注意；另外，加工时，阴极有氨气析出，所以 $NaNO_3$ 会被消耗。

（3）$NaClO_3$ 电解液。$NaClO_3$ 电解液杂散腐蚀能力小，加工精度高。这种电解液在加工间隙大于 1.25mm 时，对阳极溶解作用几乎停止，因而阳极溶解仅集中在与阴极表面最接近的阳极部分。这一特点在用固定式阴极加工时，可获得良好的加工精度。

$NaClO_3$ 电解液具有很高的溶解度，可以配置高浓度的溶液，因而采用 $NaClO_3$ 电解液可能得到与采用 NaCl 电解液相当的加工速度。$NaClO_3$ 电解液的化学腐蚀性很弱，而且用其加工过的表面具有较高的耐蚀性。但是 $NaClO_3$ 电解液的价格高，使用浓度大，使用过程中有消耗，故经济性差，这也是限制它迅速推广的原因之一。

$NaClO_3$ 电解液在电解过程中会分解产生 NaCl，使溶液中 ClO_3^- 的质量分数不断下降，而 Cl^- 的质量分数不断升高。因此，电解液性能在使用中有所变化，电解质有消耗，需要不断补充。

采用不同电解液时成形精度对比如图 4.11 所示。图 4.11（a）所示为采用 NaCl 电解液的加工结果，由于阴极侧面不绝缘，侧壁被杂散腐蚀成抛物线形，内芯也被腐蚀，因此剩下一个小锥体。图 4.11（b）所示为采用 $NaNO_3$ 电解液或 $NaClO_3$ 电解液的加工结果，虽然阴极表面没有绝缘，但加工间隙达到一定程度后，工件侧壁钝化，不再扩大，孔壁锥度很小，内芯被保留下来。

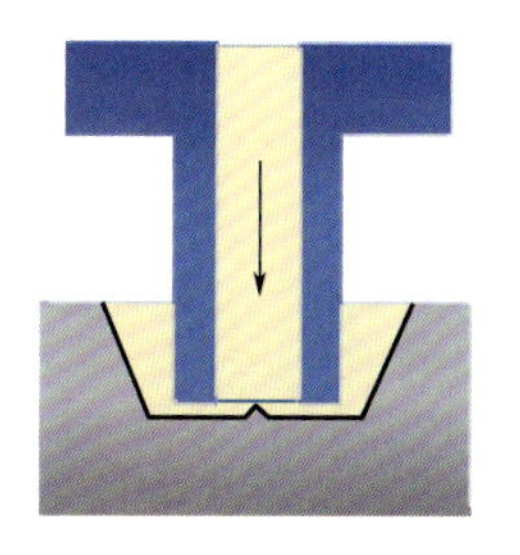

（a）采用NaCl电解液

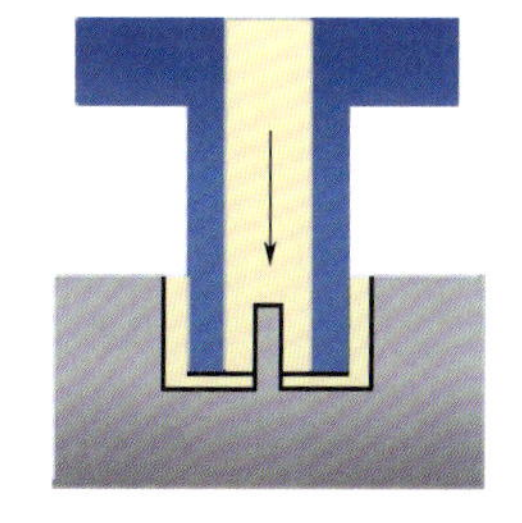

（b）采用 $NaNO_3$ 电解液或 $NaClO_3$ 电解液

图 4.11　采用不同电解液时成形精度对比

图 4.12 所示为三种常用电解液的 $\eta - i$ 曲线。从图中可以看出，NaCl 电解液的电流效率接近 100%，基本上是直线；而 $NaNO_3$ 电解液与 $NaClO_3$ 电解液的 $\eta - i$ 关系呈曲线，当电流密度小于 i_a'（对于 $NaClO_3$ 电解液）及 i_a''（对于 $NaNO_3$ 电解液）时，电解作用停止，故有时称它们为非线性电解液。

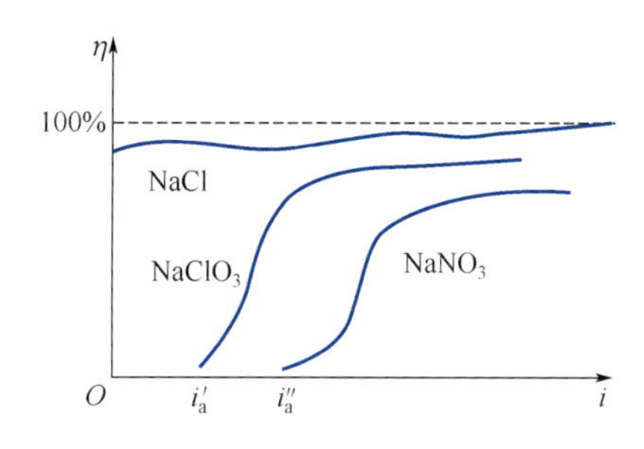

图 4.12　三种常用电解液的 $\eta - i$ 曲线

4.2.6　电解液的流动形式

电解液的流动形式可概括为两类：侧向流动和径向流动。径向流动又可分为正流式径向流动和反流式径向流动两种。图 4.13 所示为电解液的流动形式。

流动形式对电解加工中夹具和工具（阴极）的设计制造、加工间隙中流场的均匀性都有很大影响。

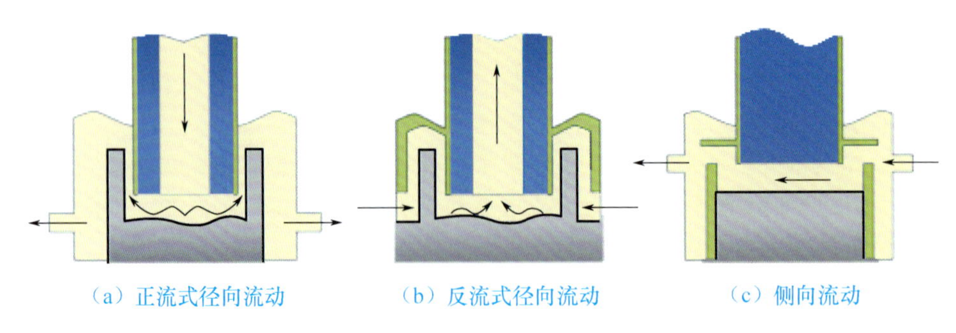

(a) 正流式径向流动　(b) 反流式径向流动　(c) 侧向流动

图 4.13　电解液的流动形式

4.2.7　电解加工精度的提高

新材料、新结构的不断涌现，给电解加工提供了更为广阔的应用领域，提出了更高的工艺指标要求，特别是对加工精度的要求越来越高，而传统的直流电解加工工艺难以满足新的要求。**提高电解加工精度的主要技术途径和措施**有以下几点。

1. 脉冲电流电解加工

采用脉冲电流电解加工可以明显提高加工精度，在生产中已实际应用并正日益得到推广。采用脉冲电流电解加工能够提高加工精度的原因如下。

(1) 消除了加工间隙内电解液电导率的不均匀化。加工区内阳极溶解速度不均匀是产生加工误差的根源。采用脉冲电流电解加工可以在两个脉冲间隔内，通过电解液的流动与冲刷，使加工间隙内电解液的电导率分布基本均匀。

(2) 脉冲电流电解加工使阴极在电化学反应中析出的氢气断断续续，呈脉冲状。它可以对电解液起搅拌作用，有利于去除电解产物，提高电解加工精度。

2. 小间隙电解加工

在 0.05～0.1mm 的端面加工间隙条件下进行电解加工（简称小间隙电解加工），可以在使用一般电解液且不需要混气的条件下加工出高精度、低表面粗糙度的工件。

采用小间隙电解加工对提高加工精度及材料去除率都是有利的。但间隙越小，对液流的阻力越大，则电流密度越大，间隙内电解液温度升高快、温度高，需要电解液的压力很高，间隙过小容易引起短路。因此，小间隙电解加工的应用受到机床刚度、传动精度、电解液系统所提供的压力、流速及过滤情况的限制。

3. 改进电解液

采用钝化性电解液对提高铁基合金和模具钢、不锈钢的集中蚀除能力都有显著效果。钝化性电解液已经成为模具电解加工的基本型电解液，但对钛合金、高温耐热合金等金属材料的蚀除效果不十分明显。研究人员正在进一步研究复合电解液，以达到既保持高效率加工，又提高加工精度的目的。

4. 混气电解加工

混气电解加工可以普遍提高集中蚀除能力及整平比，较大幅度地减小遗传误差，在毛坯余量偏小、允差偏大的零件加工中使用获得了较好的效果。

混气电解加工就是将一定压力的气体（主要是压缩空气）用混气装置使它与电解液混合在一起，使电解液成为包含无数气泡的气液混合物，然后送入加工区电解加工。

应用混气电解加工以来，获得了较好的效果，显示出一定的优越性，主要表现在提高了电解加工的成形精度，简化了工具（阴极）的设计与制造，因而得到了较快的推广。例如不混气加工锻模时，如图 4.14 (a) 所示，侧面间隙很大，模具上腔有喇叭口，成形精度差，工具的设计与制造也比较困难，需要多次反复修正。图 4.14 (b) 所示为混气电解加工的情况，成形精度高，侧面间隙小且均匀，表面粗糙度小，工具设计较容易。

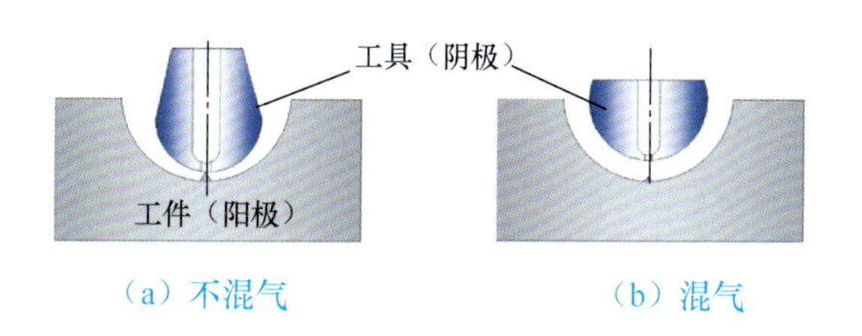

（a）不混气　　（b）混气

图 4.14 有无混气电解加工效果对比

混气电解加工装置示意图如图 4.15 所示，在气液混合腔中（包括引导部、混合部及扩散部），压缩空气经过喷嘴喷出，与电解液强烈搅拌压缩，使电解液成为包含无数小气泡（有一定压力）的气液混合体后，进入加工区域电解加工。

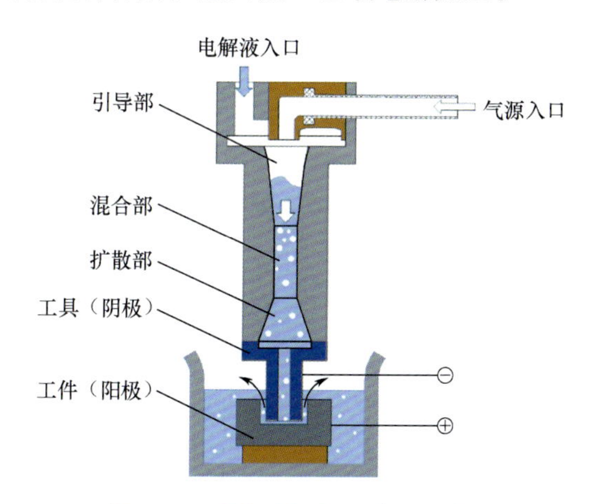

图 4.15 混气电解加工装置示意图

在电解液中混入气体后，将会起到下述作用。

① **增大了电解液的电阻率，减少了杂散腐蚀，使电解液向非线性方面转化。**由于气体是不导电的，因此电解液中混入气体后，增大了间隙内的电阻率，而且随着压力的变化而变化，一般间隙小的地方压力高，气泡体积小，电阻率低，电解作用强；间隙大的地方压力低，气泡体积大，电阻率大，电解作用弱。图 4.16 所示为采用带抛光圈的阴极混气电解加工型孔，因为间隙 Δ'_s 与大气相连，压力低，气体膨胀，又由于间隙 Δ'_s 比 Δ_s 大，因此其中电解液的电阻率及电阻均增大，电流密度迅速减小。间隙 Δ'_s 增大到一定数值后，就可能抑制电解作用，所以混气电解加工存在切断间隙的现象，加工孔时的切断间隙为 0.85～1.3mm。

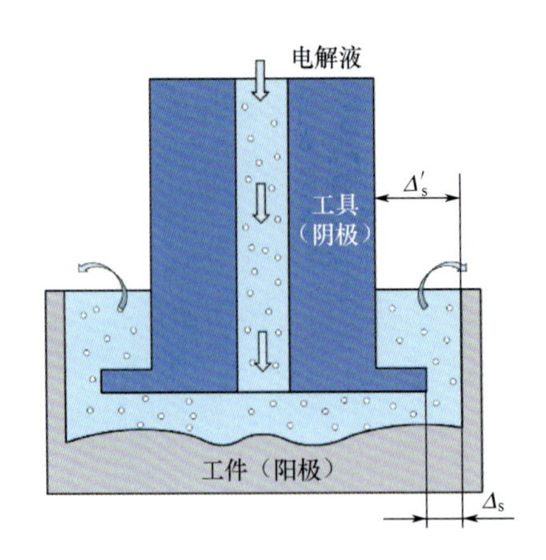

图 4.16 采用带抛光圈的阴极混气电解加工型孔

② **降低了电解液的密度和黏度，提高了流速，均匀了流场。** 由于气体的密度和黏度远小于液体，因此混气电解液的密度和黏度大大下降，这是混气电解加工能在低压下达到高流速的关键，高速流动的气泡还起搅拌作用，消除死水区，均匀流场，降低短路的可能性。

5. 精密电解加工

传统电解加工具有材料去除率高和成本低的优势，但加工精度较低，长期以来主要用于毛坯的大余量去除及低精度模具和零件的生产。近年来，业内提出的精密电解加工，使电解加工向精密和微细方向的发展取得了突破。**精密电解加工（precise electro-chemical machining，PECM）** 的实际含义是高频窄脉冲振动电解加工，其与普通电解加工的主要差异在于使用振动进给方式与高频窄脉冲电源，并配有高精度的电解液过滤自循环系统，能在加工中保持很小的加工间隙，因此可以获得良好的阴极复制效果，从而获得较高的加工精度。精密电解加工系统构成如图 4.17 所示。

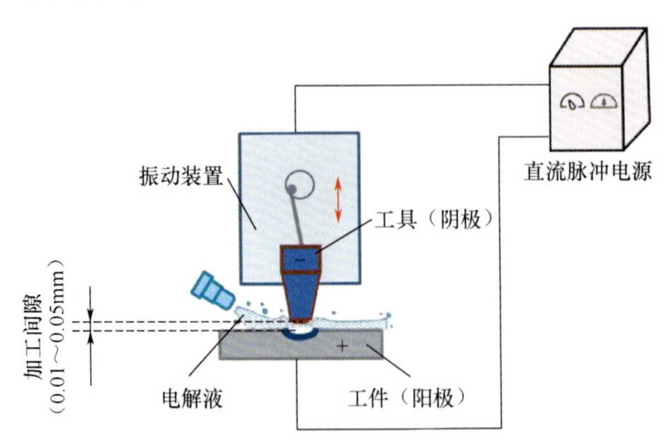

图 4.17 精密电解加工系统构成

由于工件（阳极）与工具（阴极）之间的加工间隙较小，因此为保证电解液在极间充分交换，在加工中需要通过高频窄脉冲电流和阴极机械振动的耦合作用，使加工间隙和加工电流呈周期性变化，即在振动过程中，阴极与工件接触最近时或者说振动幅值最大时配给电流，对工件材料进行电解加工，在阴极振动离开工件时，切断电流，排出蚀除产物并改善极间状况，以实现进给加工、回退冲刷的交替进行。**脉冲电源与阴极机械振动耦合关系**如图 4.18 所示。这种耦合作用有效地改善了极间的加工状态。由于采用了间歇式的加工方式，实现小间隙时加工、大间隙时冲刷，电解液得到不断更新，每次加工都能获得新的电解液，保证了每次加工时电解液的一致性，同时采用较短的脉冲加工时间段及较小脉冲宽度的脉冲加工电压，实现了极小间隙下的定域加工，因此可以实现小间隙电解加工，获得很高的成形精度。

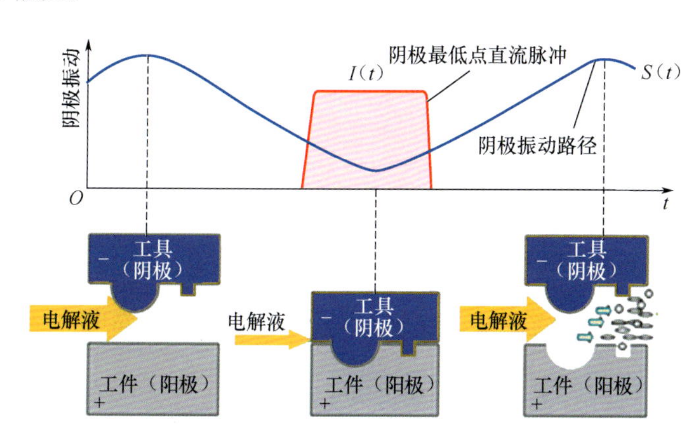

图 4.18 脉冲电源与阴极机械振动耦合关系

德国埃马克电化学公司成功地将精密电解加工应用于发动机整体叶盘及叶片的成形加工。采用该公司开发的阴极设计软件，在精密多轴联动高频窄脉冲 PO900BF 电解加工中心（图 4.19）上加工的发动机叶片型面的最终轮廓误差可以实现小于 0.06mm，高温合金材料最佳表面粗糙度小于 $Ra0.2\mu m$。精密电解加工现场如图 4.20 所示。

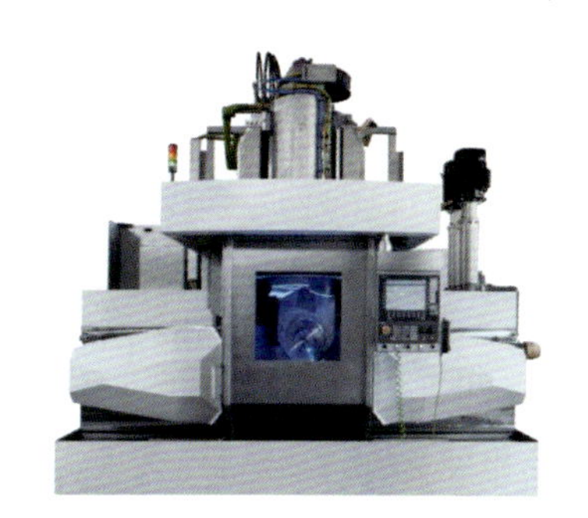

图 4.19 精密多轴联动高频窄脉冲 PO900BF 电解加工中心

图 4.20 精密电解加工现场

电解加工的技术优势和航空发动机关键部件的制造需求十分吻合，无论是在材料去除率、加工成本、表面质量、尺寸精度一致性方面，还是在材料的适应性等方面，都体现出巨大优势，尤其适合批量生产。精密电解加工技术成为国外镍基高温合金整体叶盘的主流制造技术，在航空发动机关键部件的制造中获得了重要应用。

4.2.8 电解加工设备的主要组成

电解加工是电化学、电场、流场和机械等因素综合作用的结果，因而作为实现此工艺的电解加工设备必然是多种部分的组合。电解加工设备组成框图如图 4.21 所示，包括机床、电源、电解液系统、工艺装置，以及相应的操作、控制系统等。某型电解加工机床如图 4.22 所示。

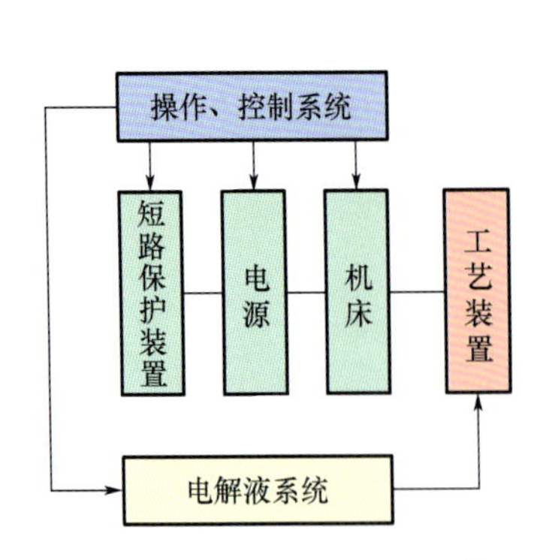

图 4.21 电解加工设备组成框图

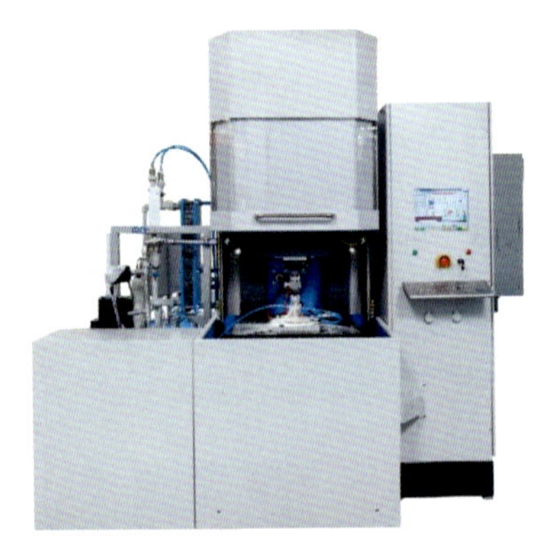

图 4.22 某型电解加工机床

4.2.9 电解加工的应用

20 世纪 60 年代电解加工开始用于军工生产，70 年代扩大到民用领域；航空航天、兵器工业是电解加工的重点应用领域，主要用于难加工金属材料的加工，如高温合金钢、不锈钢、钛合金、模具钢、硬质合金等的三维型面、型腔、型孔、深孔、小孔及薄壁件。

1. 叶片型面电解加工

压气机叶片在航空发动机零件中非常重要，对发动机的性能起着关键作用。

叶片分为两部分，即型面部分（又称叶型部分或叶身）和基体部分（包括榫头、缘板、叶冠等）。由于叶片型面的几何形状是复杂的空间曲面，因此型面加工是叶片加工中最复杂、最困难、最具特征的加工内容。采用传统切削加工方法加工叶片型面，容易造成叶片表面损伤，出现微裂纹，加工的残余应力也会引起叶片型面变形。采用电火花加工、线切割加工等，会使叶片表面出现重铸层，影响叶片的性能和使用寿命。采用电解加工不受叶片材料硬度和韧性的限制，可以加工出复杂的型面，生产率高且表面粗糙度低。

电解加工是发动机叶片型面的主要加工方法。图 4.23 所示为北京航空制造工程研究所和南京航空航天大学电解加工的叶片。

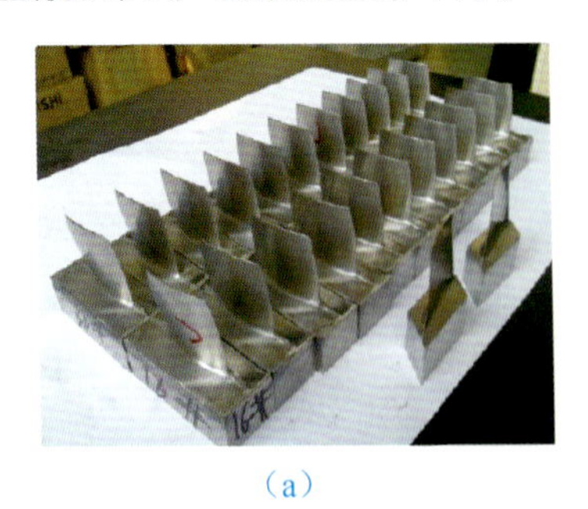

(a)

(b)

图 4.23 北京航空制造工程研究所和南京航空航天大学电解加工的叶片

2. 薄壁机匣电解加工

现代航空发动机为了减轻结构质量、提高推重比，采用了大量整体薄壁复杂结构件（如燃烧室薄壁机匣、火焰筒等），其材料一般为高温合金、高温钛合金等。以燃烧室某薄壁机匣为例，其环形面上分布了众多形状各异的安装凸台、环形加强筋等，结构轻薄，从毛坯加工成零件材料去除比很高，一般为60%～80%，零件壁厚最薄处约为0.5mm。此类零件采用机械加工非常困难，一是材料的切削性能很差，材料去除率极低；二是刀具损耗严重，加工成本高；三是加工应力的累加导致零件变形严重，并且变形难以控制。而电解加工工艺可以满足既高效去除大量材料，又保证加工后的整体薄壁结构零件不变形的加工要求，广泛应用于发动机机匣安装凸台、加强筋、型腔等结构的加工。图4.24所示为北京航空制造工程研究所电解加工的不同类型薄壁机匣，其中小型机匣的外壁凸台整体一次电解成形。

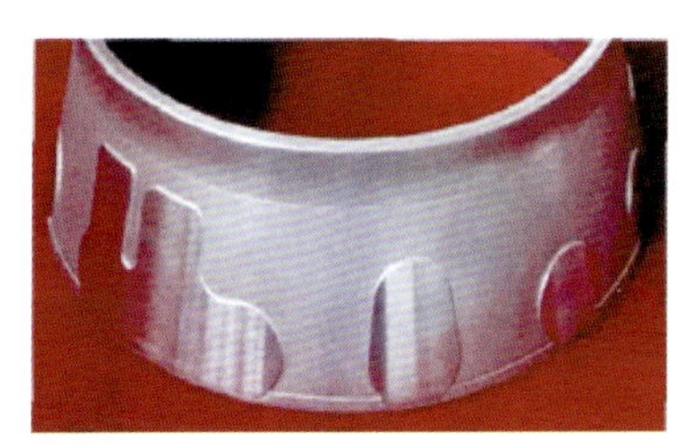

（a）小型机匣

（b）大型机匣

图4.24 北京航空制造工程研究所电解加工的不同类型薄壁机匣

3. 深小孔、型孔电解加工

孔类电解加工，特别是深小孔及型孔加工是电解加工的重要应用领域。

由难加工材料（如高温耐热、高强度镍基合金、钴基合金）制成的空心冷却涡轮叶片和导向器叶片上有许多深小孔，特别是呈多向不同角度分布的深小孔，甚至是弯曲孔、截面变化的竹节孔等，用普通机械钻削加工特别困难，甚至不能加工；用电火花加工、激光加工又存在表面重铸层或熔化凝固层问题，而且加工的孔深不大；用电解加工孔，材料去除率高、表面质量好，特别是采用多孔同时加工的方式，效果更加显著。

小孔电解加工通常采用图4.25所示的正流式加工。工具常用不锈钢管或钛管，外周涂有绝缘层以防止加工完的孔壁二次电解，工具恒速向工件送进以使工件不断溶解，形成直径略大于工具外径的小孔。

型孔加工，特别是在深型孔、复杂型孔的加工中，电解加工优点突出，具有独特的应用地位。在生产中往往会遇到一些形状复杂、尺寸较小的四方、六方、椭圆、半圆等形状的通孔和不通孔，采用机械加工很困难，如采用电解加工，则可以大大提高生产效率及加工质量。

电解加工的“天圆地方”异形孔的上部为圆形下部为六边形，如图4.26所示。图4.27所示为电解加工的菱形孔，加工深度为3mm，侧面间隙小于150μm，两侧加工圆角可控制在R0.3mm以内。

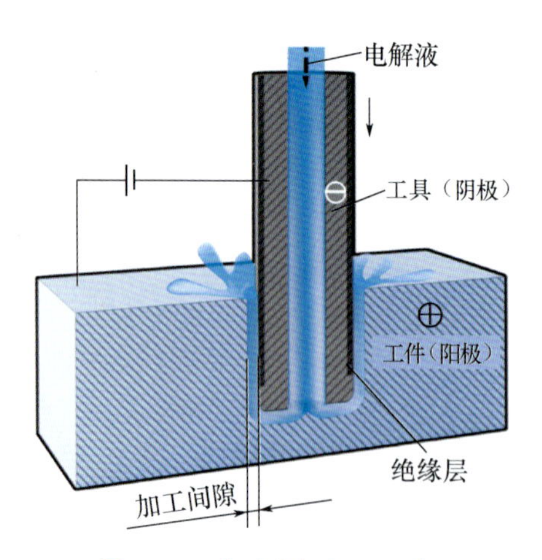

图 4.25　小孔电解加工示意图

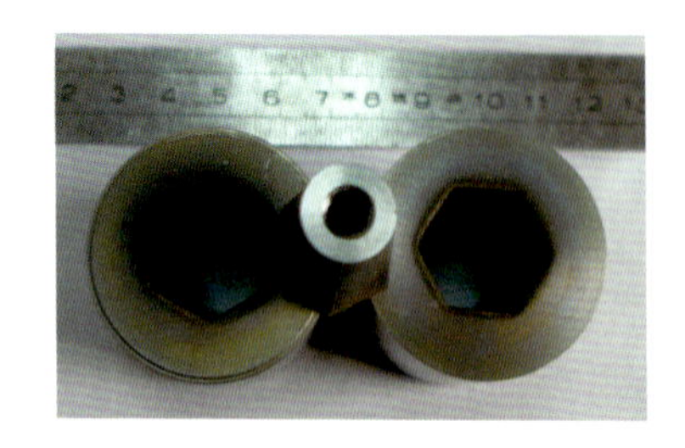

图 4.26　电解加工的“天圆地方”异形孔

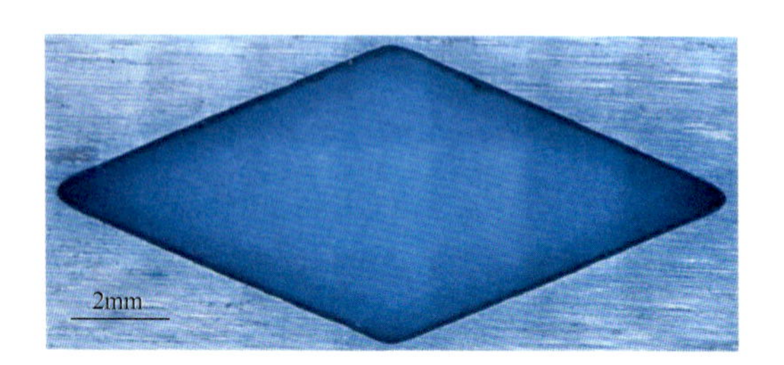

图 4.27　电解加工的菱形孔

竹节孔肋化冷却通道是航空发动机涡轮叶片的新型、高效低阻的冷却方式。图 4.28 所示为电解加工的竹节孔肋化冷却通道。成形工具电极采用电解加工方法制备，下凹处经过绝缘处理，直径为 ϕ3mm，肋宽为 1mm。

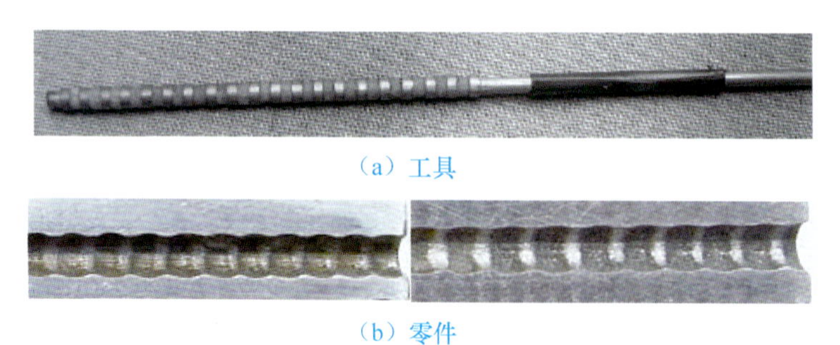

（a）工具

（b）零件

图 4.28　电解加工的竹节孔肋化冷却通道

4. 枪、炮管膛线电解加工

枪、炮管膛线是在工业生产中最先采用电解加工的。与传统的膛线加工相比，电解加工具有表面质量高、生产效率高、经济效益好的特点。经过生产实践的考验，膛线电解加工已经成为枪、炮制造中的重要工艺技术，并且随着工艺的不断改进及阴极结构的不断创新，加工精度进一步提高，生产应用面也进一步扩大。图 4.29 所示为国内电解加工炮管膛线现场及膛线电解成形机床。

(a) 电解加工炮管膛线现场

(b) 膛线电解成形机床

图 4.29　国内电解加工炮管膛线现场及膛线电解成形机床

5. 整体叶盘电解加工

许多航空发动机的整体涡轮转子、叶盘材料为不锈钢、钛合金、高温合金钢，很难甚至无法用机械切削加工。在采用电解加工以前，叶片经精密锻造、机械加工、抛光后镶到叶盘轮缘的榫槽中，再焊接而成，加工量大、生产周期长，而且叶盘质量不易保证。采用电解加工整体叶盘，只要把叶盘坯加工好，就可直接在盘坯上加工叶片，加工周期大大缩短，而且叶盘强度高、质量好。

对于等截面叶片的整体叶盘，大多采用电解套形法加工成形。叶盘上的叶片是逐个加工的，采用套形法加工，加工完一个叶片，退出阴极，分度后加工下一个叶片。电解套形法加工叶片型面精度一般为 0.1mm，表面粗糙度为 $Ra0.8\mu m$，叶片最小通道为 2.5mm，叶片长度为 10～26mm。电解套形法加工整体叶盘如图 4.30 所示。

对于变截面扭曲叶片的整体叶盘，可采用数控展成电解加工。加工方法类似于数控铣削，以工具（阴极）作为电解“铣刀”，相对于工件进行数控加工运动，电解“铣刀刃”对工件（阳极）实现电化学溶解作用而实现数控“电解铣削”，“铣刀刃”的“电解铣削”包络面就形成了期望的加工型面。数控展成电解加工整体叶盘如图 4.31 所示。

图 4.30　电解套形法加工整体叶盘

图 4.31　数控展成电解加工整体叶盘

6. 电化学去毛刺

毛刺是金属切削加工的产物，难以完全避免。毛刺不仅影响产品的外观，而且影响产品的装配、使用性能和使用寿命。随着高科技的发展、产品性能要求的提高，对产品质量的要求越来越严格，去除机械零件的毛刺越来越重要。

电化学去毛刺（electrochemical deburring，ECD）的基本原理是利用金属在电解液中产生阳极溶解的现象去除毛刺，如图 4.32 所示。

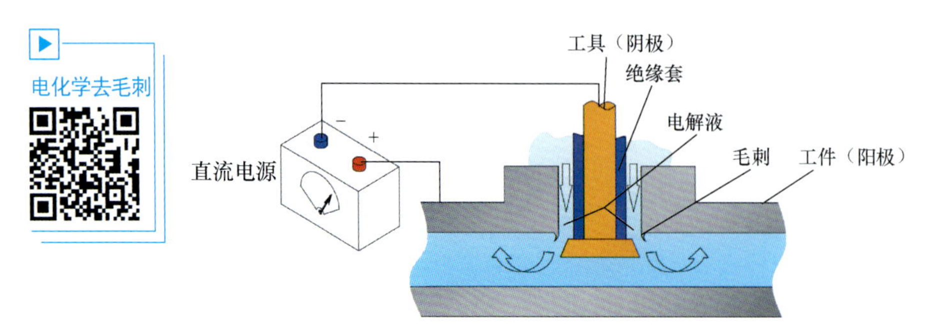

图 4.32 电化学去毛刺的基本原理

加工中，工件为阳极，工具为阴极，当强迫电解液通过工件上的毛刺和特殊设计的工具间十分狭小的间隙时，在工件的毛刺或棱边部分将形成电流集中，电流密度增大，因而毛刺很快被溶除，棱角也会被倒圆。电化学去毛刺可对加工棱边取得较高的边缘均一性和良好的表面质量，具有去除毛刺质量好、安全可靠、效率高等优点，与传统工艺相比，效率一般可提高 10 倍以上。

电化学去毛刺设备有系列产品，在汽车发动机、通用工程机械、航空航天、气动液压等行业中得到应用，是电化学加工机床中生产批量较大、应用领域较广的重要装备。

图 4.33 所示为多工位电化学去毛刺机床。由于该机床夹具可以同时夹紧多个零件并列加工，因此可以大大缩短去除零件毛刺时间，一般数十秒可以处理一件。图 4.34 所示为电化学去毛刺前后零件对比。

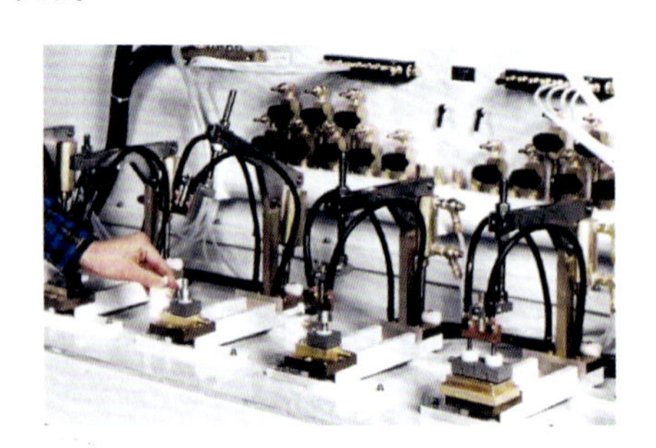

图 4.33 多工位电化学去毛刺机床

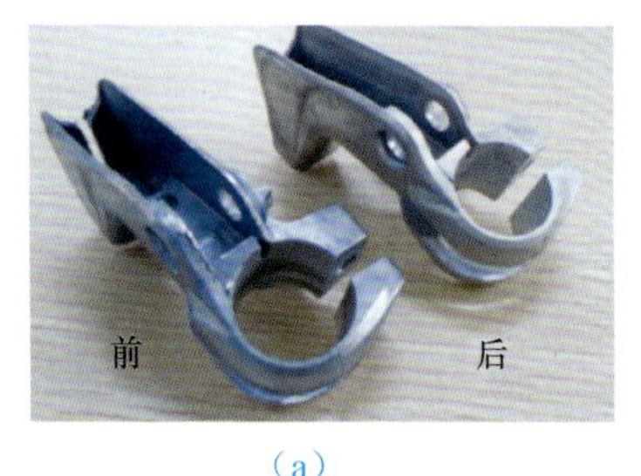

（a）

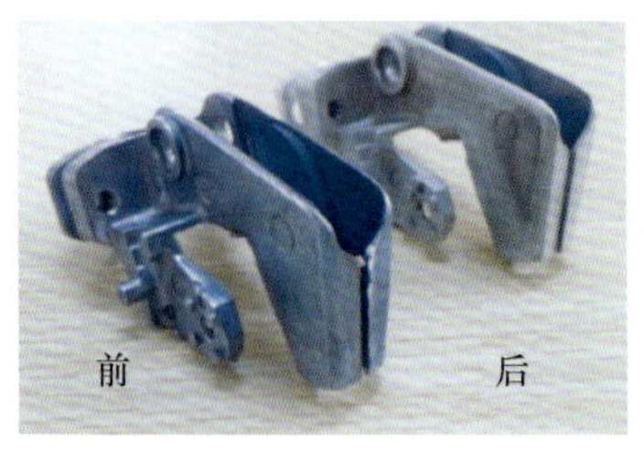

（b）

图 4.34 电化学去毛刺前后零件对比

7. 电解抛光

电解抛光（electrochemical polishing，ECP）是利用金属表面微观凸点在特定电解液中和适当电流密度下，首先发生阳极溶解的原理进行抛光的一种电解加工方式，又称**电抛光**。

电解抛光原理如图4.35所示，工件作为阳极接直流电源的正极，用铅、不锈钢等耐电解液腐蚀的导电材料作为阴极，接直流电源的负极。两者相距一定距离浸入电解液（一般以硫酸、磷酸为基本成分）中，在一定温度、电压和电流密度（一般低于$1A/cm^2$）下，通电一定时间（一般为几十秒到几分钟），工件表面上的微小凸起部分首先溶解，逐渐变成平滑光亮的表面。

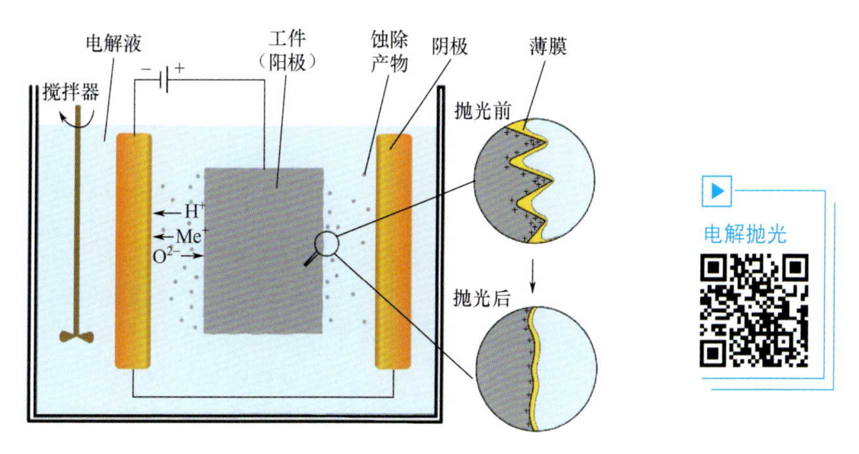

图4.35　电解抛光原理

电解抛光

电解抛光时，靠近工件（阳极）的电解液层会在工件表面上形成一层厚度不均匀的黏性薄膜，工件表面凸起部位的薄膜由于受到电解液的冲刷作用，因此厚度比凹陷处薄，而且其形成电场集中，通过的电流密度高，因此溶解快；凹陷处由于受到电解液搅拌扩散的作用弱，因此薄膜厚度大、电阻大、通过的电流密度小。工件表面形成的溶解速度有差异，最终使工件表面逐渐达到平整并产生金属光泽。

电解抛光主要用于表面粗糙度小的金属制品和零件（如反射镜、不锈钢餐具、装饰品、注射针、弹簧、叶片和不锈钢管等）的抛光，还可用于某些模具（如胶木模和玻璃模等）和金相磨片的抛光。图4.36所示为电解抛光现场及制品。

（a）电解抛光现场

（b）电解抛光制品

图4.36　电解抛光现场及制品

8. 电解磨削

电解磨削（**electrochemical grinding，ECG**）是20世纪50年代初发明的一种电解与机械磨削相结合的特种加工方法，又称**电化学磨削**。加工中，工件作为阳极与直流电源的正极相连，导电磨轮作为阴极与直流电源的负极相连，如图4.37所示。

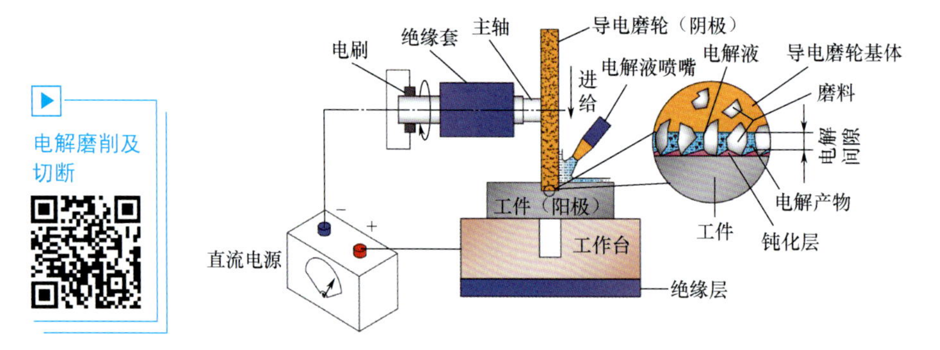

图4.37　电解磨削原理

电解磨削时，两极间保持一定的磨削压力，凸出于导电磨轮表面的非导电性磨料使工件表面与导电磨轮基体之间形成一定的电解间隙（0.02～0.05mm），同时向间隙中供给电解液。在直流电的作用下，工件表面金属受电解作用生成离子化合物和阳极膜。这些电解产物不断地被旋转的导电磨轮刮除，露出新的金属表面，继续产生电解作用，不断去除工件材料，从而达到磨削的目的。电解液一般采用硝酸钠、亚硝酸钠和硝酸钾等成分混合的水溶液，不同的工件材料采用电解液的成分也不同。导电磨轮由导电性基体（结合剂）与磨料结合而成，主要有金属结合剂金刚石磨轮、电镀金刚石磨轮、铜基树脂结合剂磨轮、陶瓷渗银磨轮和碳素结合剂磨轮等，可以根据不同用途选用。电解磨削现场及导电磨轮如图4.38所示。

（a）电解磨削现场

（b）导电磨轮

图4.38　电解磨削现场及导电磨轮

电解磨削适合磨削各种高强度、高硬度、热敏性、脆性等难磨削的金属材料，如硬质合金、高速钢、钛合金、不锈钢、镍基合金和磁钢等。电解磨削可磨削硬质合金刀具、塞规、轧辊、耐磨衬套、模具平面和不锈钢注射针头等。电解磨削的一个显著特点是不产生毛刺，因此广泛应用于医疗器械生产，以切断和磨削。电解磨削切断和磨削的零件如图4.39所示。

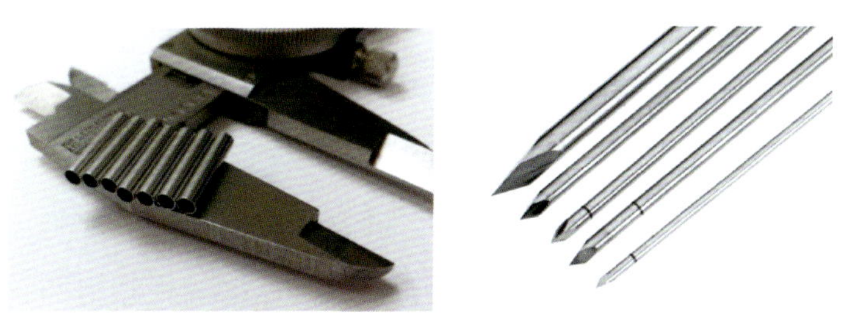

（a）切断的零件　　（b）磨削的零件

图 4.39 电解磨削切断和磨削的零件

9. 电解擦削

电解擦削又称**电化学擦削**，是基于电化学阳极溶解原理，采用不同类型、不同功能的电解擦削头（电解擦削阴极）对金属零件进行定域、定量电解去除或电解光整加工的一种加工工艺，金属零件都可加工，特别适用于淬火后零件的型孔、键槽和模具型腔的精修。

电解擦削设备由直流电源、电解液槽和电解擦削阴极三部分组成，如图 4.40 所示。

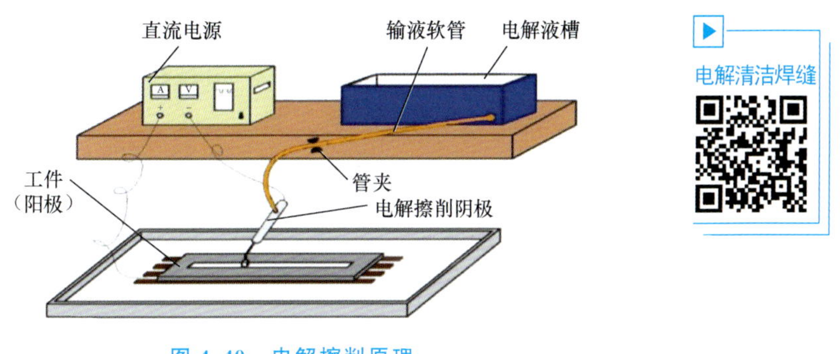

图 4.40 电解擦削原理

电解擦削时，工件接直流电源的正极，电解擦削阴极接直流电源的负极；输液软管连接电解液槽的出液孔及电解擦削阴极的进液孔；电解液槽在工件之上一定高度放置，以便利用高度差使电解液由槽中流至电解擦削阴极并供给擦削工作区；正式擦削前，确认电解液流到加工区后启动直流电源，手握电解擦削阴极相对工件加工面往复运动进行电解擦削。擦削时，电解擦削阴极接触工作面区域对工件电化学阳极溶解（由于电解擦削阴极包有一层绝缘布，因此与工件间不会短路），随着电解擦削阴极不停移动，电解擦削区域不断改变；并且随着移动，电解擦削阴极不断地擦拭、清除电解产物。如此反复并更换擦削区域，可实现对工件加工面的电解擦削。

4.3 电沉积加工

电沉积（electrodeposition）是指在电场作用下，电解液（电沉积液）中由阳极和阴极构成闭合回路，利用电化学原理使溶液中的金属离子沉积到阴极表面的过程。其中，电镀和电铸是应用最广泛的技术，两者看上去非常接近，但存在**显著区别**：一是厚度不同，电镀层的厚度通常为几微米到几十微米，而电铸层的厚度大得多，通常是毫米级别，有时为几厘米；二是结合性不同，电镀层要求与基体材料结合的越牢固越好，电铸层一般要与基体（即原模）分离。

4.3.1 电镀加工

1. 电镀原理

电镀（electroplating）是利用电化学原理在某些金属表面涂覆上一层其他金属或合金的过程。通过电场作用使金属或其他材料制件的表面附着一层金属膜，从而起到防腐、耐磨、导电、反光或增进美观等作用。电镀广泛应用在航空航天、兵器、核工业、钢铁、汽车、机械、电子等领域，人们的日常生活中充斥着镀金、镀银、镀锌、镀镍、镀锡、镀铜、镀铬、合金电镀等电镀产品。

电镀原理如图 4.41 所示，以镀层金属（Cu）作为阳极，以待镀的工件（Me）作为阴极，需用含镀层金属阳离子的溶液作电沉积液（如 $CuSO_4$，电沉积液有酸性的、碱性的和加有络合剂的酸性及中性溶液等），以保持镀层金属阳离子的浓度不变，金属阳离子在待镀工件表面被还原沉积为金属镀层。

电镀的基体材料除了铁基的铸铁、钢和不锈钢外，还有非铁金属（如 ABS 树脂、聚丙烯及酚醛塑料等），但在塑料表面电镀前，必须进行特殊的活化和敏化处理。镀层大多是单一金属或合金，如锌、铬、金、银、镍、铜、铜锌合金（黄铜）、铜锡合金（青铜）、铅锡合金、镍磷合金、金银合金等。但有时需要多次电镀，由多种镀层依次构成复合镀层。如钢上电镀铜-镍-铬层，可以大大提高镀铬层的防护装饰效果。镀铬零件如图 4.42 所示。

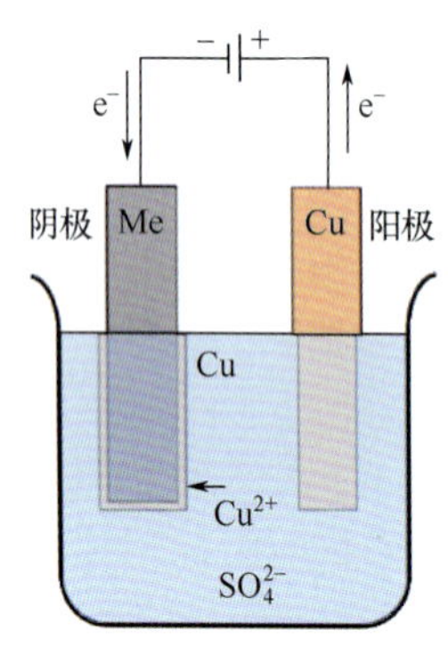

图 4.41 电镀原理

图 4.42 镀铬零件

电镀具有挂镀、滚镀、连续镀、刷镀和喷镀等形式，主要与待镀件的尺寸和批量有关。

2. 电镀分类

电镀的分类方法很多，主要根据沉积金属种类或者所获镀层的性能和作用分类。根据电镀层的使用功能，可将电镀分为装饰性电镀和功能性电镀（提高耐磨性、减摩性、抗高温氧化等）两类。装饰性电镀原属于表面工程领域，镀层主要是在铁金属、非铁金属及塑料上的镀铬层。目前，电镀更多的是作为功能性电镀应用。

4.3.2 电铸加工

1. 电铸原理

电铸成形（electroforming）的电化学原理与电镀基本一致，同为电化学阴极沉积过程，即在作为阴极的原模（芯模）上不断还原、沉积金属离子而逐渐形成电铸件。当达到预定厚度时，设法将电铸成形件与原模分离，获得在结合面处复制原模形状的成形零件。因此，电铸是利用金属的电沉积原理来精确复制复杂或特殊形状零件的特种加工方法。

电铸原理如图4.43所示，以可导电的原模作为阴极，以待电铸金属材料作为阳极，待电铸金属材料的盐溶液作为电沉积液，阴、阳极均置于电铸槽内，由外接电源提供能源，组成电化学反应体系。阳极接至电源正极，阴极接至电源负极，导电回路接通后，发生电化学反应：阳极上的金属原子失去电子成为离子，进入电沉积液，继而移动到阴极（原模）上，获得电子成为金属原子，沉积在原模沉积作用面。阳极金属源源不断地溶解成为离子，补充进入电沉积液，槽中的电沉积液质量分数大致保持不变。原模上的金属沉积层厚度逐渐增大，达到预定厚度时，切断电源，将原模从电沉积液中取出，再将沉积层与原模分离，得到与原模沉积作用面精确吻合但凹凸形状相反的电铸件制品。

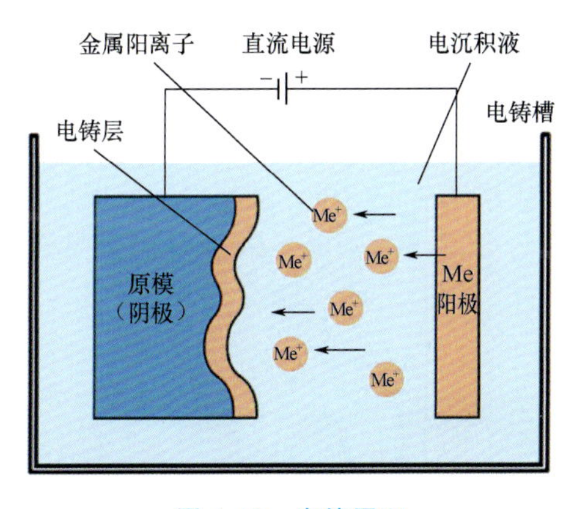

图4.43 电铸原理

电铸技术主要用于航空航天、精密模具、特殊结构件等行业，是一种日益受到关注的特种加工技术。

原则上，凡是能够电沉积的金属都可以用于电铸，但是综合制品的性能、制造成本、工艺实施等因素，只有铜、镍、铁、金、镍钴合金、钴钨合金等具有电铸实用价值，其中工业应用以铜、镍电铸居多。

2. 电铸应用举例

电铸技术应用的拓展主要体现在产品种类和尺寸的变化上：一方面对电铸制品的需求增加，产品的种类迅速增加；另一方面，产品的尺寸向两个相反的方向发展，即大型结构件的电铸成形和微细零部件的电铸成形。电铸应用实例如下。

（1）成形结构件。

雷达、微波产品中波导元件品种繁多，有特殊要求的复杂异形波导元件仅依靠常规电铸还不能成形，如图 4.44（a）所示的精密异形波导元件，是将预埋件和原模镶拼组装在一起后，通过电铸连接技术整体成形完成的。

（a）精密异形波导元件

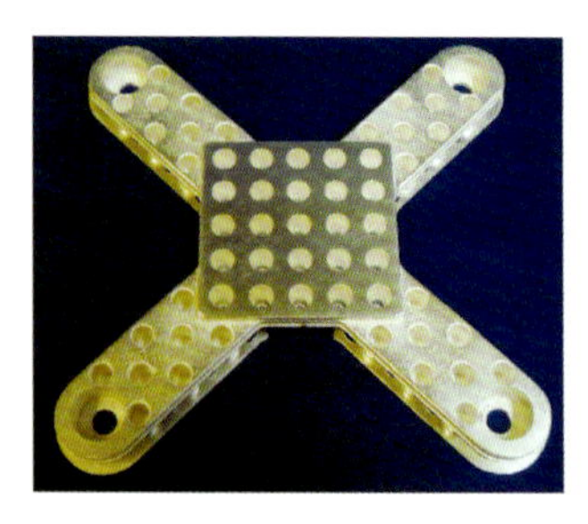

（b）内部为硅橡胶的电铸银结构件

（c）电铸镜面结构件

图 4.44　电铸在成形结构件上的应用

在一些应用中，并不需要去除原模，反而可以作为结构中的支撑材料。如图 4.44（b）所示，在硅橡胶上电铸一定厚度的银，原来具有良好强度和弹性的硅橡胶具有了一定的硬度，既满足了零件的使用功能，又节省了大量贵重金属。

还有一些应用中，如汽车车灯聚光罩、道路反光板、装饰件等，需要电铸表面具有很好的表面粗糙度和平整度，利用摩擦电铸等工艺手段可以加工出图 4.44（c）所示的镜面结构件。

（2）纳米晶药型罩。

电铸药型罩是电铸在军工方面的应用之一。实弹打靶中，利用炸药的聚能爆轰作用，金属药型罩被压垮变形后形成高速的侵彻体，进而以动能侵彻装甲目标。利用电铸工艺可以获得纳米晶金属镍（铜）药型罩，纳米晶形成的侵彻体具有较粗晶体，有更强的破坏力。图 4.45 所示为电铸镍药型罩及其工作变化示意图。

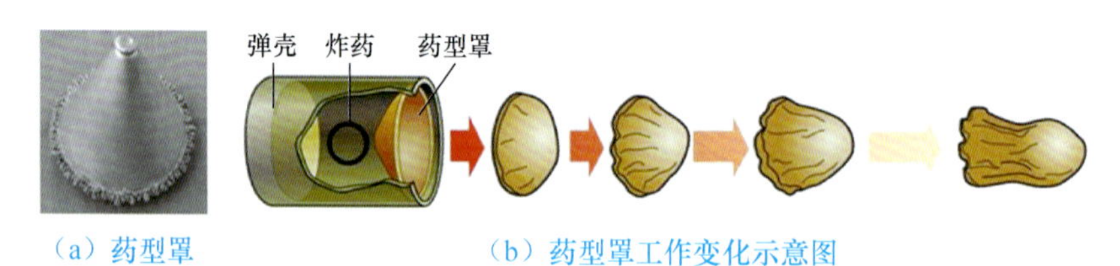

（a）药型罩　　（b）药型罩工作变化示意图

图 4.45　电铸镍药型罩及其工作变化示意图

（3）微细结构件。

从原理上来说，电铸技术属于精密制造技术的一种，它是通过金属离子的逐个“堆积”使零件成形的，使得电铸技术用于微细结构件的制造成为可能。近些年，电铸技术在微机电系统制造领域取得了广泛应用。20 世纪 80 年代末，德国将电铸与 X 射线同步辐射掩膜刻蚀技术结合，从而发明了 **LIGA 技术**。LIGA 是德文 lithographie、galvanoformung 和 abformung（光刻、电铸和注塑）三个单词的缩写。但是 LIGA 设备较昂贵，为了降低成本，研究人员尝试采用紫外线、激光等代替同步辐射 X 射线，即 **LIGA - LIKE 技术**。LIGA - LIKE 技术成功用于各种微传感器、微金属齿轮、微陀螺仪、微光学器件、微马达等的制造。1999 年，美国南加利福尼亚大学信息科学研究所基于分层制造原理，发明了

EFAB（electrochemical fabrication）技术，其将光刻和电化学沉积结合，通过电沉积制得所需三维微结构金属。图 4.46（a）所示为通过倾斜曝光 LIGA 技术制造的微结构镍，图 4.46（b)所示为使用 Laser－LIGA 技术制造的微细探针。

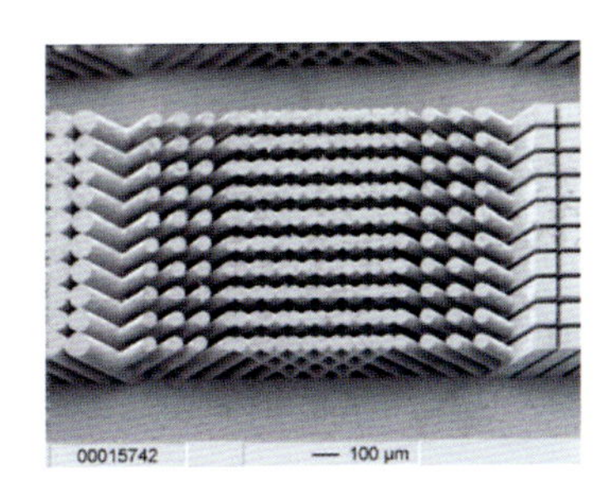

（a）通过倾斜曝光LIGA技术制造的微结构镍

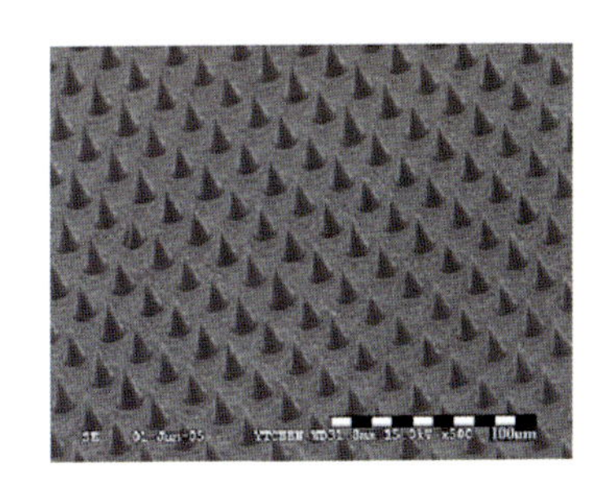

（b）使用Laser–LIGA技术制造的微细探针

图 4.46　电铸在微细结构件中的应用

（4）空腔成形件。

电铸制作空腔成形件具有绝对的优势，可以加工出非常复杂的空腔结构件。通常电铸原模使用蜡模制作，电铸的相关过程如下：制造蜡模→涂覆导电涂料→电铸金属→去除蜡芯及导电层→修饰表面。

目前，电铸工艺应用广泛的领域是金电铸饰品工艺。电铸工艺在黄金产品制造中具有统治地位。利用电铸工艺，可制成复杂结构金饰品，如图 4.47（a）所示。

利用电铸工艺，可快速开发复杂结构喷嘴零件，如图 4.47（b）所示。

对于微细空腔结构，同样可以使用电铸方法制备。图 4.47（c）所示为通过在纳米线状模板上直接电铸合成得到的镍纳米管阵列，纳米管孔径可以达到 ϕ200nm。

（a）电铸制成的金饰品

（b）电铸成形喷嘴零件

（c）电铸镍纳米管阵列

图 4.47　电铸在空腔成形件中的应用

（5）大型结构件。

在航空航天领域，电铸技术在大型结构件制造中有着重要的应用。例如，液氢液氧火箭发动机推力室身部的制造就是电铸技术的重要应用。美国将电铸铜、电铸镍复合结构用作航天飞机主发动机［图 4.48（a)］推力室的外壁。欧洲航天局研制的 Ariane 5 型火箭的发动机也采用了电铸技术，图 4.48（b）所示为 Ariane 5 型火箭 Vulcain 2 发动机的推力室身部。

（a）美国航天飞机主发动机

（b）Ariane 5型火箭Vulcain 2发动机的推力室身部

图 4.48 电铸在大型结构件中的应用

（6）滤网制造。

采用电铸工艺制取微型滤网是在具有所需图形绝缘屏蔽掩模的金属基板上沉积金属，有屏蔽掩模处，无金属沉积；无屏蔽掩模处，有金属沉积。当沉积层足够厚时，剥离金属沉积层，可获得具有所需镂空图形的金属薄板。图 4.49（a）所示为利用电铸工艺制备的厚度为 70μm、孔径为 $\phi 4\mu$m 的微细阵列滤网；图 4.49（b）所示为利用电铸工艺制备的微细阵列方孔网板；图 4.49（c）所示为利用电铸工艺制备的系列标准筛网。

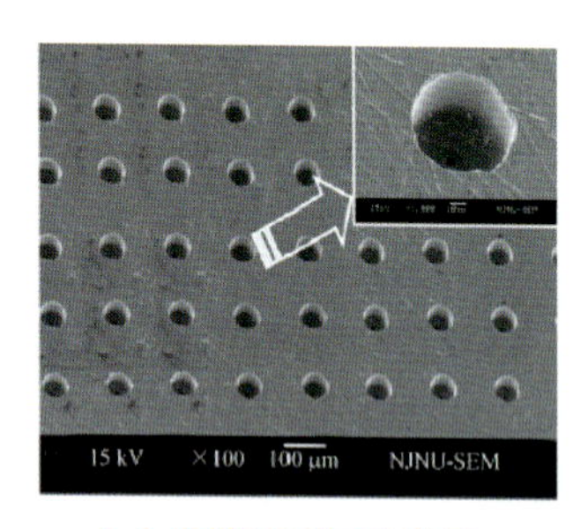

（a）电铸阵列圆孔滤网

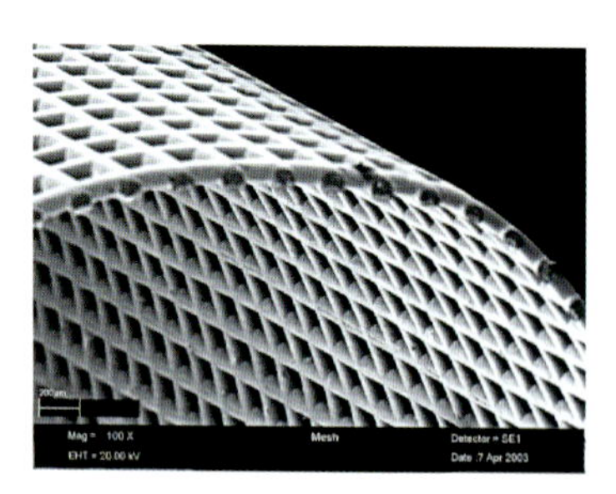
（b）电铸阵列方孔网板

（c）电铸系列标准筛网

图 4.49 电铸在滤网制造中的应用

4.3.3 特殊形式电沉积

随着电沉积技术的发展，复合加工技术逐步应用于传统电沉积工艺，以期改变电沉积加工过程中流场与电场的分布。

1. 硬质摩擦辅助电沉积

硬质摩擦属于刚性摩擦形式，使用陶瓷微粒、陶瓷棒、玛瑙石等硬质材料充当摩擦介质。在电沉积过程中，这些硬质材料在沉积层表面做相对运动，从而在驱除沉积层表面杂质、整平镀层等方面起到良好的作用。

硬质摩擦在传统槽镀电沉积［图 4.50（a）］和喷射电沉积［图 4.50（b）］中都具有优异的摩擦效果。硬质摩擦电铸，使用未添加任何光亮剂和晶粒细化剂的电沉积液，制备出晶粒尺寸为30～80nm、表面平整光亮的纳米晶镍铸层，而且其显微硬度显著提高，磁性能明显改善。硬质摩擦应用于喷射电沉积，制备出表面平整光亮的镍镀层，得到的镀层具有纳米晶微观结构，平均晶粒尺寸减小至10nm左右，同时镀层的硬度得到提高，磁性能发生明显变化。

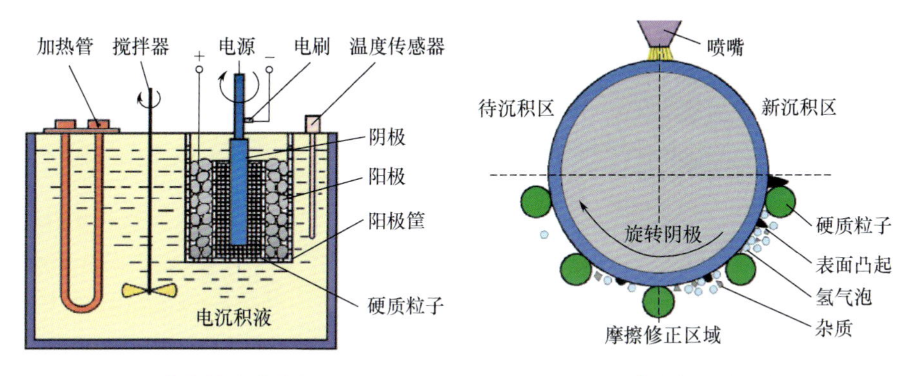

（a）硬质摩擦辅助槽镀电沉积　　（b）硬质摩擦辅助喷射电沉积

图4.50　硬质摩擦辅助电沉积

硬质摩擦在电沉积技术中取得了良好的应用和显著的效果。硬质摩擦辅助电沉积不仅丰富和发展了电沉积，还进一步提升了电沉积制备纳米晶沉积层的性能。硬质摩擦辅助电沉积在回转体类、平面类零件的修复和强化中取得了良好的应用。

2. 电刷镀

电刷镀在表面工程和再制造方面取得了广泛应用，与普通电沉积相比，形式上只是用镀刷取代了电镀阳极，如图4.51（a）所示。在沉积过程中，镀刷与待沉积零件表面始终保持接触并做相对运动，可获得性能良好的沉积层。由于电刷镀的镀刷采用的是吸水性较强的软性材料，如棉花、涤棉等，因而电刷镀本质上是一种包套摩擦辅助电沉积技术。电刷镀的优点主要有沉积效率高、镀层结晶细小、结合强度高、现场不拆解修复等，在很多产业和工业部门得到了良好应用。电刷镀修复轴类零件现场如图4.51（b）所示。

电刷镀

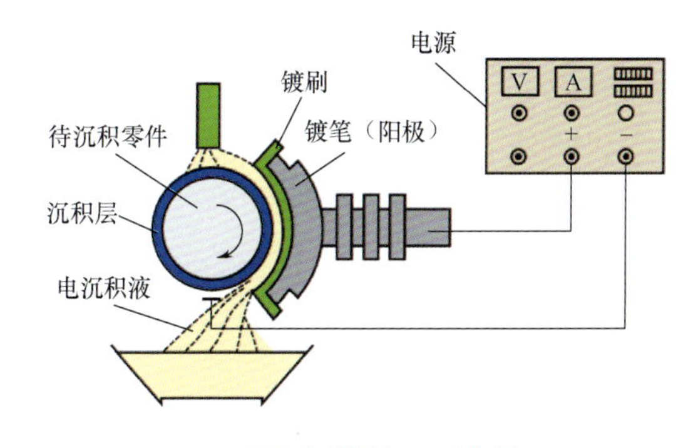

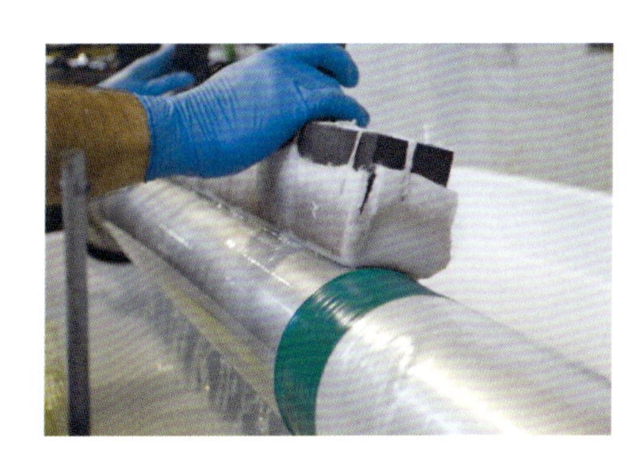

（a）电刷镀加工示意图　　（b）电刷镀修复轴类零件现场

图4.51　电刷镀

与普通电镀相比，电刷镀在加工过程中采用的高电流密度使过电位和晶核的形成速率得到提高，同时包套材料对沉积层表面产生一定的摩擦，使电沉积成为一个断续结晶的过程，有利于获得晶粒细化的镀层。

思考题

4-1 简述电化学加工的原理及分类。

4-2 简述电解加工原理。

4-3 用于电解加工的电解液需要满足哪些基本要求？常用的电解液有哪几种？各有什么特点？

4-4 提高电解加工精度的有效途径有哪些？其实现机理是什么？

4-5 简述混气电解加工原理及气体混入电解液的作用。

4-6 精密电解加工的含义是什么？为什么精密电解加工可以获得较高的加工精度？

4-7 电镀与电铸有什么异同点？二者有哪些具体应用？

第5章 高能束流加工

◇ 本章教学要求

教学目标	知识目标	（1）掌握激光产生原理、激光加工的特点及基本设备； （2）了解激光加工技术的应用； （3）了解水导激光切割的原理及工艺特点； （4）掌握电子束加工与离子束加工原理及特点，了解相关应用
	能力目标	（1）能够辨别三种高能束流加工的主要特点，尤其能区别电子束加工和离子束加工的差异； （2）通过水导激光切割实例，拓展思维，进一步学习和拓展激光加工的种类和应用
	思政落脚点	科学精神、专业与社会、辩证思想、创新精神
教学内容		（1）激光加工； （2）电子束加工； （3）离子束加工
重点、难点及解决方法		（1）超快激光器加工过程是冷加工过程，说明其实质在于极高的功率密度和极短的作用时间； （2）电子束加工和离子束加工原理差异，说明电子和离子的质量差异导致其加工原理不同
学时分配		授课4学时

高能束流（high energy density beam）加工是指利用激光束、电子束、离子束等高能量密度的束流对材料或构件进行加工的特种加工技术。它可以实现打孔、切割、焊接、成形、表面改性、刻蚀、精密加工及微细加工等。通常将常见的激光加工（laser beam machining，LBM）、电子束加工（electron beam machining，EBM）和离子束加工（ion beam machining，IBM）称为三束加工。

5.1 激光加工

激光技术是20世纪60年代初发展起来的新兴科学，激光的应用领域非常广泛，在工业、医学、军事、信息产业等领域均有应用，但到目前为止，应用最多的还是在工业领域的材料加工方面逐步形成的一种加工方法——激光加工。激光加工是利用光的能量经过透镜聚焦后在焦点上达到很高的能量密度，依靠光热效应来加工各种材料的方法。

5.1.1 激光产生原理

激光产生的物理学基础源自自发辐射（spontaneous emission）与受激辐射（stimulated emission）概念，如图5.1所示。一个原子自发地从高能级 E_2 向低能级 E_1 跃迁产生光子的过程称为自发辐射；而当原子在一定频率的辐射场（激励）作用下发生跃迁并释放光子时，称为受激辐射。受激辐射和外界辐射场（激励）具有相同的相位，即具有相同的频率、相位、波矢和偏振。激光就是利用受激辐射原理产生的，创造受激辐射过程是激光产生的前提。

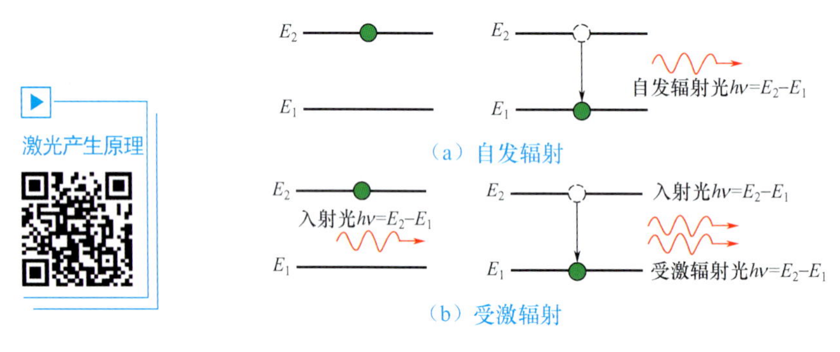

图5.1 自发辐射与受激辐射示意图

为了得到激光，需要使处在高能级 E_2 的粒子数大于处在低能级 E_1 的粒子数。这种分布正好与平衡态时的粒子分布相反，称为粒子数反转分布，简称粒子数反转（population inversion）。具体而言，就是为了得到激光，必须使高能级 E_2 上的原子数大于低能级 E_1 上的原子数，因为 E_2 上的原子多时，会发生受激辐射，使光增强（即光放大）。为了达到这个目的，必须设法把处于基态 E_1 的原子大量激发到亚稳态 E_2，在能级 E_2 和 E_1 之间实现粒子数反转。

在热平衡状态下，高能级粒子数恒小于低能级粒子数，此时物质只能吸收光子，如果要实现光放大，必须由外界向物质提供能量（该过程称为泵浦，如同泵把水从低势能处抽往高势能处，外部能量通常会以光或电流的形式输入产生激光的物质，把处于基态的电子激励到较高的能级），创造粒子数反转条件，进而实现光放大，这种器件通常称为光放大器，可以利用光放大器把弱激光逐级放大。但是在更多的场合下，激光器可以利用自激振荡实现光放大，通常所说的激光器都是指激光自激振荡器。

此外，如果需要获得在某些特定模式的强相干光源，还需要创造一种条件，使某些模式不断增强。

由此可知，一台激光器只有包括三部分才能产生激光，如图5.2所示。首先，需要有工作物质，只有能实现能级跃迁产生粒子数反转的物质才能作为激光器的工作物质；其次，需要有激励能源，给工作物质以能量输入，将处于基态的光子激励到较高的能级；最后，需要有光学谐振腔，使工作物质的受激辐射连续进行，不断给光子加速，并限制激光输出的方向。最简单的光学谐振腔是由放置在激光器两端的两块相互平行的反射镜组成的，一块是全反射镜，另一块是部分反射镜，被反射回到工作介质的光，继续诱发新的受激辐射，光被放大。光在谐振腔中来回振荡，造成连锁反应，雪崩般获得放大，从而产生强烈的激光，从部分反射镜一端输出。激光的英文（LASER）全称是 **light amplification by stimulated emission of radiation**，反映了“受激辐射光波在一定模式下放大”的物理本质。

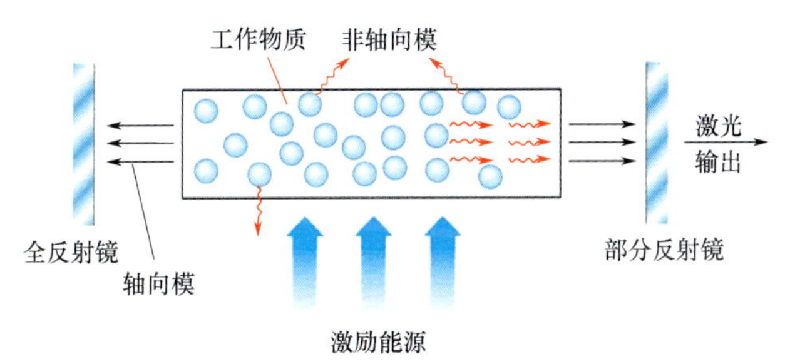

图5.2 激光器基本组成

5.1.2 激光加工的特点

激光的光发射是利用受激辐射产生的，各个发光中心发出的光波具有相同的频率、方向、偏振态和严格的相位关系。因此，激光具有强度或亮度高、单色性好、相干性好和方向性好四个突出优点。激光加工主要有以下特点。

（1）加工精度高。激光束光斑直径可达 $\phi 1\mu m$ 以下，可进行超微细加工；同时激光加工是非接触式加工，无明显机械作用力，加工变形小，易保证较高的加工精度。

（2）加工材料范围广泛。激光加工的对象包括金属材料和非金属材料，对陶瓷、玻璃、宝石、金刚石、硬质合金、石英等难加工材料的加工效果非常好。

（3）加工性能好。激光加工对加工场合和工作环境要求不高，不需要真空环境；激光加工还可透过玻璃等透明材料进行，可以方便地在某些特殊工况下进行，如在真空管内部进行焊接加工等。

（4）加工速度高、热影响区小、效率高。

5.1.3 激光加工的基本设备

1. 激光加工设备的组成

激光加工设备的组成基本包括激光器、电源、光学系统及机械系统。

（1）激光器是激光加工的重要设备，它把电能转换为光能，产生激光束。

（2）电源为激光器提供所需要的能量及控制功能。

（3）光学系统包括激光聚焦系统和观察瞄准系统等，后者能观察和调整激光束的焦点位置。

（4）机械系统主要包括床身、工作台及机电控制系统等。

2. 激光器

目前，常用的激光器按激光工作物质的物理状态，可分为**固体激光器和气体激光器**；按激光器的工作方式，可大致分为**连续激光器和脉冲激光器**。用于激光加工的固体激光器通常是红宝石激光器、钕玻璃激光器和掺钕钇铝石榴石激光器（简称 Nd:YAG 激光器）等，气体激光器通常是二氧化碳激光器、氩离子激光器和准分子激光器。表 5－1 列出了常用激光器的性能特点及主要用途。

表 5－1　常用激光器的性能特点及主要用途

种类	工作物质	激光波长/μm	输出方式	输出能量或功率	主要用途
固体激光器	红宝石 （Al_2O_3，Cr^{3+}）	0.69（红光）	脉冲	几焦耳至十焦耳	打孔、焊接
	钕玻璃（Nd^{3+}）	1.06（红外线）	脉冲	几焦耳至几十焦耳	打孔、切割、焊接
	掺钕钇铝石榴石 （$Y_3Al_5O_{12}$，Nd^{3+}）	1.06（红外线）	脉冲	几焦耳至几十焦耳	打孔、切割、焊接、微调
			连续	100～1000W	
气体激光器	二氧化碳（CO_2）	10.6（红外线）	脉冲	几焦耳	切割、焊接、热处理、微调
			连续	几十瓦至几万瓦	
	氩离子（Ar^+）	0.5145（绿光） 0.4880（蓝光）	连续	几瓦或几十瓦	激光显示、信息处理、医学治疗
	准分子	0.157～0.353	脉冲	属于冷激光，无热效应	医学上屈光不正的治疗

（1）固体激光器。

固体激光器一般采用光激励，能量转换环节较多，光激励能量大部分转换为热能，所以效率低。为了避免固体介质过热，固体激光器多采用脉冲工作方式，并用合适的冷却装置，较少采用连续工作方式。晶体缺陷和温度会引起光学不均匀性，固体激光器不易获得单模而倾向于多模输出。

由于固体激光器的工作物质尺寸比较小，因此其结构比较紧凑。固体激光器的光激励按照产生来源可分为气体放电灯激励和激光器激励。气体放电灯激励激光器结构示意图如图5.3所示，灯泵将电能转换为光能，聚光器将光能聚集到工作物质，产生受激辐射，发出激光。激光器激励与气体放电灯激励的原理类似，主要是对激光器工作物质的激励源有所差异。

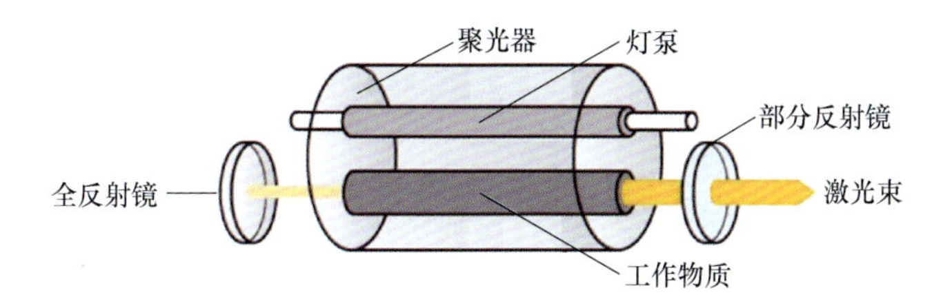

图5.3 气体放电灯激励激光器结构示意图

用于激光热加工的固体激光器主要有三种，即红宝石激光器、钕玻璃激光器和Nd:YAG激光器。

（2）气体激光器。

气体激光器一般采用电激励，因为效率高、使用寿命长、连续输出功率大，所以广泛用于切割、焊接、热处理等。常用于材料加工的气体激光器有二氧化碳激光器、氩离子激光器和准分子激光器等。

二氧化碳激光器是以二氧化碳气体为工作物质的激光器，连续输出功率最高可达上万瓦，是连续输出功率较高的气体激光器，它发出的谱线在10.6μm附近的红外区，输出最强的激光波长为10.6μm。

封离型二氧化碳激光器结构示意图如图5.4所示，放电管通常由玻璃或石英材料制成，里面充以二氧化碳气体和其他辅助气体（主要是氦气和氮气，一般还有少量氢气或氙气）。电极一般是镍制空心圆筒。谐振腔一般采用平凹腔，全反射镜是一块球面镜，由玻璃制成，表面镀金，反射率达98%以上，部分反射镜（作为激光器的输出窗口）用锗或砷化镓磨制而成。当在电极上加高电压时，放电管中产生辉光放电，部分反射镜一端输出激光。

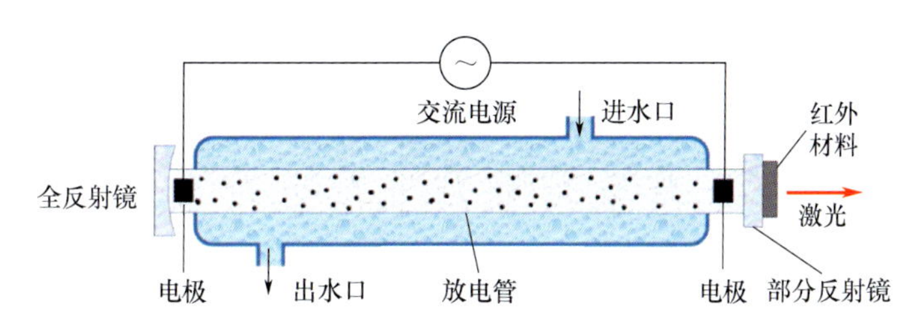

图5.4 封离型二氧化碳激光器结构示意图

氩离子激光器是惰性气体氩气（Ar）通过气体放电，使氩原子电离并激发，实现粒子数反转而产生激光，其工作原理如图5.5所示。氩离子激光器发出的谱线很多，最强的是波长为0.5145μm的绿光和波长为0.4880μm的蓝光。因为氩离子工作能级离基态较远，所以能量转换效率低。由于氩离子激光器产生的激光波长短，发散角小，因此其可用于精密微细加工，如用于激光存储光盘基板蚀刻制造等。

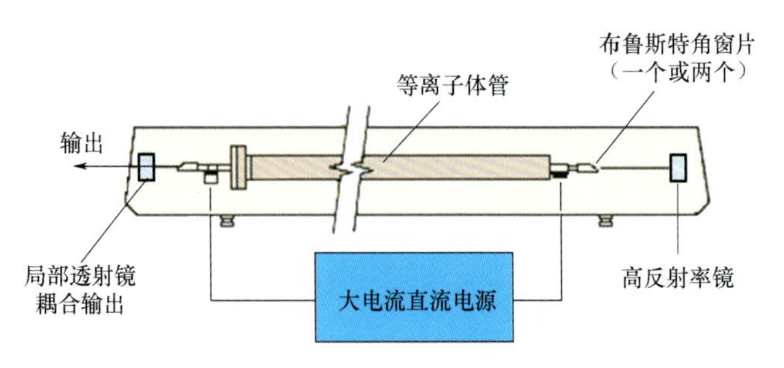

图 5.5 氩离子激光器工作原理

准分子激光器工作原理如图 5.6 所示。准分子激光（excimer laser）是指受到电子束激发的惰性气体和卤素气体结合的混合气体形成的分子向基态跃迁时发射产生的激光。准分子激光属于冷激光，无热效应，是方向性强、波长纯度高、输出功率大的脉冲激光，光子能量波长为 157～353nm，寿命为几十纳秒，属于紫外光，其在微细加工方面极具发展潜力。

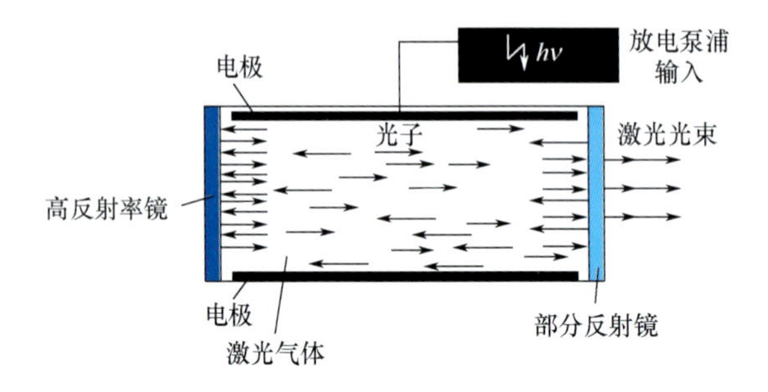

图 5.6 准分子激光器工作原理

准分子激光器广泛应用于临床医学及科学研究与工业应用方面，如钻孔、标记表面处理、激光化学气相沉积及物理气相沉积、磁头与光学镜片和硅晶圆的清洁等，以及与微机电系统相关的微制造技术。准分子激光器在医学上主要用于屈光不正的治疗，是临床上应用比较普遍、安全、快捷、有效、稳定的屈光不正治疗方法。

5.1.4 激光加工技术的应用

1. 激光打孔

激光打孔（laser drilling）是最早达到实用化的激光加工技术，也是激光加工的主要应用领域。激光打孔是将高功率密度（10^5～10^{15} W/cm^2）的聚焦激光束射向工件，将其指定范围“烧穿”。利用激光几乎可以在任何材料上加工微细孔。随着近代工业技术的发展，硬度大、熔点高的材料越来越多地被使用，并且常要求在这些材料上打出又小又深的孔，而传统的加工方法不能满足某些工艺要求。例如，在高熔点金属钼板上加工微米量级孔径的孔；在高硬度红宝石、蓝宝石、金刚石上加工几百微米的深孔或拉丝模具；加工火箭发动机中的燃料喷嘴群孔；在集成电路芯片上或靠近芯片处打小孔等。这类加工任务用常规的机械加工方法完成很困难，有的甚至不可能完成，而用激光打孔比较容易实现。

激光打孔按照被加工材料受辐照后的相变情况，可分为**热熔打孔（melt drilling）**和**气化打孔（sublimation drilling）**两种加工机制。图 5.7（a）所示为纳秒级脉冲或连续激光热熔打孔示意及孔形貌，图5.7（b）所示为飞秒级脉冲激光气化打孔示意及孔形貌。

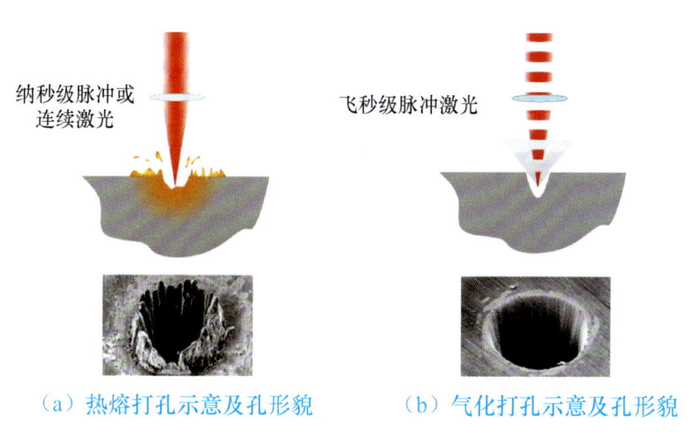

（a）热熔打孔示意及孔形貌　（b）气化打孔示意及孔形貌

图5.7 激光打孔方式

热熔打孔是一种具有较高去除率的打孔工艺，但加工孔的精度稍差。气化打孔方法主要是利用高功率密度的短脉冲激光去除材料，能实现高精度加工，如加工出直径小于 $\phi 100\mu m$ 的小孔，当然材料去除率也会因此而显著降低。

随着科技的发展，激光打孔的应用范围越来越广泛，人们根据孔径、孔深、加工材料、加工精度等提出不同的打孔工艺。如图5.8所示，根据打孔圆度和打孔时间划分出四种加工工艺：**脉冲打孔（single pulse drilling）**、**冲击打孔（percussion drilling）**、**环切打孔（trepanning drilling）**和**螺旋打孔（helical drilling）**。脉冲打孔通常应用于大批量小孔加工，孔径一般小于 $\phi 1mm$，深度小于3mm，每个激光脉冲的辐照持续时间通常为 $100\mu s$～20ms，故能在短时间内加工大量孔。冲击打孔适用于直径小于 $\phi 1mm$ 的大深度（小于20mm）小孔加工，由于是长时间的持续激光辐照作用，因此加工参数对孔洞质量及基材的热影响非常显著，故适合加工小且深的孔。环切打孔是将脉冲打孔或者冲击打孔与光束运动结合起来的一种加工方式，通过光束与工件间的相对运动获得具有不同形状或者轮廓的孔洞，适合加工大尺寸孔。螺旋打孔也是光束相对于工件做特定运动的一种加工方式，通过光束旋转可以避免在底部形成大熔池，配合纳秒级的脉冲辐照时间，可以获得非常精密的小孔，能加工大且深的孔。图5.9所示为激光打孔的典型样件。

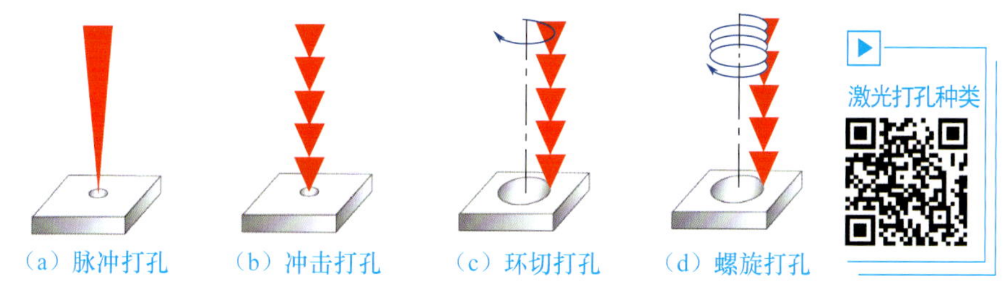

（a）脉冲打孔　（b）冲击打孔　（c）环切打孔　（d）螺旋打孔

图5.8 激光打孔工艺细分

2. 激光切割

激光切割（laser cutting）利用经聚焦的高功率密度激光束（二氧化碳连续激光、固体激光及光纤激光）照射工件，光束能量及其与辅助气体之间产生的化学反应形成的热能

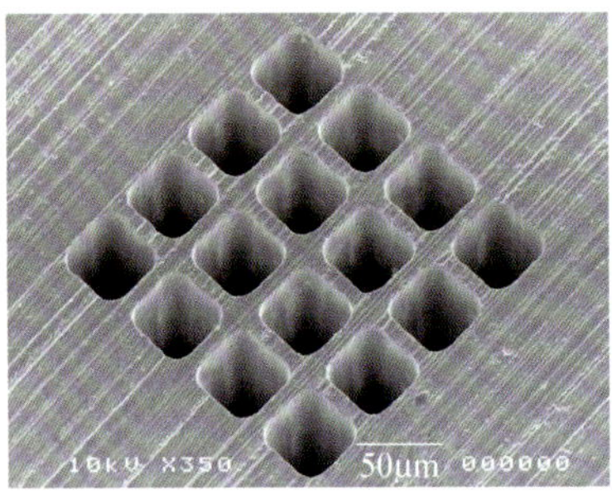

（a）在SiN上加工的50μm方孔

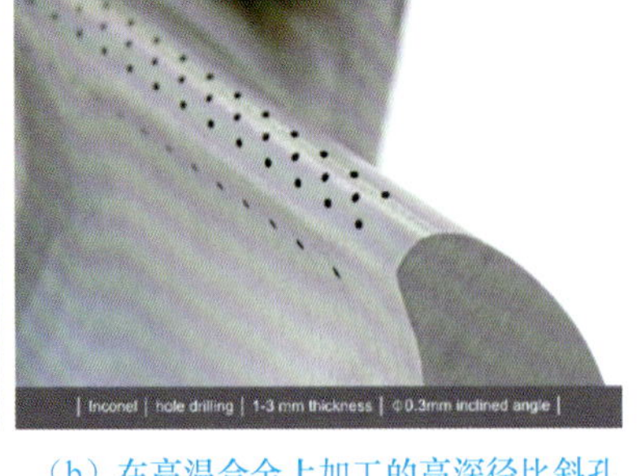
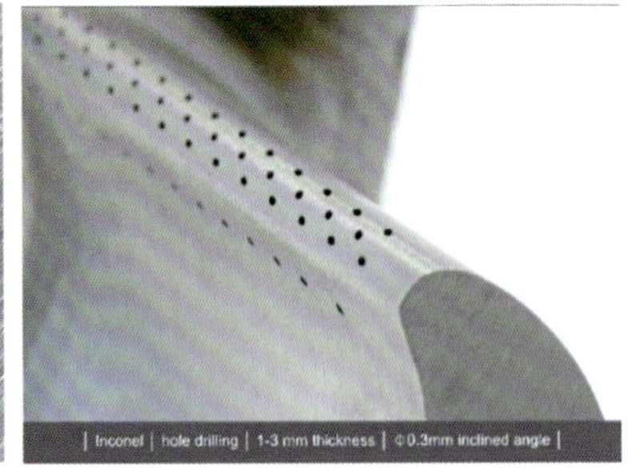

（b）在高温合金上加工的高深径比斜孔

（c）在不锈钢上加工的群孔

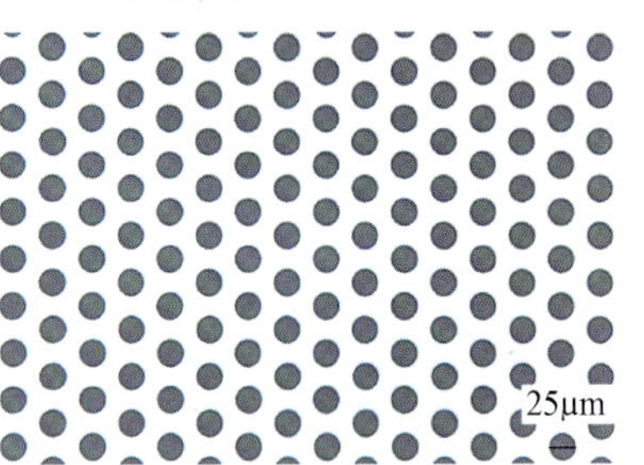

（d）在玻璃上加工的群孔

图 5.9　激光打孔的典型样件

被材料吸收，使照射点材料温度急剧上升，达到沸点后，材料开始气化，形成孔洞。随着光束与工件的相对移动，最终在材料上形成切缝，切缝处熔渣被一定压力的辅助气体吹走。激光切割原理如图 5.10 所示。激光切割大多采用重复频率较高的脉冲激光束或连续输出的激光束。但连续输出的激光束会因热传导而使切割速度降低，同时热影响层较深。因此，在精密机械加工中，一般采用高重复频率的脉冲激光束。图 5.11 所示为光纤激光切割机切割的金属板样品。

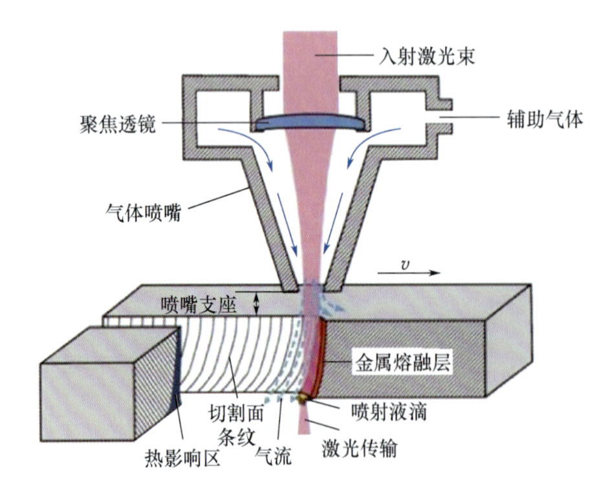

图 5.10　激光切割原理

图 5.11　光纤激光切割机切割的金属板样品

激光切割的特点是效率高、质量小，其具体特点可以概括如下：切缝窄，节省切割材料；切割快，热影响区小，可以用来切割既硬又脆的玻璃、陶瓷等材料；割缝边缘垂直度好，切边光滑；切边无机械应力，几乎没有切割残渣。激光切割是非接触式加工，可以切割金属、合金、半导体、塑料、木材、纸张、橡胶、皮革、纤维及复合材料等，也可切割多层层叠纤维织物。由于激光束能以极小的惯性快速偏转，因此可实现高速切割，并且便于自动控制，故激光切割更适合对细小部件进行各种精密切削。

从切割各类材料不同的物理形式来看，激光切割大致可分为**气化切割（sublimation cutting）**、**熔化切割（fusion cutting）**和**氧助熔化切割（laser oxygen cutting）**，切割机理如图5.12所示。此外，还有**控制断裂切割（control fracture cutting）**，又称激光应力切割。随着激光切割技术的发展，两个趋势值得关注：一个是**高速激光切割（high speed laser cutting）**，另一个是**激光精密切割（laser fine cutting）**。

激光管材切割

激光空间切割

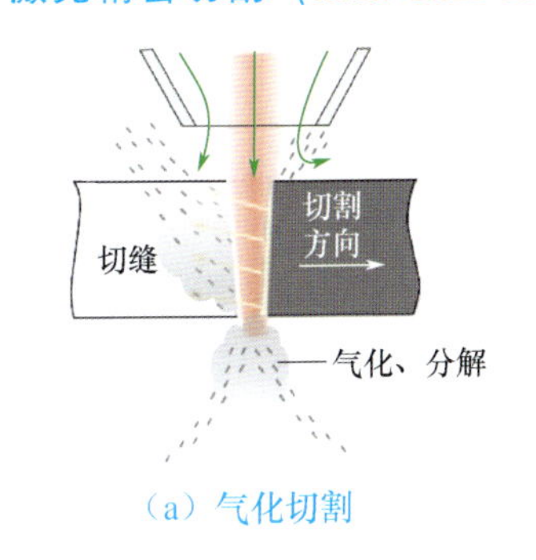

（a）气化切割

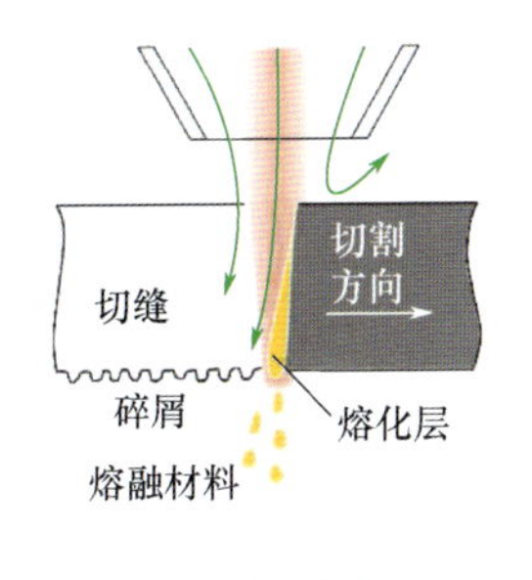

（b）熔化切割

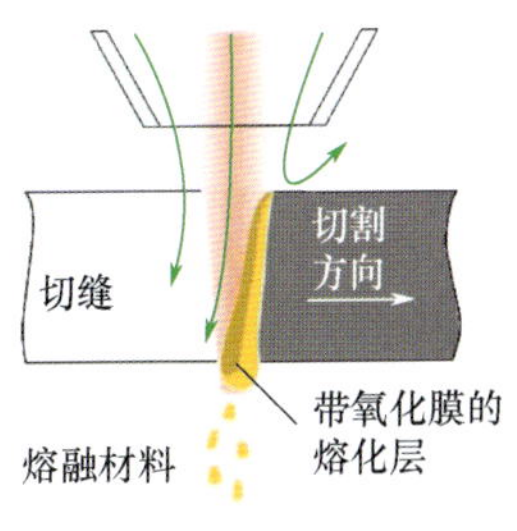

（c）氧助熔化切割

图5.12 切割机理

（1）气化切割。

在激光束加热下，工件温度升高至沸点以上，部分材料化作蒸气逸去，部分作为喷出物从切缝底部被吹走。气化切割激光功率密度是熔化切割激光功率密度的10倍。

（2）熔化切割。

当激光束功率密度超过一定值时，会将工件内部材料蒸发，形成孔洞。一旦形成这种小孔，它就作为黑体吸收所有的入射光束能量。小孔被熔化金属壁包围，然后与光束同轴的辅助气流去除、吹走孔周围的熔融材料。随着工件的移动，小孔按切割方向同步横移，形成一条切缝，激光束继续沿着这条缝的前沿照射，熔化材料持续或脉动地从缝内被吹走。

激光切割板材

熔化切割使用的辅助气体通常为氮气或惰性气体，不参与辅助燃烧，主要用于吹走部分熔体，因此使用的切割气体压力比较大，一般为0.5～2MPa，故熔化切割也称高压切割，同时，惰性气体可以使切割边缘不被空气氧化。

激光切割非金属材料

（3）氧助熔化切割。

如果用氧气或其他活性气体代替熔化切割采用的惰性气体，材料在激光束的照射下被点燃，因此，除激光能量外，还有金属材料燃烧释放出的大量化学能，并且与激光能量共同作用，进行氧助熔化切割。氧助熔化切割充分利用了金属材料氧化反应释放的大量能量，即引入大量额外的热能，与惰性气体下的切割相比，使用氧气作为辅助气体可获得更高的切割速度和更大的切割厚度。

（4）激光应力切割。

激光应力切割通过激光束加热，高速、可控地切断易受热破坏的脆性材料。其切割过程：用激光束加热脆性材料小块区域，引起该区域大的热梯度和严重的机械变形，使材料形成裂缝。

（5）高速激光切割。

高速激光切割具有极高的材料去除率，如切割 1mm 厚的不锈钢板，最高可以实现 100m/min 的切割速度。高速激光切割主要应用于薄板材的切割，是将质量大且功率高的激光束聚焦到很小的直径后作用在材料上的一种非常规切割工艺，**聚焦的光斑直径通常小于 ϕ100μm**。因此高速激光切割对激光器的要求非常高，通常采用高质量的二氧化碳激光器、光纤激光器或者盘形固体激光器。高速激光切割基本原理是利用高功率密度激光产生一个小孔，在局部形成高的蒸气压，小孔周围的熔化金属被喷出。而常规切割主要依靠熔体对流和热传导将能量传递到切割前缘，再被辅助气体向下带出。因为要在瞬间形成具有高蒸气压的小孔，所以要求激光束直径小且能量密度很高，故高速激光切割的板材不能太厚。

（6）激光精密切割。

目前，激光精密切割在精密机械、医疗、芯片等行业获得越来越多的应用，通常将切割材料厚度、切割结构尺寸在几百微米的加工称为激光精密切割。激光精密切割使用的激光器主要是超快激光器如**皮秒（ps）**激光器或**飞秒（fs）**激光器（脉冲宽度在皮秒甚至飞秒量级，1ps$=10^{-12}$s，1fs$=10^{-15}$s）。当激光以脉冲宽度小于 100ps 的时间尺度传输时，激光的峰值强度迅速上升，以至于足以剥离原子的外层电子，进而去除材料。在这种材料去除模式下，热传导的作用明显减弱，激光加工对材料的热影响作用显著降低，从而减少了对基体材料的损伤，长短脉冲对加工区域热影响区的影响如图 5.13 所示，长短脉冲加工情况对比如图 5.14 所示。此外，为了实现精密切割，还需将激光束聚焦成极小的光斑，利用超快激光对材料进行脉冲式加工。利用超快激光产生非连续的材料去除，类似于许多独立的单脉冲打孔重叠连接在一起，一般要求重叠率达到 50%～90%。因为激光精密切割过程是非连续的，且具有很高的重叠率，所以激光精密切割的切割速度比较低，通常每分钟不超过几百毫米。由此可见，利用超快激光器实现精密切割有两个重要因素：极高的功率密度和极短的相互作用时间。基于此，**超快激光器加工过程为冷加工过程**，并可极大地提高加工精度。

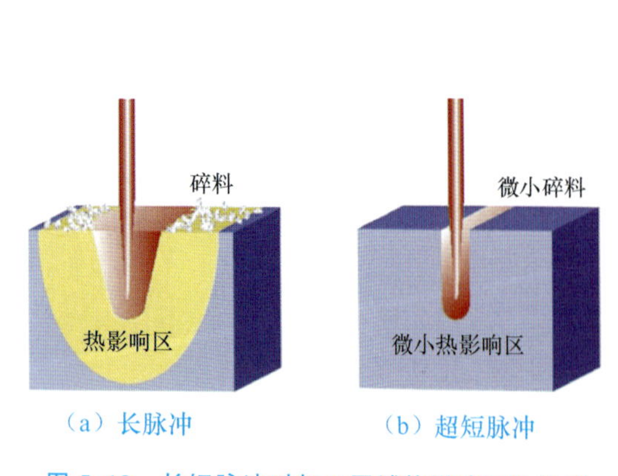

（a）长脉冲　（b）超短脉冲

图 5.13　长短脉冲对加工区域热影响区的影响

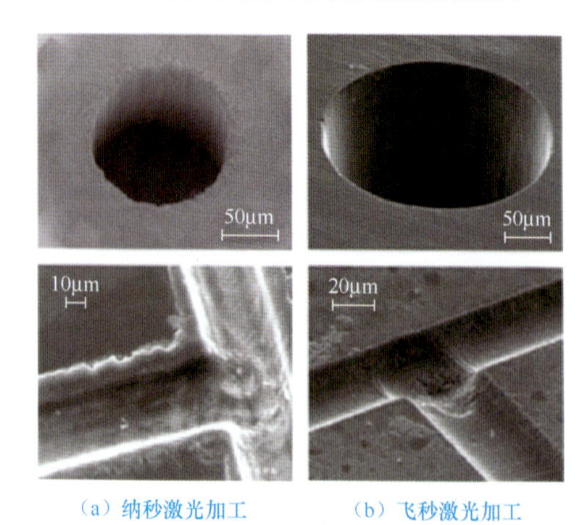

（a）纳秒激光加工　（b）飞秒激光加工

图 5.14　长短脉冲加工情况对比

在工业应用中，超短脉冲激光精密加工被广泛应用于表面织构、微铣削、精密切割、精密钻孔等方面，如图 5.15 所示。

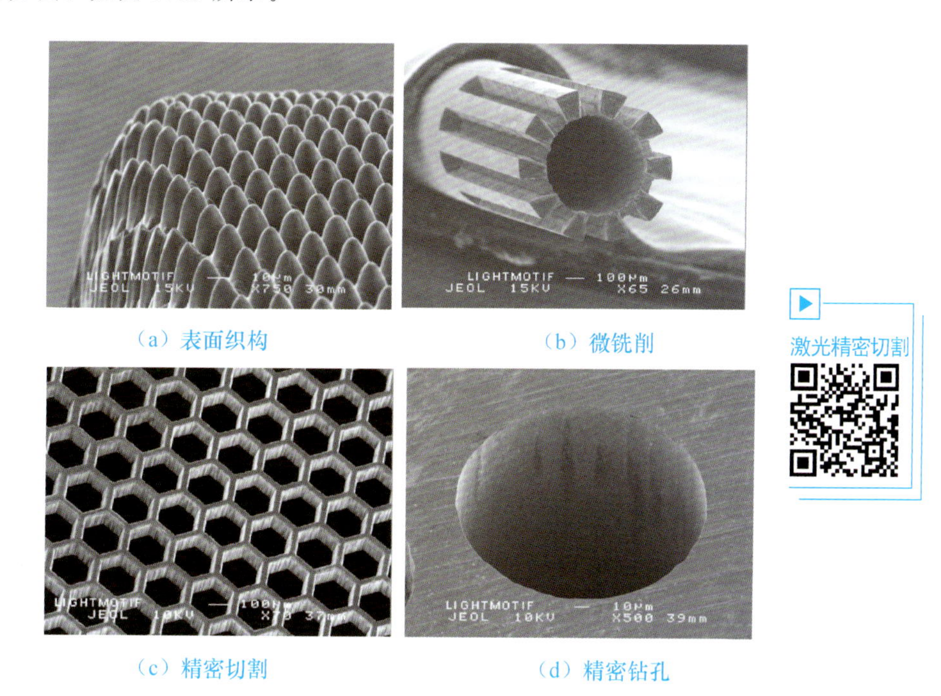

（a）表面织构　（b）微铣削

（c）精密切割　（d）精密钻孔

激光精密切割

图 5.15　超短脉冲激光精密加工应用

激光精密切割还应用于非金属材料的精确切割加工。陶瓷、玻璃、单晶体、陶瓷基复合材料、纤维增强材料及柔性高聚物等非金属材料除在光能吸收、作用及导热机制等共性问题上区别于金属材料外，在显微结构相组成、吸收光子能量的热扩散均匀性等方面也存在显著差异。其中，陶瓷、玻璃、单晶体等高硬脆非金属材料在激光切割后形成裂纹问题一直是激光加工在该类材料应用的主要障碍，此外，木材、皮革及一些纤维增强材料等在激光切割中极易出现碳化效应，影响了激光在非金属材料领域精确切割的应用。超短脉冲激光器有效解决了上述问题，由于超短脉冲激光器的加工过程为冷加工过程，材料受热冲击少，热影响区极小，无裂纹损伤，精窄缝宽，单个零件间的间隔减小到几百微米以下，因此有效提高了材料的利用率。图 5.16 所示为超短脉冲激光加工在非金属材料上的应用。

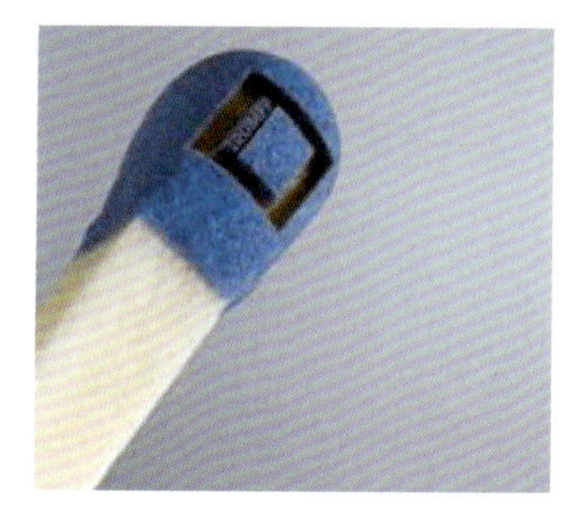

（a）火柴头上超短脉冲冷加工

（b）蓝宝石精密切割

图 5.16　超短脉冲激光加工在非金属材料上的应用

在医疗器械领域，激光精密切割广泛应用于心血管支架的加工。图5.17所示为飞秒激光加工的镍钛心血管支架。对直径$\phi1.6 \sim \phi2$mm的不锈钢细管按设计的轨迹进行激光精密切割，可以获得图中的弹性支撑架。

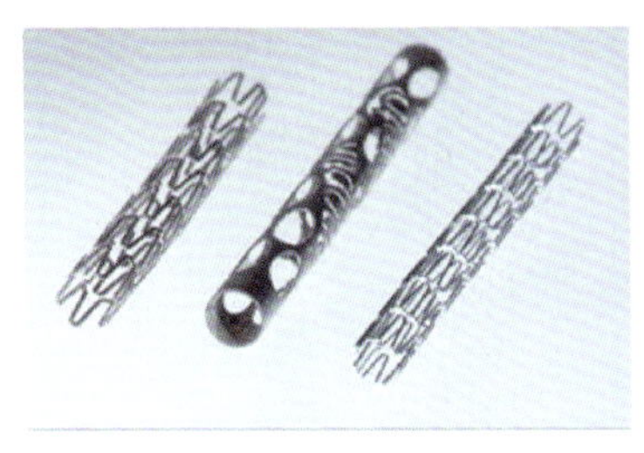

（a）镍钛心血管支架

（b）弹性支撑架

图5.17　飞秒激光加工的镍钛心血管支架

在生物医疗领域，超短脉冲激光器具有的冷加工、能量消耗低、损伤小、准确度高、三维空间上严格定位的优点，极大地满足了生物医疗的特殊要求，广泛应用于治疗近视。

飞秒激光的准分子激光原位角膜磨镶术（laser-assisted in situ keratomileusis，LASIK）将飞秒激光用于制作角膜瓣，使人类第一次在角膜手术上离开了金属手术刀，手术安全性和视觉质量更佳，将准分子激光原位角膜磨镶术推向了更准确、更安全、更可靠的新高度。飞秒激光准分子激光原位角膜磨镶术过程如图5.18所示。

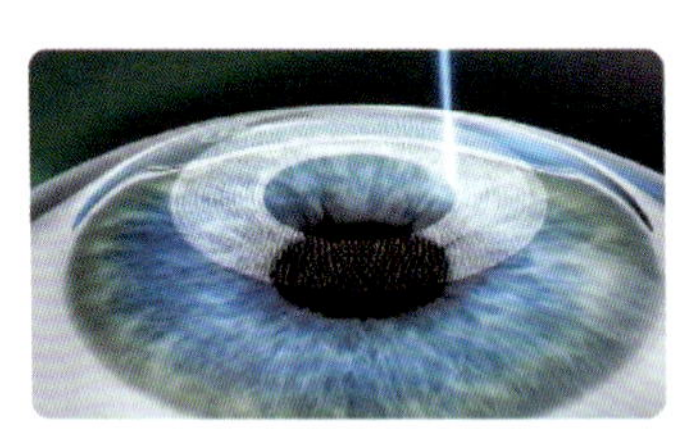

（1）飞秒激光制作角膜瓣

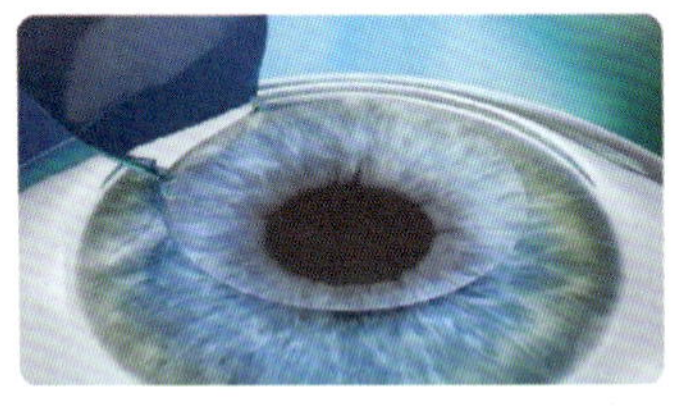

（2）掀开角膜瓣

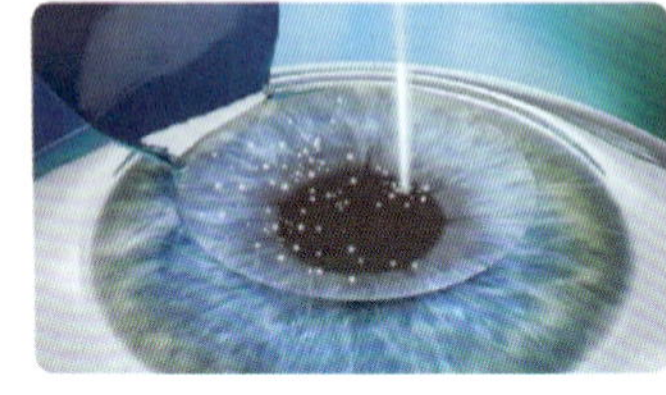

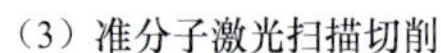

（3）准分子激光扫描切削

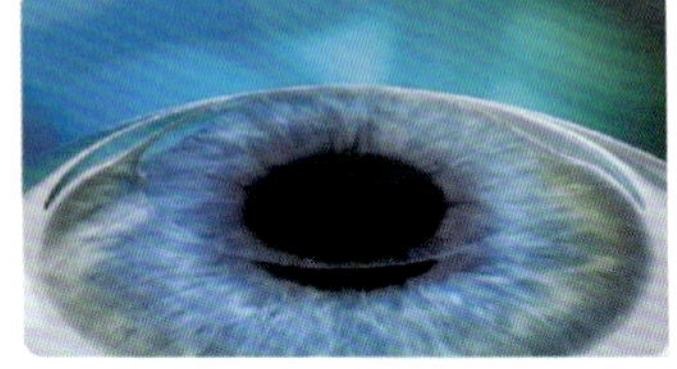

（4）贴合角膜瓣

图5.18　飞秒激光准分子激光原位角膜磨镶术过程

3. 激光焊接

激光焊接（laser welding）是将激光束直接照射到材料表面，激光与材料相互作用，使材料内部局部熔化（与激光打孔、激光切割时的蒸发不同）实现焊接。

激光焊接按激光器输出能量方式，可分为脉冲激光焊接和连续激光焊接，如图5.19所示；按焊接机理，可分为激光热传导焊接和激光深熔焊接，如图5.20所示。

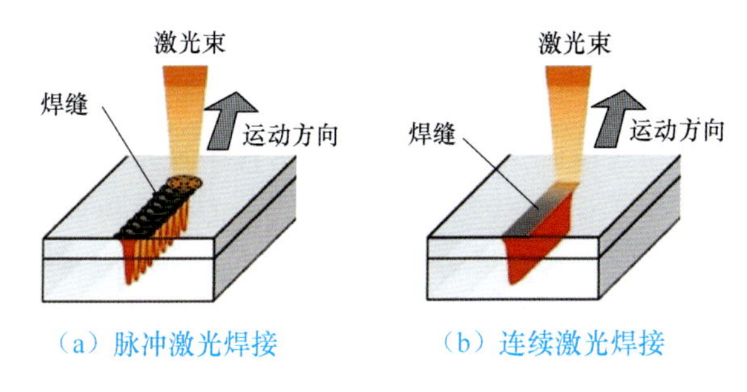

（a）脉冲激光焊接 （b）连续激光焊接

图 5.19 脉冲激光焊接与连续激光焊接示意图

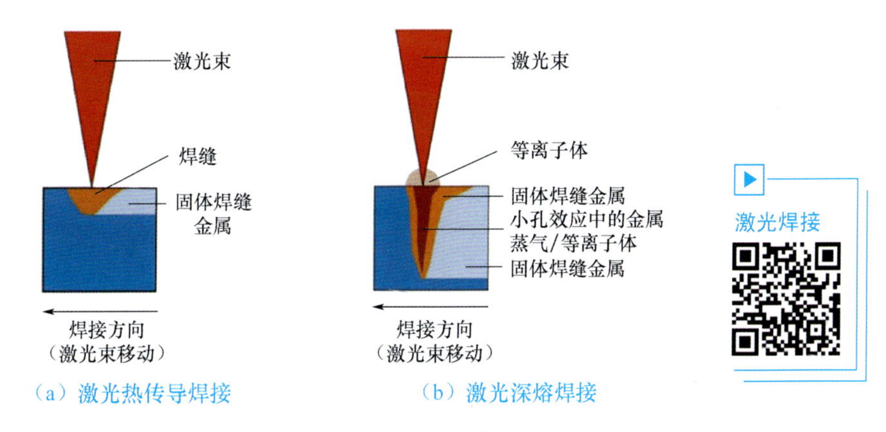

（a）激光热传导焊接 （b）激光深熔焊接

图 5.20 激光热传导焊接与激光深熔焊接示意图

激光热传导焊接是将高强度激光束直接辐射至材料表面，激光与材料相互作用，使材料局部熔化实现焊接。激光热传导焊接主要有激光点焊、激光缝焊等工艺。

在激光深熔焊接过程中，焊缝的横截面形成不取决于简单的热传输机制，激光深熔焊接的机理主要有小孔效应、等离子体屏蔽作用及纯化作用。

激光深熔焊接采用的激光功率密度较激光热传导焊接的高，材料吸收光能后转换为热能，工件迅速熔化乃至气化，产生较高的蒸气压力。高压作用将熔融的金属迅速从光束的周围排开，在激光照射处呈现出一个小的孔眼。随着照射时间的增加，孔眼不断向下延伸，这种工艺现象称为小孔效应。一旦激光照射停止，孔眼四周的熔融金属（或其他熔物）就立即填充孔眼，熔融物冷却后，便形成了牢固的平齐焊缝。激光深熔焊接焊缝两侧的热影响区的宽度比实际的焊接深度小得多，其深宽比高达 12∶1。

在激光深熔焊接过程中，由于被焊工件表面过度蒸发会形成等离子云，对入射光束起等离子体屏蔽作用，从而影响焊接过程继续向材料深部进行，因此惰性气体一般被用作吹散金属蒸气的保护气体，以抑制等离子云的有害作用。

此外，激光深熔焊接时，激光束通过小孔，在小孔边界处与光滑的熔融金属表面间发生反复反射作用。在这个过程中，若光束遇到非金属夹杂（如氧化物或硅酸盐），则被优先吸收。因此，这些非金属夹杂被选择性地加热和蒸发并逸出焊区，使焊缝金属纯化。

4. 激光相变硬化

激光相变硬化（laser transformation hardening）也称激光表面淬火，它以高能密度的激光束快速照射材料表面，使工件需要硬化的部位瞬间吸收光能并立即转换为热能，进而使激光作用区的温度急剧上升到相变温度以上，使钢铁中铁素体相遵循非扩散型转变规律形成奥氏体，此时工件基体仍处于冷态并与加热区之间的温度梯度极高。因此，一旦停止激光照射，加热区就因急冷而实现工件的自冷淬火，奥氏体快速转变为细密的马氏体，从而提高材料表面的硬度和耐磨性。图 5.21 所示为激光相变硬化示意图，图 5.22 所示为齿轮表面激光相变硬化。

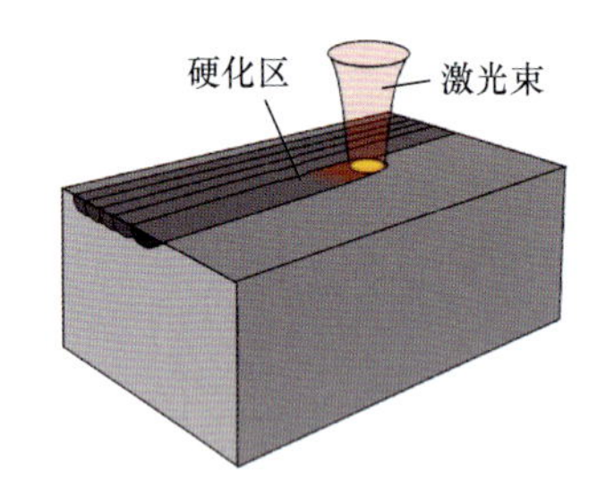

图 5.21　激光相变硬化示意图

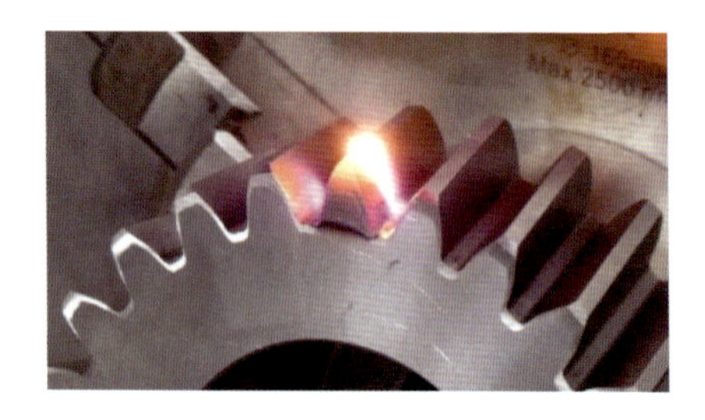

图 5.22　齿轮表面激光相变硬化

激光相变硬化比感应加热的工艺周期短，通常只需 0.1s 即可完成，生产率极高；并且仅使工件局部表面相变硬化，可精确控制硬化层；激光相变硬化后工件变形小，几乎无氧化脱碳现象，表面光洁，可作为工件加工的最后一道工序。激光相变硬化的硬度比常规淬火硬度提高 15%～20%。铸铁激光相变硬化后，其耐磨性可提高 3～4 倍。但激光相变硬化深度受限制，一般小于 1mm。

激光相变硬化可以处理所有的铸铁、中碳钢和工具钢，广泛应用于汽车、航空航天、轨道交通、冶金、石油、重型机械等工业部门。

5. 激光熔覆

激光熔覆（laser cladding）是指以不同的填料方式在被涂覆基体表面放置涂层材料，经激光辐照与基体材料表面薄层同时熔化，快速凝固后形成稀释度极低且与基体材料成冶金结合的表面熔覆层，从而显著改善基体材料表面的耐磨性、耐蚀性、耐热性、抗氧化性及功能特性等的工艺方法。图 5.23 所示为激光熔覆示意图，图 5.24 所示为激光熔覆现场。

激光熔覆材料包括金属、陶瓷或者金属陶瓷，材料的形式可以是粉末、丝材或者板材。与常规的表面涂覆工艺相比，激光熔覆层的成分几乎不受基体成分的干扰和影响，可以准确控制熔覆层厚度，熔覆层与基体间为冶金结合，稀释度低，加热变形小，热作用区也很小，整个过程很容易实现在线自动控制。

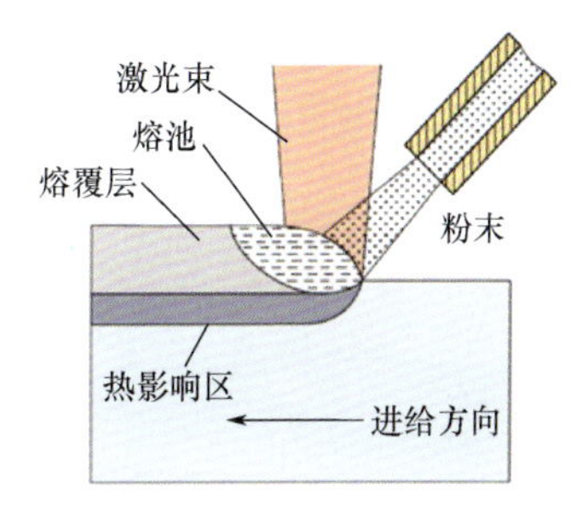

图 5.23 激光熔覆示意图

图 5.24 激光熔覆现场

6. 激光冲击强化

激光冲击强化（laser shock peening，LSP）是近年发展起来的一种新型表面强化技术，利用强激光束产生的等离子冲击波，提高金属材料的抗疲劳性、耐磨性和抗腐蚀性。其加工过程及界面应力分布示意图如图 5.25 所示。与现有的冷挤压、喷丸等材料表面强化手段相比，激光冲击强化具有非接触、无热影响区、可控性强及强化效果显著等突出优点。激光冲击强化大幅度提高了构件的抗疲劳寿命，在航空航天、石油、核电、汽车等领域有着广泛的应用前景。

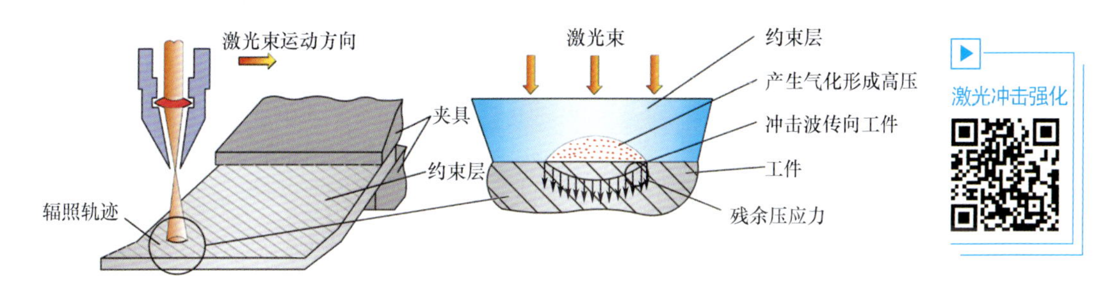

图 5.25 激光冲击强化加工过程及界面应力分布示意图

激光冲击强化利用高峰值功率密度（大于 10^9 W/cm^2）的脉冲激光束透过约束层，作用于金属靶材表面的吸收层上，产生受约束的高压（大于 1GPa）等离子体，产生的冲击波使金属材料表层产生塑性变形，获得表面残余压应力，从而提高结构抗疲劳性。激光冲击强化是激光加工中峰值功率最高的，产生的等离子体相当于在材料表面产生小爆炸，但由于作用时间极短（纳秒量级），因此热作用仅在吸收层几微米深度，对待强化构件是一种冲击波作用的冷加工，可以获得光滑的微米级凹陷、毫米级残余压应力层。

激光冲击强化在航空航天、能源、石油化工等行业大规模使用，主要用于提高关键部位抗疲劳性、抗应力腐蚀性、抗冲击性等。图 5.26 所示为激光冲击强化应用于发动机叶片。

7. 激光抛光

激光抛光（laser polishing）的基本原理是利用激光辐照材料，使材料表面气化或者重熔，降低原有的粗糙度，如图 5.27 所示。激光抛光属于非接触性加工，因为激光是热作用过程，所以不仅可以抛光普通的金属材料，还可以抛光硬且脆的陶瓷、玻璃、半导体等材料。

图 5.26　激光冲击强化应用于发动机叶片

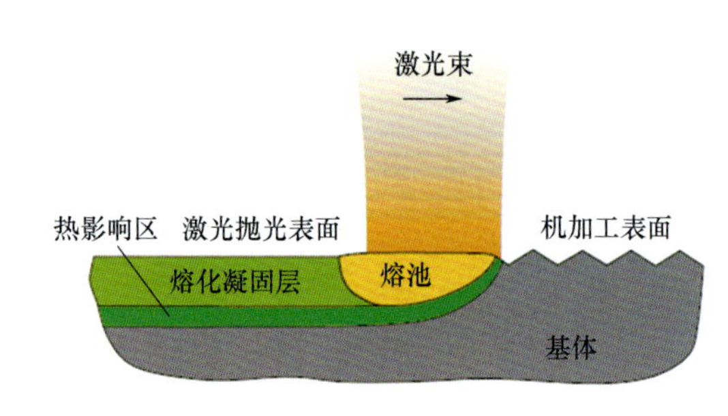

图 5.27　激光抛光原理示意图

金属模具材料的激光抛光技术应用较成熟，传统的注塑模具和压铸模具制造中有 30%～50%的时间花费在抛光上，而激光抛光可以高效率地获得高质量抛光表面。采用高强度激光束辐照材料表面，形成 20～100μm 深的熔化层，在表面张力的作用下获得光滑熔化凝固层。图 5.28 所示为激光抛光心室辅助装置零件前后对比。

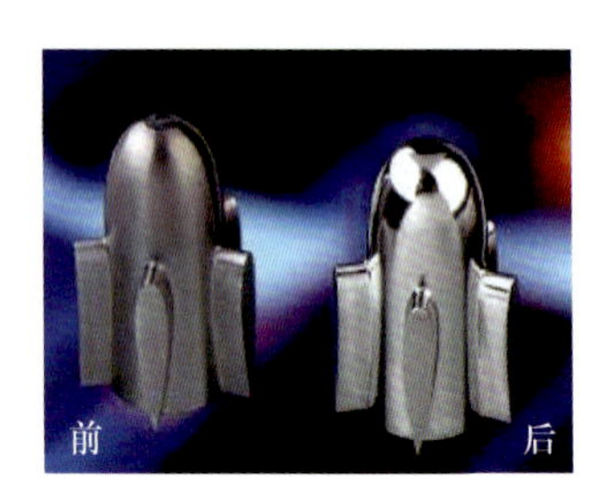

图 5.28　激光抛光心室辅助装置零件前后对比

8. 激光清洗

激光清洗（laser cleaning）是近年来发展起来的一种新型清洗技术。激光清洗利用激光的高能量、集中性强的特点照射被加工的工件，使基体表面附着物（污垢、氧化皮、锈斑、有机涂层等）吸收激光能量后，熔化、气化挥发、瞬间受热膨胀并被蒸气带动脱离基体表面，从而达到净化基体表面目的。激光清洗原理如图 5.29 所示。

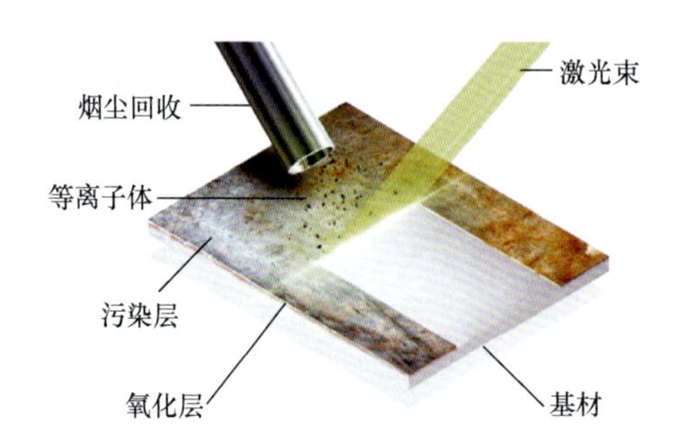

图 5.29　激光清洗原理

激光清洗的特点如下：高效、快捷、成本低；对基体的热负荷和机械负荷小，不损伤基体；不需用水或溶剂，并且废物易于收集，对环境无污染；安全可靠，不损害操作人员健康；适应范围广，可清除污垢、氧化皮、锈斑和各种不同厚度、不同成分的涂层；清洗过程易于实现自动化、实现远距离遥控操作，并可用于大规模的清洗工作。

激光清洗技术在汽车制造、半导体晶圆片清洗、军事装备清洗、建筑物外墙清洗、文物保护、电路板清洗、精密零件清洗、液晶显示器清洗、口香糖残迹去除等领域有很好的应用前景。激光清洗不但可以清洗有机污染物，而且可以清洗无机物，包括金属的锈蚀、金属微粒、灰尘等。图 5.30 所示为激光清洗轮胎模具前后对比。

图 5.30　激光清洗轮胎模具前后对比

基于激光清洗原理，人们还开发了应用于服装行业的激光印花工艺，如图 5.31 所示。激光印花的工作原理是激光器发射的高强度光束，由计算机控制程序在各种布匹面料上进行图案印花、打孔，创造出时尚、引领潮流的效果。激光印花利用激光清洗原理清洗纺织面料表面的染料，从而露出底色或形成对比色，实现印花的效果。激光印花可形成各种深度、具有层次感的图案效果。这种蕴藏在面料底色中的自然过渡色系是设计师难以调配的，具有独特的、自然的、质朴的风格。激光印花已在多国的服装行业形成了典型应用。

（a）牛仔裤印花

（b）皮革上衣印花

图 5.31　激光印花工艺

9. 激光打标与激光雕刻

激光打标（laser marking）是利用高能量密度的激光对工件局部进行照射，使表层材料气化或发生颜色变化的化学反应，从而留下永久性标记的一种打标方法。激光打标技术广泛应用于包装、零件、首饰、电子元件、五金工具等的文字和图形的标记，如图 5.32 所示。使用超快激光打标可能形成彩色标记，称为激光彩色打标。激光彩色打标的原理是激光作用在样品上形成不同厚度（一般为纳米量级）的氧化膜，由于涉作用除去入射白光中的部分波长，在特定干涉级的条件下留下部分波段，显现出彩色。激光彩色打标工艺通过调节参数，能可控地使样本形成对应厚度的氧化膜，故可人为控制打标显示的颜色。激光彩色打标的特点是颜色鲜艳、稳定，不易因环境温度、湿度等条件变化而改变，表面光滑细腻、耐摩擦，且不会有掉色等问题。激光彩色打标样品如图 5.33 所示。

激光打标

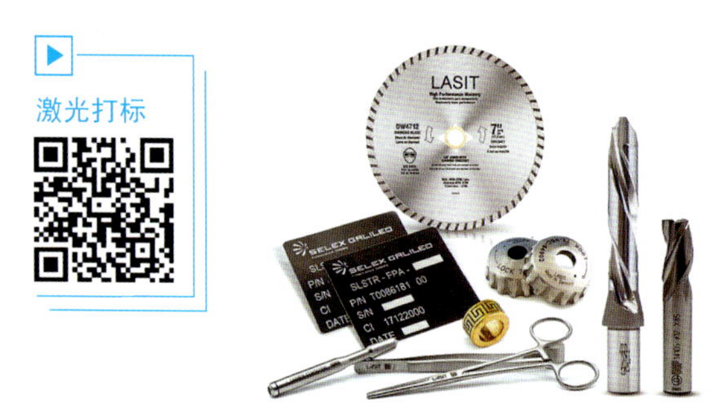

图 5.32 激光打标样品

图 5.33 激光彩色打标样品

激光雕刻（laser engraving）是根据标刻字符、图形的信息，控制聚焦的激光束选择性地辐照或扫描在物体表面，高能量密度激光使材料瞬间加热气化或发生光化学反应，导致作用区域异于未作用区域，从而形成具有良好对比度或锐度的图案。一般来说，激光打标只要求在材料表面留下视觉痕迹，不要求雕刻深度；而激光雕刻要求雕刻图案具有一定的触觉深度，以满足某种实用功能，如印章。

激光雕刻以精确、快捷、操作简单等优点，广泛应用于广告艺术、有机玻璃加工、工艺礼品、装潢装饰、鞋材、皮革服装、商标加工、木材加工、包装印刷、模型制造（建筑模型、航空航海模型、木制玩具）、家具制造、印刷烫金、电子电器等领域，能制作精美图案、文字，能对圆柱面、圆锥面进行精密雕刻。激光雕刻产品如图 5.34 所示。

激光雕刻

（a）金属物　（b）木制品　（c）亚克力板　（d）皮革制品

（e）塑料品　（f）陶瓷品　（g）石器　（h）纸制品

图 5.34 激光雕刻成品

随着激光器的快速发展及对加工材料研究的深入，利用材料与高强度激光作用时产生的自聚焦、多光子吸收等非线性效应可以形成新的雕刻工艺，如激光内雕、飞秒激光微细雕刻。激光内雕是通过透明材料（如水晶、玻璃、亚克力等）对高强度激光（一般采用波长为 532nm 的绿色激光）吸收造成的多光子电离损伤使材料体内部形成极小的白点，通过计算机控制白点的位置，在透明体内形成永不磨损的图案，如图 5.35 所示。

飞秒激光微细雕刻是利用超快激光脉冲进行微米级的材料切割、刻蚀、刻划等的微细加工技术，目前已在微纳加工、生物医学等领域得到广泛应用。

（a） （b）

图 5.35 激光内雕作品

5.1.5 水导激光切割

水导激光切割（water-jet guided laser cutting）是一项以水射流引导激光束切割待加工工件的加工技术，其原理示意图如图 5.36 所示。由于水和空气的折射率不同，当激光束以一定角度照射在水与空气交界面时，如果入射角小于全反射临界角，则水束中的激光束在水的内表面会发生类似于在光纤中的全反射，因此水束称得上是一种“长度可变的液体纤维”，使激光能量始终限制在水束中，从而使激光沿水束的方向传播，激光能量利用率较高。

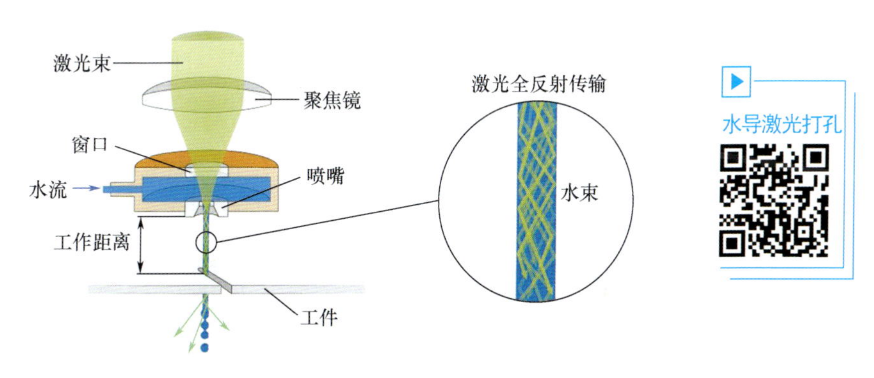

图 5.36 水导激光切割原理示意图

传统激光切割与水导激光切割加热区及光束形状对比如图 5.37 所示，切割截面对比如图 5.38 所示。

相较于传统激光切割，水导激光切割具有**以下优点**。

（1）由于有水射流冷却，加热区窄、热残余应力小、微裂纹少，如图 5.37（a）所示。

（2）因为激光束呈圆柱状，所以不用考虑对焦且加工深度大，可在工件材料中引导激光或将激光引导至工件的下方，可切割复杂表面材料和多层材料，切缝无锥度。而传统激光切割激光束呈圆锥形，切缝有锥度，如图 5.37（b）所示。

（3）冲刷作用减少了熔融产物堆积形成的毛刺，降低了加工表面粗糙度（图 5.38）。

（4）大多加工生成的产物随水流入回收装置，对环境污染很小。而传统激光切割采用的辅助气体和加工产生的气体很多，会对环境造成污染。

（5）改善了加工区域的激光能量分布，水束截面内能量分布均匀（不是高斯分布）。

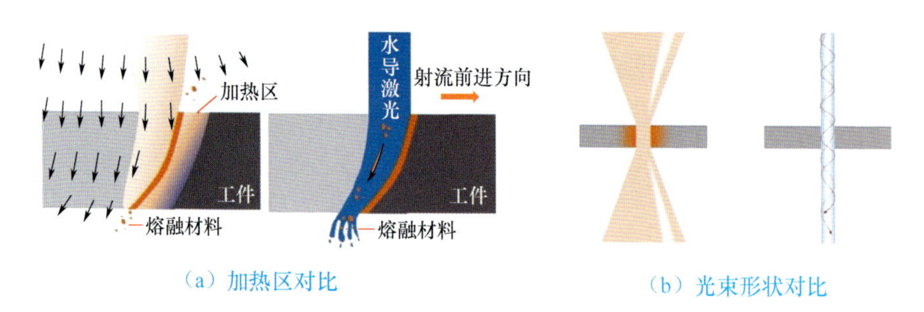

（a）加热区对比　　（b）光束形状对比

图 5.37　传统激光切割与水导激光切割加热区及光束形状对比

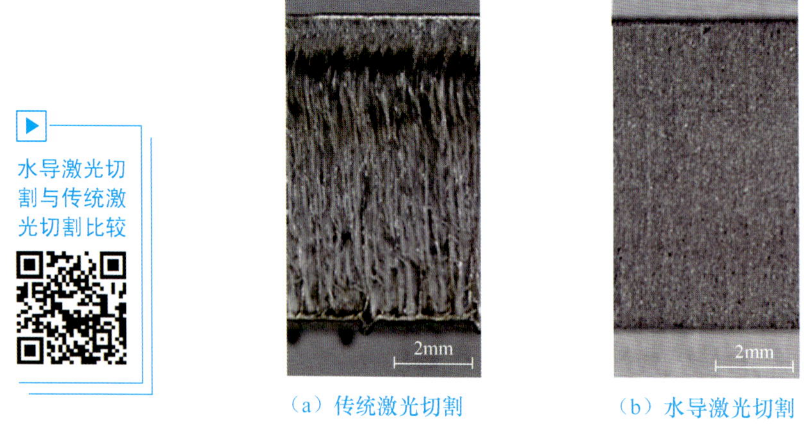

（a）传统激光切割　　（b）水导激光切割

图 5.38　传统激光切割及水导激光切割截面对比

（6）水射流作用区很小，与气体辅助激光切割相比，对工件的作用力很小。

（7）除具有优异的切割加工性能外，还具有较好的切盲槽和三维加工能力。

（8）传统激光切割中，加工火花经常会打坏保护镜片，而水导激光切割不存在此问题。

水导激光切割非常适合微细结构的加工，如硅片的切割、医疗器械和电子产品中微结构的加工、微机电系统中微结构和微零件的加工等，与常规激光切割相比，显示出明显的技术优势。

5.2　电子束加工

电子束加工（electron beam machining，EBM）是发展较快的一种特种加工技术。电子束加工主要用于打孔、焊接等热加工和电子束光刻化学加工。

5.2.1　电子束加工的分类、装置结构及原理

1. 电子束加工的分类

电子束加工利用高能电子束轰击材料，使其产生热效应或辐射化学效应和物理效应，

以达到预定的工艺目的。

根据功率密度和能量注入时间的不同，电子束加工可用于打孔、切割、蚀刻、焊接、热处理和光刻加工等。电子束加工可分为两大类：电子束热加工和电子束化学加工，如图 5.39 所示。

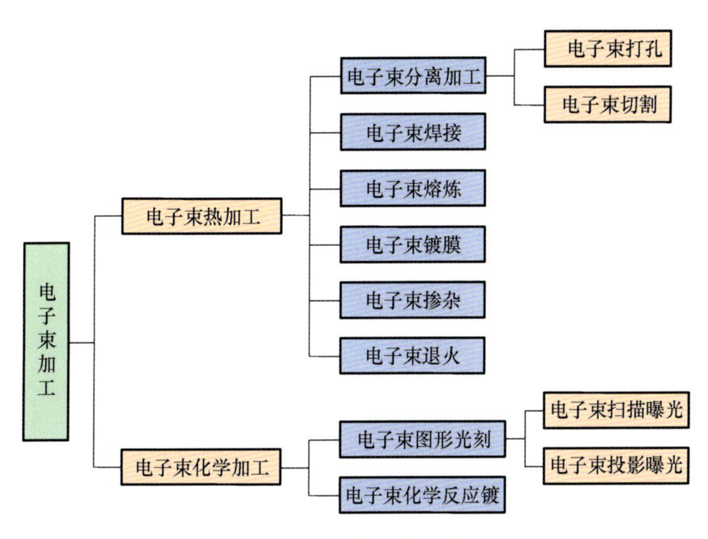

图 5.39　电子束加工分类

2. 电子束加工的装置结构及原理

图 5.40 所示为电子束加工装置结构原理。发射阴极一般由钨或钽制成，在加热状态下发射大量电子。电子束加工装置的控制系统通过磁透镜和偏转线圈控制束流的聚焦及位置。真空室可以保证电子束加工时维持真空度，因为只有在高真空中电子才能高速运动。此外，加工时的金属蒸气会影响电子发射，产生不稳定现象，因此需要不断利用真空泵抽出加工中产生的金属蒸气。由于电子束的偏转距离只能在数毫米之内，过大将增大像差和影响线性，因此大面积加工时需要用伺服电动机控制工作台移动，并与电子束的偏转配合。

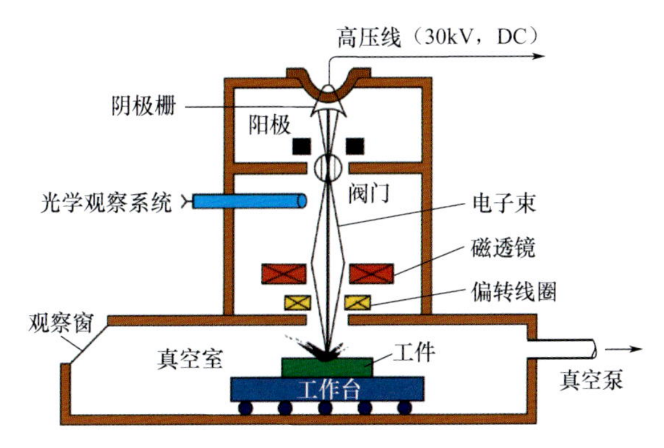

图 5.40　电子束加工装置结构原理

当聚焦的电子束冲击工件表面时，电子的**动能**瞬间大部分**转换为热能**。由于光斑直径极小（可达微米级或亚微米级），因此可获得极高的功率密度，使材料的被冲击部位在几分之一微秒内温度升高到几千摄氏度，局部材料快速气化、蒸发，从而达到加工的目的。这种利用电子束热效应的加工方法称为电子束热加工。

而电子束化学加工利用电子束的非热效应，如图 5.41 所示。利用功率密度比较低的电子束和电子胶（又称电子抗蚀剂，由高分子材料组成）相互作用，产生辐射化学效应或物理效应。当用电子束流照射这类高分子材料时，由于入射电子与高分子碰撞，电子胶的分子链被切断或重新聚合，引起分子量的变化，实现电子束曝光，包括电子束扫描曝光和电子束投影曝光。

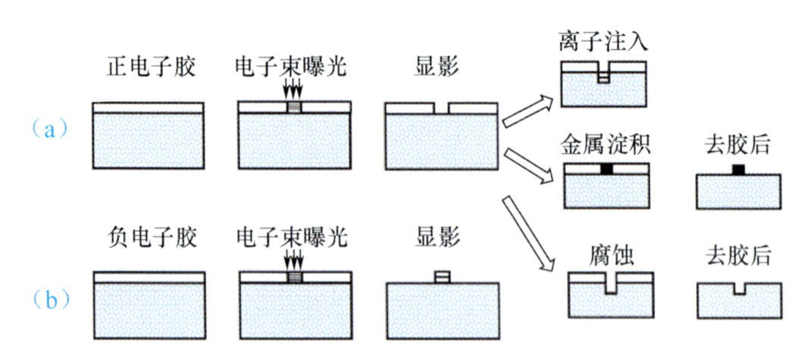

图 5.41 电子束化学加工示意图

电子束曝光技术已经成为生产集成电路元件的关键性加工手段。

5.2.2 电子束加工的应用

电子束加工可用于打孔、焊接、切割、热处理、刻蚀等热加工及辐射、曝光等非热加工，其中生产中应用较多的是打孔、焊接和刻蚀。下面主要介绍电子束打孔、电子束焊接、电子束热处理及电子束成形加工。

1. 电子束打孔

电子束打孔（electron beam drilling）是利用功率密度为 $10^7 \sim 10^8$ W/cm² 的聚焦电子束轰击材料，使其气化而实现打孔，打孔过程示意图如图 5.42 所示。首先，电子束轰击材料表面层，使其熔化并进而气化［图 5.42（a）］；其次，随着表面材料蒸发，电子束进入材料内部，材料气化形成蒸气气泡，气泡破裂后，蒸气逸出，形成空穴，电子束进一步深入，使空穴一直扩展至材料贯通［图 5.42（b）～图 5.42（d）］；最后，电子束进入工件下面的辅助材料，使其急剧蒸发，产生喷射，将孔穴周围存留的熔化材料吹出，完成全部打孔过程［图 5.42（e）和图 5.42（f）］。被打孔材料应贴在辅助材料的上面，当电子束穿

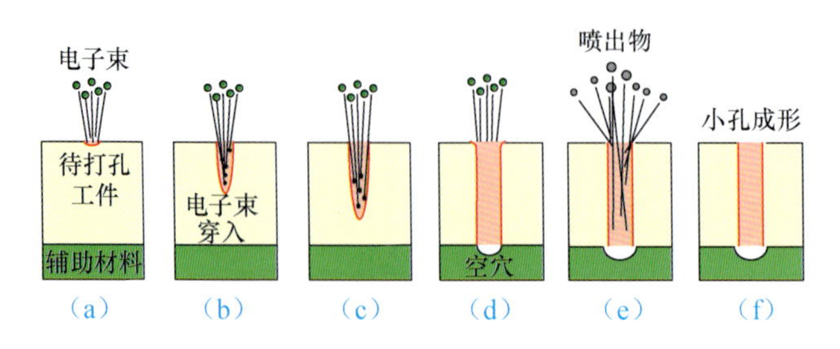

图 5.42 电子束打孔过程示意图

透金属材料到达辅助材料时，辅助材料急速气化，从束孔通道中喷出熔化金属，形成小孔。电子束打孔的典型零件如图5.43所示。

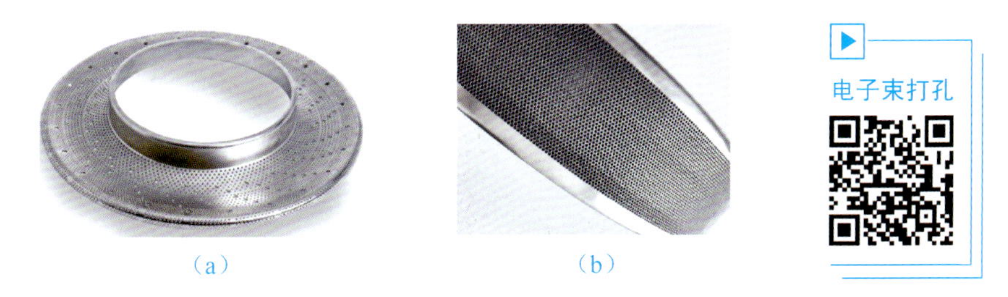

（a） （b）

电子束打孔

图5.43 电子束打孔的典型零件

2. 电子束焊接

电子束焊接（electron beam welding）是应用较广泛的电子束加工技术，其示意图如图5.44所示。以电子束为高能量密度热源的电子束焊接比传统焊接优越得多，具有焊缝深宽比大、焊接速度高、工件热变形小、焊缝物理性能好、可焊材料范围广、可进行异种材料焊接（图5.45所示为金属与有色金属焊接）等特点。电子束焊接时，有类似激光深熔焊接中的小孔效应，如图5.46（a）所示，深熔焊接焊缝截面实物如图5.46（b）所示。

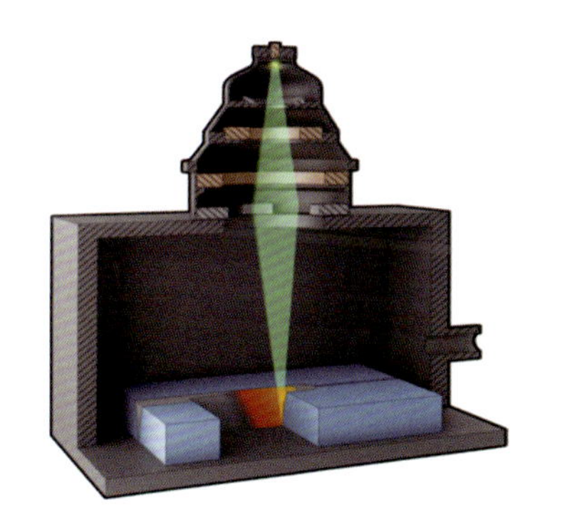

图5.44 电子束焊接示意图

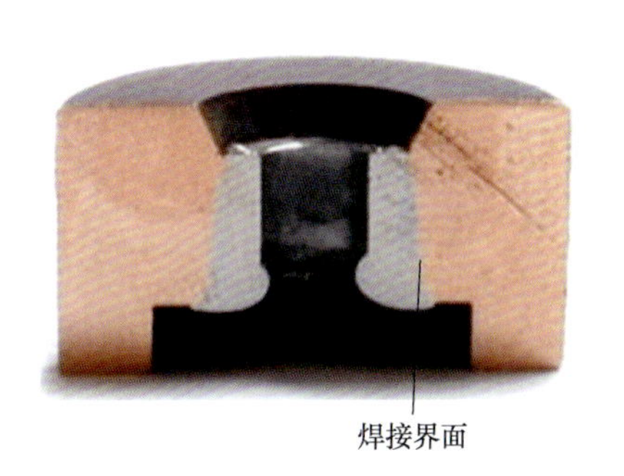

图5.45 电子束异种材料（金属与有色金属）焊接

电子束焊接原理

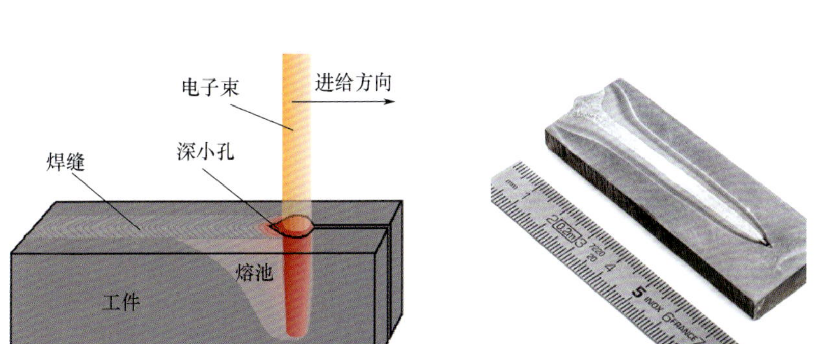

电子束焊接应用

（a）电子束焊接小孔效应 （b）深熔焊接焊缝截面实物

图5.46 电子束焊接小孔效应及深熔焊接焊缝截面实物

航空航天领域的焊接基本上都采用电子束焊接，以确保焊接质量。图 5.47 所示为电子束焊接的发动机部件。

(a) (b)

图 5.47 电子束焊接的发动机部件

3. 电子束热处理

电子束热处理就是将电子束作为热源，控制电子束的功率密度，使金属表面加热但不熔化，达到热处理的目的。电子束热处理的加热速度和冷却速度都很高，在相变过程中，奥氏体化时间很短，只有几分之一秒，甚至千分之一秒，奥氏体晶粒来不及长大，从而得到一种超细晶粒组织，可使工件获得用常规热处理不能达到的硬度，硬化深度为 0.3～0.8mm。发动机曲轴表面电子束淬火示意图及表面硬化层如图 5.48 所示。电子束热处理与激光热处理类似，但电子束的电热转换效率高（可达 90%），而激光的转换效率低（小于 30%）。表面合金化工艺也适用于电子束表面处理，如铝合金、钛合金添加元素后获得更好的表面耐磨性。

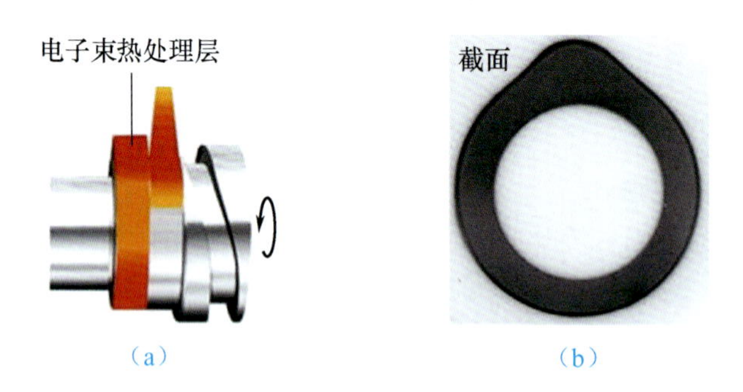

(a) (b)

图 5.48 发动机曲轴表面电子束淬火示意图及表面硬化层

4. 电子束成形加工

电子束成形加工属于增材制造领域，主要包括电子束选区熔化及电子束自由形状制造。具体内容详见 6.3 节。

5.3 离子束加工

离子束加工（ion beam machining，IBM）是发展较快的一种特种加工技术，其加工尺度可达分子、原子量级，是现代纳米加工技术的基础工艺。

5.3.1 离子束加工的分类、原理及装置结构

1. 离子束加工的分类

离子束加工的物理基础是离子束射到材料表面时发生的撞击效应、溅射效应和注入效应。基于不同效应，离子束加工发展出多种应用，常见的有离子束刻蚀、离子溅射镀膜、离子镀及离子注入等（图 5.49）。当具有一定动能的离子斜射到工件材料（或靶材）表面时，可以撞击出表面的原子，这就是离子的撞击效应和溅射效应。如果将工件直接作为离子轰击的靶材，工件表面就会受到离子刻蚀（也称离子铣削）。如果将工件放置在靶材附近，靶材原子就会溅射到工件表面而被溅射沉积吸附，使工件表面镀一层靶材原子的薄膜。如果离子能量足够大且垂直于工件表面撞击，离子就会钻进工件表面，这就是离子的注入效应。

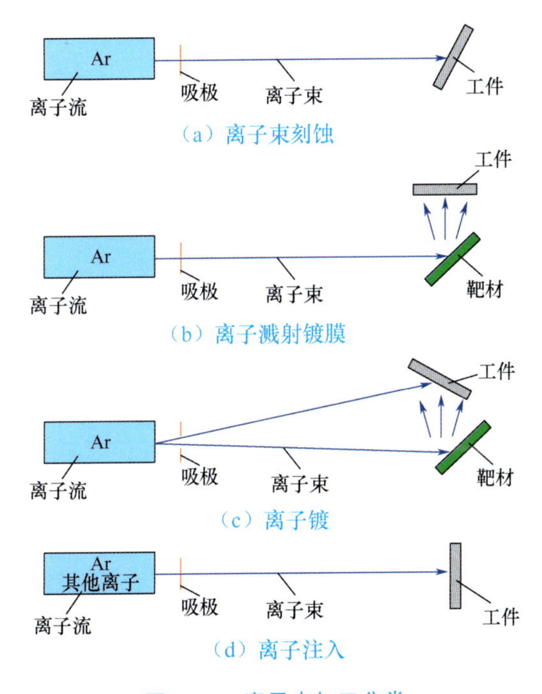

图 5.49 离子束加工分类

离子束加工的尺寸范围可以精确控制。在溅射加工中，由于可以精确控制离子束流密度及离子的能量，逐个剥离工件表面的原子，因此可以加工出极为光整的表面，实现微精加工。在注入加工中，能精确控制离子注入的深度和浓度。

2. 离子束加工的原理及装置结构

离子束加工原理与电子束加工原理基本类似。在真空条件下，低压惰性气体离子化，离子源产生的离子束经过加速聚焦，撞击工件表面，工件表面的原子被逐个剥离，实现分子、原子量级的微精加工。离子束加工示意图如图 5.50 所示。与电子束加工不同的是，离子带正电荷，其质量比电子大数千数万倍（如氩离子的质量是电子的 7.2 万倍），所以一旦离子加速到较高速度时，离子束就比电子束具有更大的撞击动能，它是靠微观的机械撞击能量加工的，而不是靠动能转换为热能加工的。

离子束加工装置示意图如图 5.51 所示，主要由离子源、真空系统、控制系统和电源系统等组成。离子源用于产生离子束流，具体方法是把要电离的气态（如氩等惰性气体或金属蒸气）原子注入电离室，经高频放电、电弧放电、等离子体放电或电子轰击，使气态原子电离为等离子体，然后用一个相对于等离子体为负电位的电极（吸极），从等离子体中吸出正离子束流。真空系统保障离子束加工在高真空环境下进行，因为离子束在空气中会被氧气、氮气等分子散射和吸收，影响加工效果。控制系统主要用于控制离子束的各项参数，确保加工的精度和稳定性。控制系统包括离子源控制器、离子束流强度控制器、束流位置控制器、扫描控制器等。这些控制器通常由计算机控制，可以根据需要进行编程。电源系统主要包括高压电源和离子源电源，其中高压电源通常用于加速离子束，离子源电源则用于提供产生离子束所需的电能。

离子束加工原理

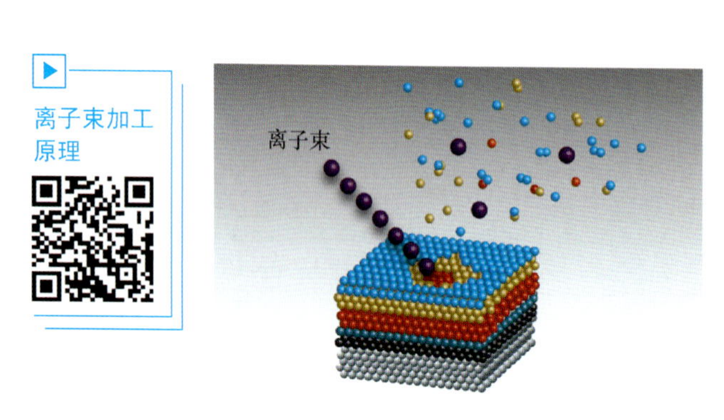

图 5.50 离子束加工示意图

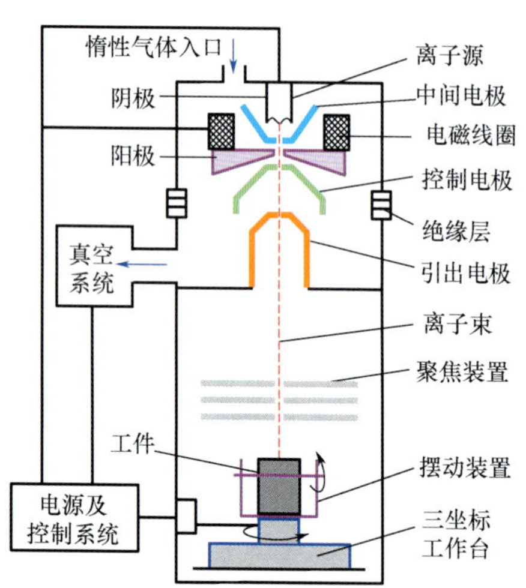

图 5.51 离子束加工装置示意图

5.3.2 离子束加工的应用

常用的离子束加工技术有离子束曝光、离子束刻蚀、离子溅射镀膜、离子镀和离子注入等。

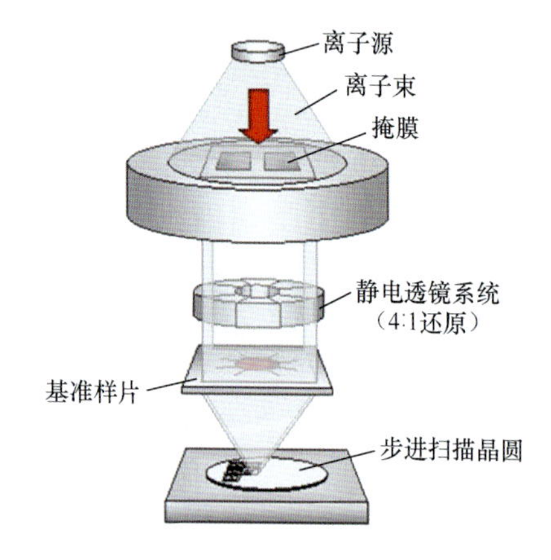

图 5.52 离子束曝光示意图

1. 离子束曝光

离子束曝光又称离子束光刻，在微细加工领域应用极广泛。与电子束曝光相似，利用原子被电离后形成的离子束作为光源，对抗蚀剂进行曝光，从而获得微细线条的图形。曝光机理是离子束照射抗蚀剂并在其中沉积能量，使抗蚀剂发生降解或交联反应，形成良溶胶或非溶凝胶，通过显影获得溶与非溶的对比图形。离子束曝光示意图如图 5.52 所示。

2. 离子束刻蚀

用聚焦的离子束直接轰击硅衬底进行离子刻蚀，可获得需要的图形，如图 5.53 所示；还可用聚焦的离子束刻蚀获得微型切削刀具，如图 5.54所示。

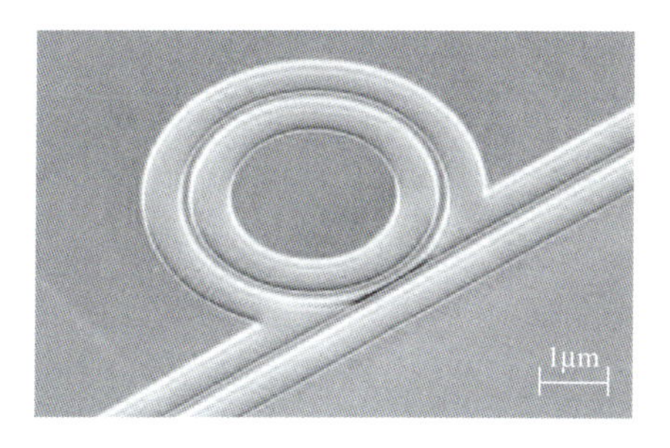

图 5.53　离子束刻蚀硅衬底获得的图形

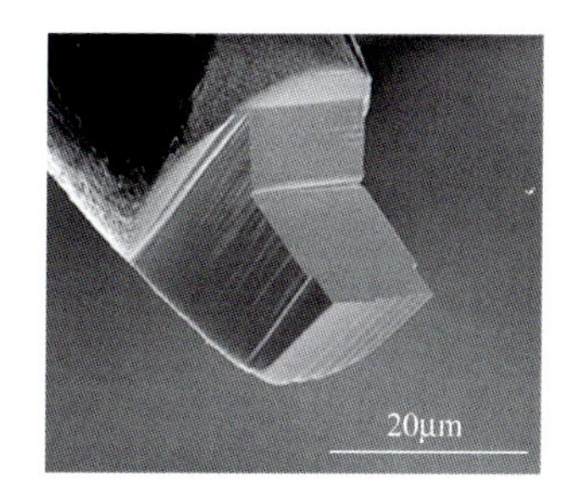

图 5.54　离子束刻蚀获得的微型切削刀具

3. 离子溅射镀膜

离子溅射镀膜是指真空室内的剩余气体电离，电离后的离子在电场作用下向阴极溅射靶加速运动，入靶离子将靶材的原子或分子溅射出靶表面，这种被溅射出的原子或分子淀积在基片（阳极）上形成薄膜，如图 5.55 所示。离子溅射镀膜产品如图 5.56 所示。

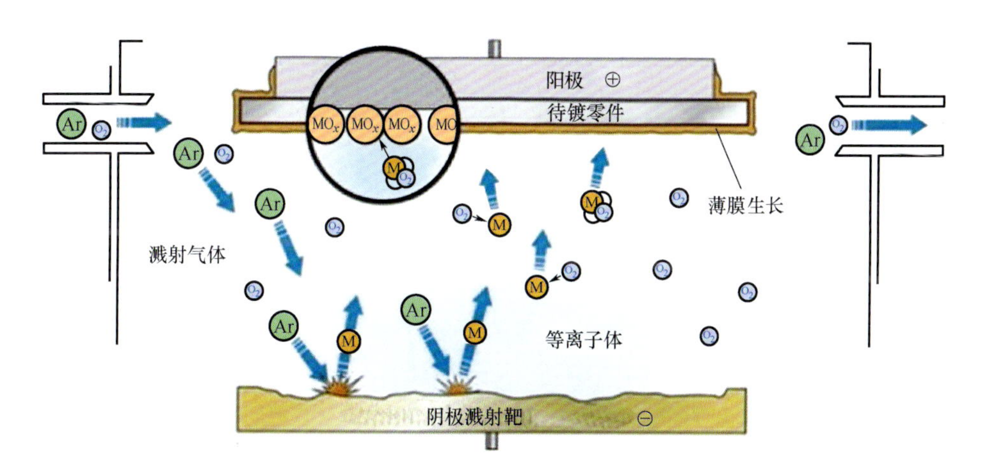

图 5.55　离子溅射镀膜过程示意图

图 5.56　离子溅射镀膜产品

4. 离子镀

离子镀是在真空镀膜和溅射镀膜的基础上发展起来的一种镀膜技术。离子镀时，工件不仅接受靶材溅射来的原子，还受到离子的轰击，故离子镀具有许多独特的优点。离子镀的方法有多种，图 5.57 所示为阴极放电离子镀（铝镁合金离子镀）。

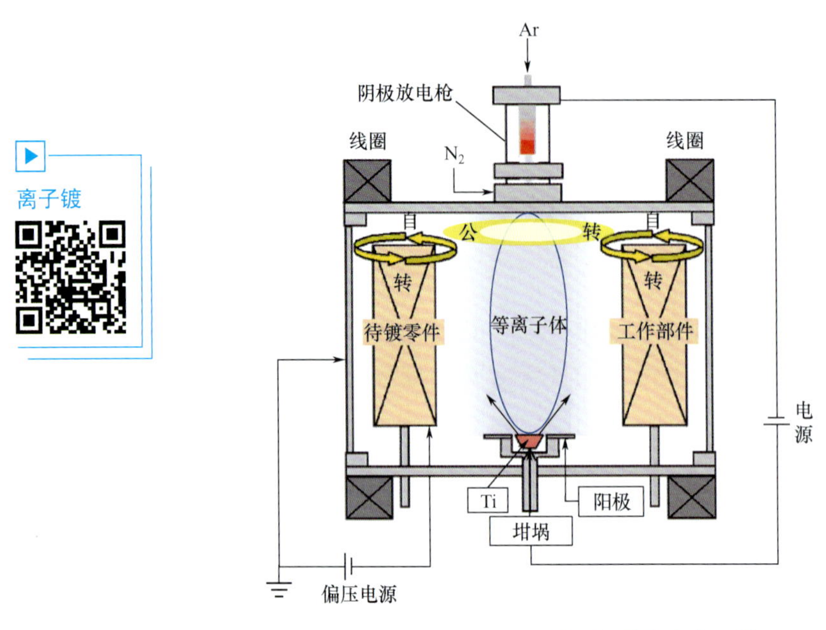

图 5.57　阴极放电离子镀（铝镁合金离子镀）

在离子镀过程中，电子被从阴极放电枪加速轰击到坩埚中的钛（Ti）中。钛受到电子轰击，因高温而熔化，然后在真空腔中蒸发、电离并与输入的气体进行反应，从而对在通过自转和公转的多个待镀零件架上的零件沉积钛离子，并通过加入的活性气体离子得到钛化合物薄膜。在不同碳/氮（C/N）比的活性气体气氛下，可以制备不同类型的薄膜，如 TiN、TiC 和 TiCN。

离子镀膜附着力强、膜层不易脱落。用离子镀方法对工件镀膜时，其绕射性好，基板的所有暴露表面均能被镀覆。

离子镀的可镀材料广泛，可在金属或非金属表面镀制金属或非金属材料、各种合金、化合物、某些合成材料、半导体材料、高熔点材料。离子镀用于镀制润滑膜、耐热膜、耐蚀膜、耐磨膜、装饰膜和电气膜等。如离子镀装饰膜用于首饰、景泰蓝及金笔套、餐具等的修饰上，其膜厚为 1.5～2μm。图 5.58 所示为离子镀制作的首饰制品。

5. 离子注入

离子注入是将工件放在离子注入机的真空靶中，在几万伏至几十万伏的电压下，把所需元素的离子直接注入工件表面。它不受热力学限制，可以注入任何离子，且可以精确控制注入量。注入的离子被固溶在工件材料中，质量分数为 10%～40%，注入深度为 1μm 甚至更深。离子注入原理如图 5.59 所示。

离子注入的应用很多，如离子注入掺杂技术、离子注入成膜技术等。

离子注入掺杂技术是将需要作为掺杂元素的原子转变为离子，并将其加速到一定能

(a) (b)

图 5.58 离子镀制作的首饰制品

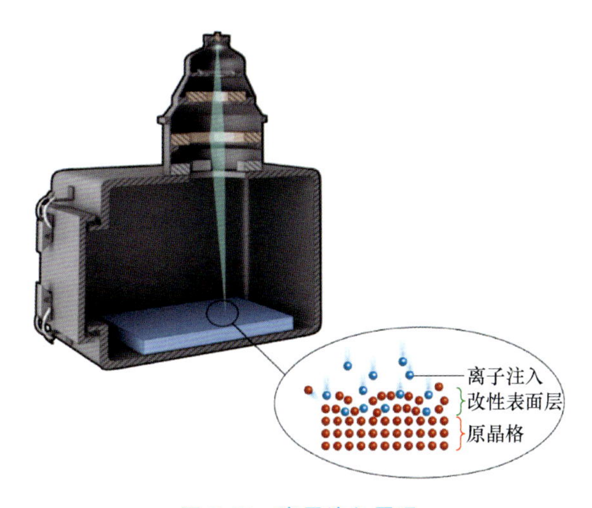

图 5.59 离子注入原理

量，注入半导体晶片表面，以改变晶片表面的物理性质、化学性质。离子注入掺杂技术广泛应用于半导体制造领域，它是将硼、磷等“杂质”离子注入半导体，以改变导电型式（P型或N型）和制造PN结，以及制造一些通常用热扩散难以获得的有特殊要求的半导体器件。由于离子注入数量、PN结的含量、注入的区域都可以精确控制，因此离子注入掺杂技术成为制作半导体器件和大面积集成电路生产中的重要手段。

离子注入成膜技术是在离子注入掺杂技术的基础上发展起来的一种薄膜制备技术。当注入固体的离子浓度很大，接近基片物质的原子密度时，由于受到基片物质本身固溶度的限制，将有过剩的原子析出，此时注入的离子将与基片物质元素发生化学反应，形成化合物薄膜。离子注入成膜技术在微电子技术等领域获得应用。

思考题

5-1 激光产生的原理和激光加工的特点是什么？

5-2 激光产生的最基本的条件有哪些？

5-3 激光器最重要的三个组成部分是什么？分别起到什么作用？

5-4 固体激光器与气体激光器的能量转换过程是否相同？具体差异是什么？

5-5 激光打孔有哪几种方式？

5-6 激光精密加工需要选择什么类型的激光器？为什么？

5-7 激光相变硬化与激光冲击在提高工件表面性能方面有什么不同？

5-8 水导激光切割原理是什么？具有什么优点？

5-9 激光束、电子束、离子束三种束流的能量载体有什么不同？

5-10 电子束加工与离子束加工常用的应用有哪些？

◇ 本章教学要求

教学目标	知识目标	（1）掌握增材制造技术的原理及特点； （2）掌握五种以上典型增材制造技术的工作原理； （3）掌握几种主要金属增材制造技术的工作原理及技术特点
	能力目标	（1）能够理解增材制造技术尤其是金属增材制造技术迅猛发展的实质； （2）拓展思维，进一步寻找增材制造的工艺与方法
	思政落脚点	科学精神、专业与社会、工匠精神
教学内容		（1）增材制造技术概述； （2）典型增材制造技术工艺与应用； （3）金属增材制造技术
重点、难点及解决方法		金属增材制造技术目前面临的主要问题及采取的措施，通过目前金属增材制造的应用实例进行讲解
学时分配		授课 4 学时

6.1 增材制造技术概述

6.1.1 发展简史

增材制造（additive manufacturing，AM）技术是采用材料逐渐累加方法制造实体零件的技术，相对于传统加工的去除-切削“自上而下，由表及里”而言，是一种“自下而上，叠层累加”的制造技术。增材制造技术被认为是推动新一轮工业革命的重要契机，已经引起全世界的广泛关注。

增材制造技术是20世纪80年代问世并迅速发展的先进制造技术，是由数字模型直接驱动的快速制造任意复杂形状三维实体技术的总称。它是机械工程、计算机辅助设计及制造（computer aided design/computer aided manufacture，CAD/CAM）、数控加工、激光技术、材料工程等多学科的综合渗透与交叉的体现，能自动、快速、直接、准确地将设计实体转化为具有一定功能的原型，或直接制造出零件（包括模具），从而可以快速评价、修改产品设计，响应市场需求，提高企业的竞争能力。增材制造技术极大地提高了生产效率和制造柔性，广泛应用于航空航天、汽车、通信、医疗、电子、家电、玩具、军事装备、工业造型、建筑模型、机械行业等。

增材制造技术的核心源于高等数学中微积分的概念，用趋于无穷多个截面的叠加构成三维实体，故最初增材制造技术的名称是快速成形（rapid forming，RF）技术或快速原型（rapid prototyping，RP）技术。图6.1所示为增材制造技术的名称演变历程。

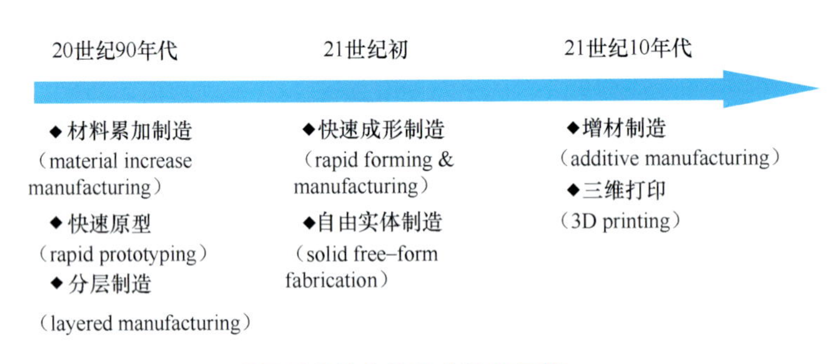

图6.1 增材制造技术的名称演变历程

6.1.2 增材制造技术的原理、工艺分类及特点

增材制造技术不同于传统的加工过程，是基于与传统加工完全相反的原理，即“离散—堆积”的成形过程，采用材料逐点或逐层累积的方法制造实体零件或零件原型，即材料增量制造。增材制造技术原理如图6.2所示。

增材制造的工艺过程包括前处理、分层叠加成形和后处理。

（1）前处理。前处理包括零件三维模型的构造及近似处理、成形方向的选择和模型的离散切片处理。建立三维模型的方法主要有两种：一种是应用三维建模软件直接建立三维

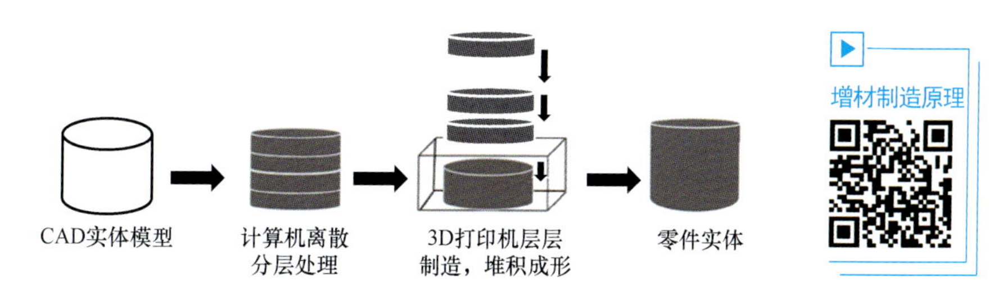

图 6.2 增材制造技术原理

数字化模型；另一种是应用三维扫描仪获取对象的三维数据，然后经处理，生成数字化三维模型。三维数字模型分切为相应的二维图形信息，分割形成薄片的厚度由材料的属性和设备的精度决定。

（2）分层叠加成形。三维模型成形的方式有两种：一种是将打印材料和特殊胶水按照不同的二维图形信息，层层叠加成三维物体；另一种是使用高能束（激光、电子束等）熔化金属粉末等材料，层层熔化连接成三维模型。

（3）后处理。由于模型表面存在残留材料或出现毛刺、截面粗糙等问题，因此需要人工清理去除多余的材料粉末，并针对毛刺和粗糙的表面进行处理，然后在实物上涂覆增强硬度的胶水，以提高实物强度，最后上色处理得到成品。

增材制造是相对传统制造业采用的减材制造、等材制造而言的。

增材制造技术具有数字制造、降维制造、堆积制造、直接制造、快速制造五大技术特征，其核心是数字化、智能化制造与材料科学的结合，以计算机三维设计模型为蓝本，通过软件分层离散和数控成形系统，利用高能束、热熔喷嘴等将金属粉末、陶瓷粉末、塑料、细胞组织等特殊材料逐层堆积黏结、叠加成形，制造出实体产品。增材制造技术是最能代表信息化时代特征的新型制造技术，即“以信息技术为支撑，以柔性化的产品制造方式”最大限度地满足无限丰富的个性化需求。增材制造技术的基本工艺分类见表 6－1。

表 6－1 增材制造技术的基本工艺分类

技术分类	技术原理	典型工艺	典型材料
立体光固化	通过光聚合作用选择性地固化液态光敏聚合物的增材制造工艺	立体光固化成形	液态光敏聚合物
黏结剂喷射	选择性地喷射沉积液态黏结剂黏结粉末材料的增材制造工艺	三维打印	陶瓷、石膏等粉末
激光选区熔化	通过热能选择性地熔化或烧结粉末床指定区域的增材制造工艺	激光选区烧结成形	金属或热塑性粉末
材料挤出	将材料通过喷嘴或孔口挤出的增材制造工艺	熔融沉积成形	工程塑料丝材
定向能量沉积	利用聚焦热将指定区域材料同步熔化沉积的增材制造工艺	激光熔化沉积	金属粉末
薄材叠层	将薄层材料黏结组成实物的增材制造工艺	叠层实体制造	纤维片材

与传统制造技术相比，增材制造技术具有以下特点。

(1) 柔性化程度高。由于制造过程不需要模具、夹具约束，而且修改只需改变计算机文件，因此增材制造技术尤其适用于各种难熔的高活性、高纯净、易污染、高性能金属材料及复杂结构件的制备，是材料制备与成形的热点研究课题。

(2) 产品研制周期短。与传统制造技术相比，增材制造技术不必事先制造模具，不必在制造过程中去除大量材料，省去了传统制造技术的许多工序，加工速度高；在生产上可以实现结构优化、节约材料和节省能源，原材料利用率高，符合绿色制造理念。因此增材制造技术适合新产品开发、快速单件及小批量零件制造、复杂形状零件的制造、模具的设计与制造等，也适合难加工材料的制造、外形设计检查、装配检验和快速反求工程等。

(3) 真正实现数字化、智能化制造。增材制造技术尤其适用于难加工材料、复杂结构零件的研制生产。

(4) 制造的零件具有致密度高、强度高等优异性能，还可以实现结构减重。

(5) 由于是逐层累积成形，因此不受零件尺寸和形状限制。

(6) 可实现多种材料任意配比的复合材料零件的制造。

(7) 由于使用高能束并且逐层制造，因此增材制造技术非常适合用于金属零件的立体修复。

增材制造技术相对传统制造技术还面临许多新挑战和新问题。增材制造技术是传统制造技术的补充。

6.2 典型增材制造技术工艺与应用

自20世纪80年代第一台增材制造设备SLA-1出现至今，世界上已有数十种增材制造成形方法和工艺，而且新方法和新工艺不断出现，各种方法均具有自身的特点和适用范围。比较典型的工艺有立体光固化成形、激光选区烧结成形、叠层实体制造、熔融沉积成形、三维打印成形等。

6.2.1 立体光固化成形

1. 立体光固化成形基本原理

立体光固化成形（stereo lithography apparatus，SLA）是一种利用激光束逐点扫描液态光敏树脂并使之固化的增材制造工艺。

立体光固化成形的基本原理如图6.3所示。树脂槽中储存一定量的光敏树脂，液面控制系统使液体上表面保持在固定的高度，紫外激光束在扫描振镜的控制下按预定路径在树脂表面扫描。扫描的速度和轨迹及激光的功率、通断等均由计算机控制。激光扫描处的光敏树脂由液态转变为固态，从而形成具有一定形状和强度的层片；扫描固化一层后，未被照射的地方仍是液态树脂，升降台带动加工平台下降一个层厚的距离，通过涂覆刮板使需固化表面重新充满树脂，再进行激光束扫描固化，新固化的一层黏结在前一层上。如此重复，直至固化所有层片，这样层层叠加起来可获得所需形状的三维实体。立体光固化成形过程如图6.4所示。

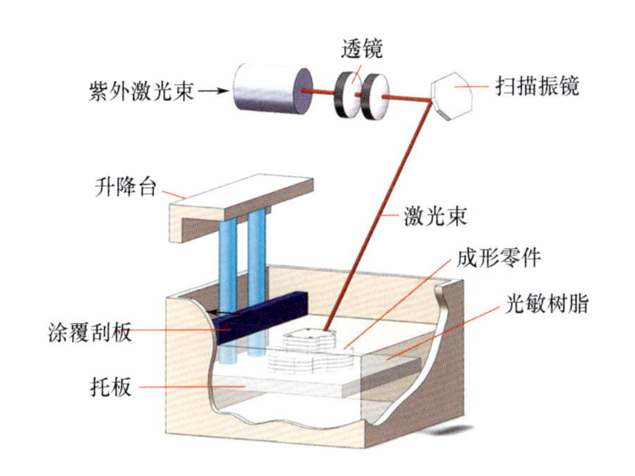

图 6.3 立体光固化成形的基本原理

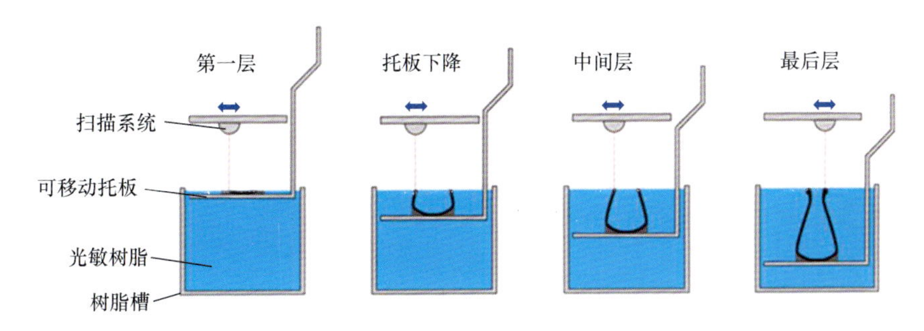

图 6.4 立体光固化成形过程

从工作台取下完成的零件后，为提高零件的固化程度、零件的强度和硬度，可以将零件置于阳光下或专门的容器中进行紫外光照射。最后，对零件打磨或者上漆，以提高表面质量。

2. 立体光固化成形的特点

(1) 成形精度高。立体光固化成形中最小的光斑直径可以做到 $\phi 25\mu m$，与其他增材制造工艺相比，立体光固化成形的细节成形能力非常好。

(2) 成形速度较高。商品化立体光固化成形设备均采用振镜系统控制激光束在焦平面上扫描，目前最大扫描速度大于 10m/s。

(3) 扫描质量好。现代高精度的焦距补偿系统可以保障任何一点的光斑直径均限制在要求的范围内，可较好地保证扫描质量。

(4) 成形件表面质量高。立体光固化成形的零件表面质量很高，台阶效应非常小。

(5) 成形过程中需要添加支撑。由于光敏树脂在固化前为液态，因此在成形过程中，零件的悬臂部分和最初的底面都需要添加必要的支撑。

(6) 成形成本高。一方面，立体光固化成形设备中的紫外线固体激光器和扫描振镜等组件价格都比较高，导致设备的成本较高；另一方面，成形材料即光敏树脂的价格也非常高，与其他成形工艺相比，立体光固化成形的成本高得多。

立体光固化成形的优点是精度较高，一般尺寸精度可控制为 0.01mm；表面质量好；原材料利用率接近 100%；能制造形状特别复杂、精细的零件；设备市场占有率很高。其缺点是需要设计支撑，可以选择的材料种类有限，成形件容易发生翘曲变形，材料价格高。立体光固化成形适用于比较复杂的中小型零件的制作。图 6.5 所示为利用立体光固化成形制造的零件和模型。

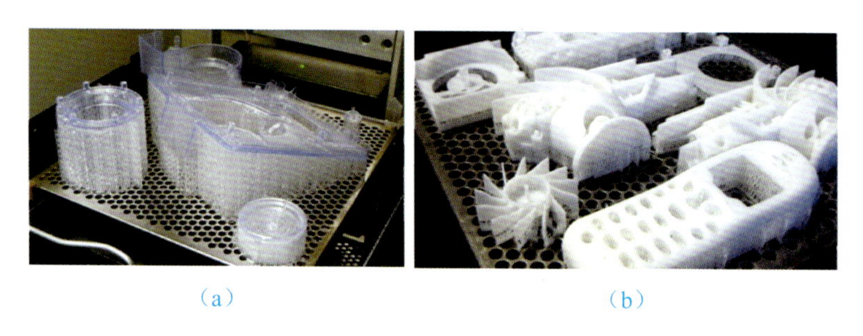

（a）　　（b）

图 6.5　利用立体光固化成形制造的零件和模型

在应用较多的增材制造工艺中，立体光固化成形在概念设计的交流、单件小批量精密铸造、产品模型、快速工模具及直接面向产品的模具等方面广泛应用于航空航天、汽车、消费品及医疗等领域。

6.2.2　激光选区烧结成形

1. 激光选区烧结成形的基本原理

激光选区烧结（selective laser sintering，SLS）成形是采用激光作为热源烧结粉末材料，并以逐层堆积方式成形三维零件的一种增材制造工艺。激光选区烧结成形的基本原理如图 6.6 所示。

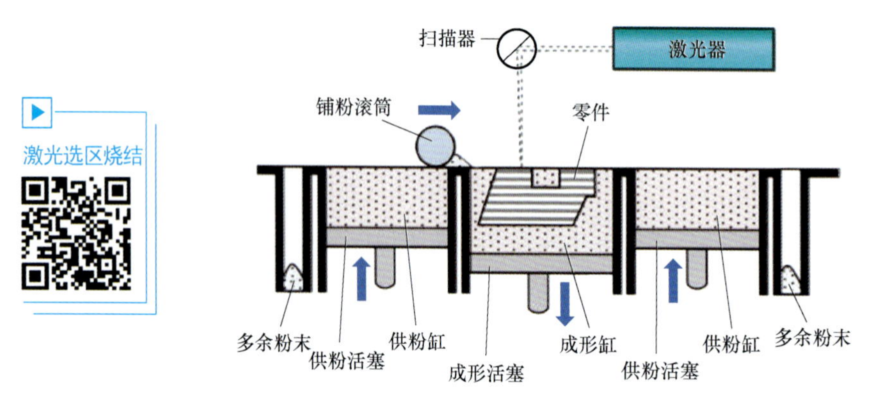

图 6.6　激光选区烧结成形的基本原理

在激光选区烧结成形机上实现堆积成形的过程如下：先在成形缸内将粉末材料铺平、预热，接着在控制系统的控制下，激光束以一定的功率和扫描速度扫描铺好的粉末层，被激光扫描过的区域，粉末烧结成具有一定厚度的实体结构，激光未扫描到的地方仍是粉末，可以作为下一层的支撑并能在成形完成后去除，得到零件的第一层；第一层截面烧结完成后，供粉活塞上移一定距离，成形活塞下移一定距离，通过铺粉操作，铺上一层粉末材料，继续下一层的激光扫描烧结，新的烧结层与前面成形的部分连接在一起。如此逐层添加粉末材料，有选择地烧结堆积，最终生成三维实体原型或零件。

2. 激光选区烧结成形的特点

(1) 可以成形任意几何形状结构的零件，尤其适合生产形状复杂、壁薄、带有雕刻表面和带有空腔结构的零件，对于制造含有悬臂结构、中空结构和槽中套槽结构的零件特别有效，而且生产成本较低。

(2) 成形过程中无须支撑。激光选区烧结成形过程中各层没有被烧结的粉末起到自然支撑烧结层的作用，故省时省料，同时降低了对CAD设计的要求。

(3) 可使用的成形材料范围广。任何受热黏结的粉末都可能被用作激光选区烧结成形原材料，包括塑料、陶瓷、尼龙、石蜡、金属粉末及其复合粉。

(4) 可快速获得金属零件。采用易熔消失模料可代替蜡模直接用于精密铸造，而不必制作模具和翻模，因而可通过精铸快速获得结构铸件。

(5) 未烧结的粉末可重复使用，材料浪费极少。

(6) 应用面广。由于成形材料多样化，激光选区烧结成形适用于多种应用领域，如原型设计验证，模具母模、精铸熔模、铸造型壳和型芯制造等。

激光选区烧结成形的优点是成形件的力学性能较好，强度较高；无须设计和构建支撑；可选材料种类多且利用率高（接近100%）。其缺点是制件表面粗糙，疏松多孔，需要后处理。

激光选区烧结成形成功应用于汽车、造船、航天航空、通信、微机电系统、建筑、医疗、考古等领域，为许多传统制造业注入了新的创造力。利用激光选区烧结成形制造的典型零件如图6.7所示。

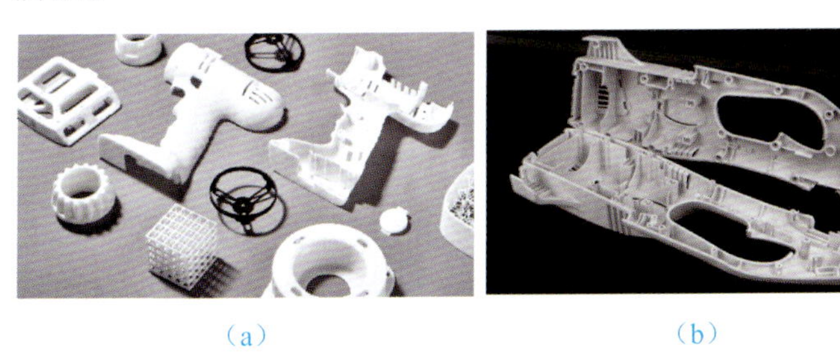

(a) (b)

图6.7 利用激光选区烧结成形制造的典型零件

6.2.3 叠层实体制造

1. 叠层实体制造的基本原理

叠层实体制造（**laminated object manufacturing，LOM**）的基本原理如图6.8所示。叠体实体制造系统由二氧化碳激光器及扫描机构、热压辊、工作台、送纸辊、收纸辊和控制计算机等组成。

叠层实体制造基于激光切割薄片材料，由黏结剂黏结各层成形，具体过程如下。

(1) 送纸辊送出料带，新的料带移到工件上方。

(2) 工作台上升，同时热压辊移到工件上方；当工件顶起新的料带并触动安装在热压辊前端的行程开关时，工作台停止移动；热压辊来回碾压新的堆积材料，将最上面的一层

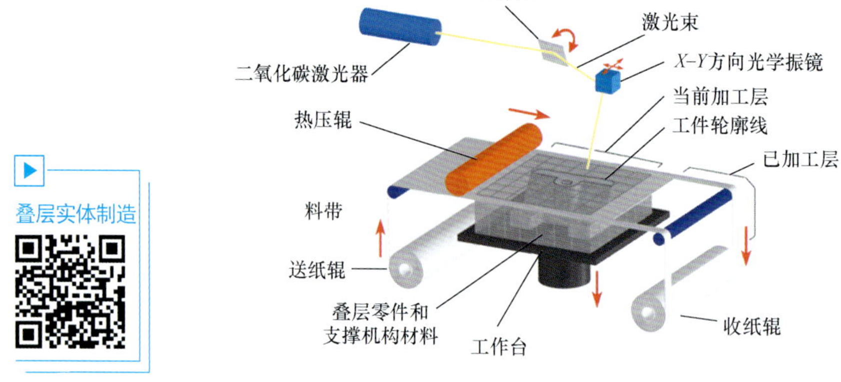

图 6.8　叠层实体制造的基本原理

材料与下面的工件黏结起来，添加新层。

（3）系统根据工作台停止的位置，测出工件的高度，并反馈给计算机。

（4）计算机根据零件当前的加工高度，计算出三维模型的交截面。

（5）计算机将交截面的轮廓信息输入控制系统，控制激光沿截面轮廓切割。激光的功率设置为只能切透一层材料的功率值。轮廓区域以外的材料用激光切割成方形网格，以便在工艺完成后分离。

（6）工作台向下移动，使刚切割的新层与料带分离。

（7）料带移动一段距离（比切割下的工件截面稍长），并绕在收纸辊上。

（8）重复上述过程，直到所有的截面都切割好并黏结上，便得到一个包含零件的立方体。零件周围的材料由于已经采用激光进行网格式切割，被分割成小的方块，因此能比较容易地与零件分离，最终得到三维实体零件。

2. 叠层实体制造的特点

叠层实体制造的特点如下。

（1）用二氧化碳激光切割。

（2）零件交截面轮廓区域以外的材料用激光进行网格式切割，便于分离去除。

（3）采用成卷的料带供材。

（4）用行程开关控制加工平面位置。

（5）热压辊对最上面的新层加热、加压。

（6）先热压、黏结，再切割截面轮廓，可防止定位不准和错层问题。

叠层实体制造的优点是无须设计和构建支撑；只需切割轮廓，无须填充扫描；制件的内应力和翘曲变形小；制造成本低。其缺点是材料利用率低，种类有限；表面质量差；内部废料不易去除，后处理难度大。叠层实体制造适合制造大中型、形状简单的实体零件，特别适合直接制造砂型铸造模。采用叠层实体制造的发动机部件模型如图 6.9 所示。

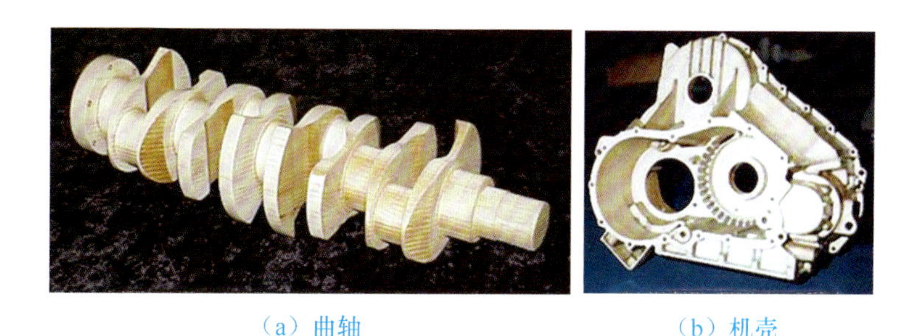

（a）曲轴　　（b）机壳

图6.9　采用叠层实体制造的发动机部件模型

6.2.4　熔融沉积成形

1. 熔融沉积成形的基本原理

熔融沉积成形（fused deposition modeling，FDM）是一种利用喷嘴熔融、挤出丝状成形材料，并在控制系统的控制下，按一定扫描路径逐层堆积成形的增材制造工艺，其基本原理如图6.10所示。

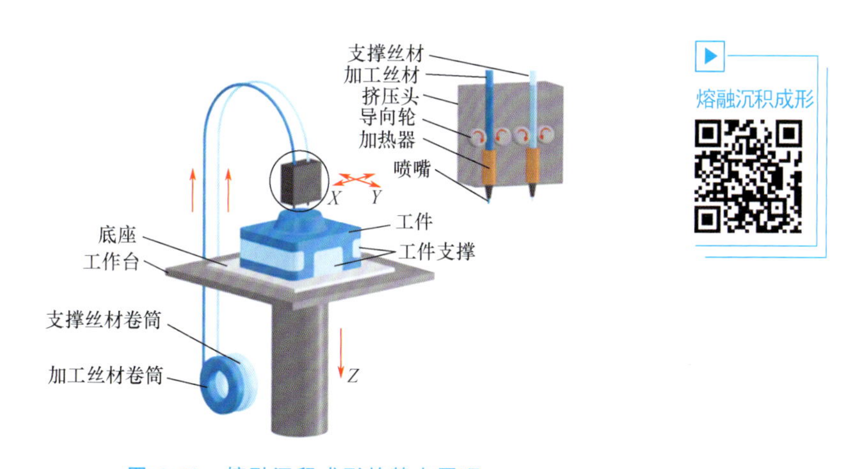

图6.10　熔融沉积成形的基本原理

熔融沉积成形的典型特征是使用喷嘴熔化、挤出成形材料并堆积成形，层与层之间仅靠堆积材料自身的热量扩散黏结。在成形过程中，成形材料被加热熔融后，在恒定压力作用下连续从喷嘴挤出，而喷嘴在 $X-Y$ 扫描机构的带动下进行二维扫描运动。当材料挤出和扫描运动同步进行时，由喷嘴挤出的丝状材料堆积形成材料路径，材料路径的受控积聚形成了零件的层片。堆积完一层后，工作台下降或喷嘴上升一个层厚高度，再进行新一层的堆积，直至完成整个零件的成形。

2. 熔融沉积成形的特点

熔融沉积成形的优点如下。

（1）材料广泛。一般的热塑性材料（如塑料、蜡、尼龙、橡胶等）进行适当改性后都可用于熔融沉积成形。熔融沉积成形时如果需要支撑结构，支撑材料与成形材料可以是异类异种，也可以是同种。随着可溶解性支撑材料的引入，熔融沉积成形的支撑结构去除难度大大降低。

(2) 成形零件具有优良的综合性能。采用熔融沉积成形 ABS、PC 等常用工程塑料的技术已经成熟，经检测，使用 ABS 材料成形的零件，其力学性能达到注塑模具零件的 60%～80%；使用 PC 材料成形的零件，其机械强度、硬度等指标达到或超过注塑模具生产的 ABS 零件的水平。因此可利用熔融沉积成形直接制造能满足实际使用要求的功能零件。

(3) 设备简单，成本低，可靠性高。熔融沉积成形靠材料熔融实现连接成形，由于不使用激光器及其电源，大大简化了设备，使设备尺寸减小、成本降低，而且设备运行、维护十分容易，工作可靠。

(4) 成形过程对环境无污染。熔融沉积成形所用材料一般为无毒、无味的热塑性材料，故对周围环境不会造成污染；设备运行时噪声很小，适合办公应用。

(5) 容易制成桌面化和工业化增材制造系统。

熔融沉积成形的缺点是精度低，不易制造复杂构件，悬臂件需加支撑，表面质量差。

熔融沉积成形适用于产品的概念建模及形状、功能测试，中等复杂程度的中小原型成形；不适合制造大型零件。

利用熔融沉积成形制造的样品如图 6.11 所示。

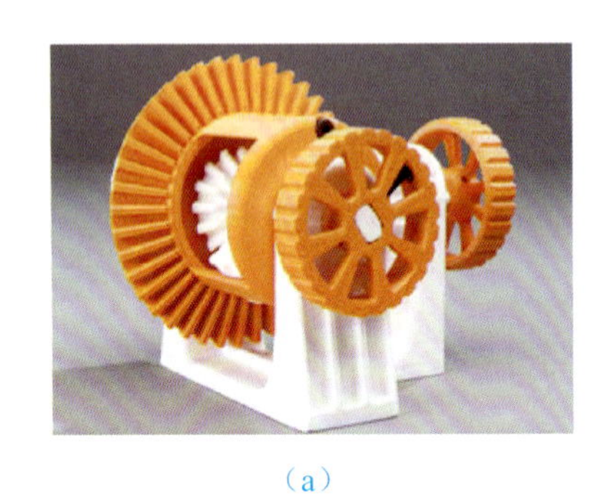

(a)

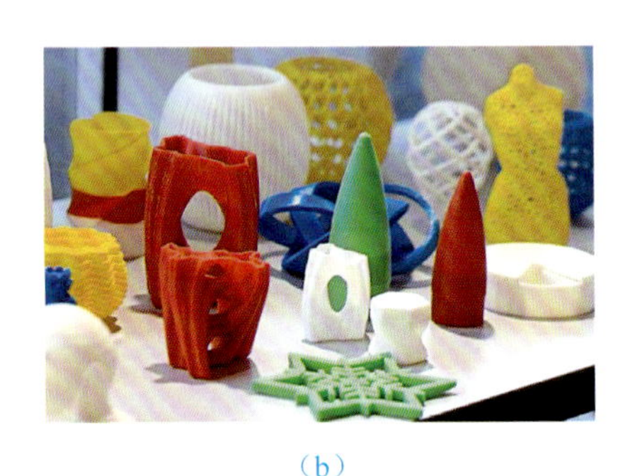

(b)

图 6.11 利用熔融沉积成形制造的样品

6.2.5 三维打印成形

1. 三维打印成形的基本原理

三维打印 (three dimension printing，3DP) 成形与激光选区烧结成形一样，成形材料也需要制备成粉末状，不同的是，三维打印采用喷射黏结剂黏结粉末的方法完成成形过程。其具体过程如下：先在底板上铺一层具有一定厚度的粉末；接着用微滴喷头在已铺好的粉末表面根据零件几何形状的要求在指定区域喷射黏结剂，完成对粉末的黏结；然后成形活塞下降一定高度（一般与一层粉末厚度相等），铺粉滚筒在成形粉末上铺设下一层粉末，微滴喷头继续喷射以实现黏结；周而复始，直到零件制造完成。由于没有被黏结的粉末在成形过程中起到支撑作用，因此三维打印可以制造悬臂结构和复杂内腔结构而不需单独设计、添加支撑结构。造型完成后，清理掉未黏结的粉末就可以得到需要的零件。三维打印成形的基本原理如图 6.12 所示，工艺流程如图 6.13 所示。在某些情况下，还需要进行类似于烧结的后处理工作。三维打印成形是唯一可打印全彩色样件的增材制造工艺。

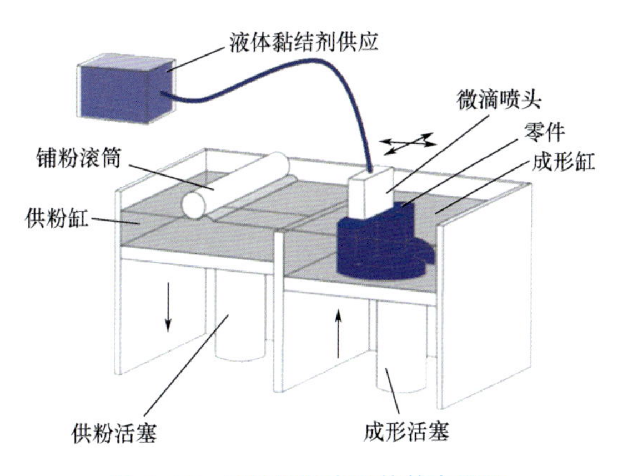

图6.12 三维打印成形的基本原理

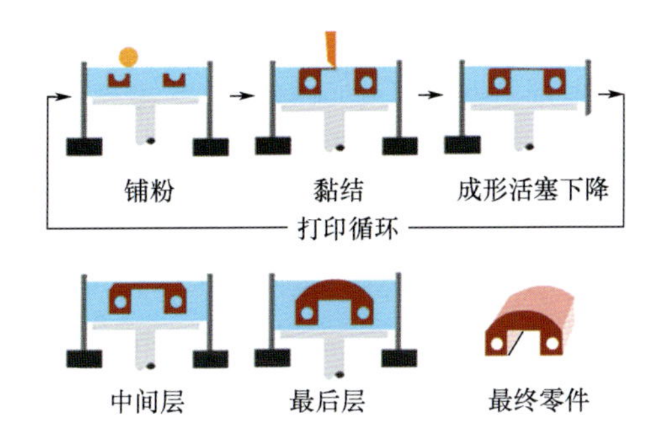

图6.13 三维打印成形的工艺流程

2. 三维打印成形的特点

三维打印成形采用数字微滴喷射技术。数字微滴喷射技术是指在数字信号的控制下，采用一定的物理或者化学手段，使部分工作腔内流体材料在短时间内脱离母体，成为一个（组）微滴或者一段连续丝线，以一定的响应率和速度从喷嘴流出，并以一定的形态沉积到工作台上的指定位置。

基于数字微滴喷射技术的三维打印成形具有如下特点。

(1) 效率高。由于三维打印成形可以采用多喷嘴阵列，因此能够大大提高造型效率。

(2) 成本低，结构简单，易小型化。由于微滴喷射技术无须使用激光器等高成本设备，因此三维打印成形设备成本较低，且结构简单，可以进一步结合微机械加工技术，使系统集成化、小型化，是实现办公室桌面化系统的理想选择。

(3) 适用的材料非常广泛。从原理上讲，只要一种材料能够被制备成粉末，就可能应用于三维打印成形中。在所有增材制造工艺中，三维打印成形最早实现了陶瓷材料的增材制造。其成形材料包括塑料、石膏粉、陶瓷和金属材料等。

(4) 可以制作彩色原型，粉末在成形过程中起支撑作用，且成形结束后去除比较容易。

利用三维打印成形的零件如图6.14所示。

图 6.14　利用三维打印成形的零件

6.2.6　其他增材制造工艺

1. 数字光处理成形

数字光处理（digital light processing，DLP）成形与立体光固化成形相似，但它使用高分辨率的数字光处理投影仪固化液态光聚合物（如光聚合树脂），逐层进行光固化。由于每层固化都是通过幻灯片似的片状固化，因此成形速度比立体光固化成形速度高。数字光处理成形精度高，在材料属性、细节和表面质量方面可与注塑成形的耐用塑料部件相媲美。数字光处理成形的基本原理如图 6.15 所示。利用数字光处理成形的模型样品如图 6.16 所示。

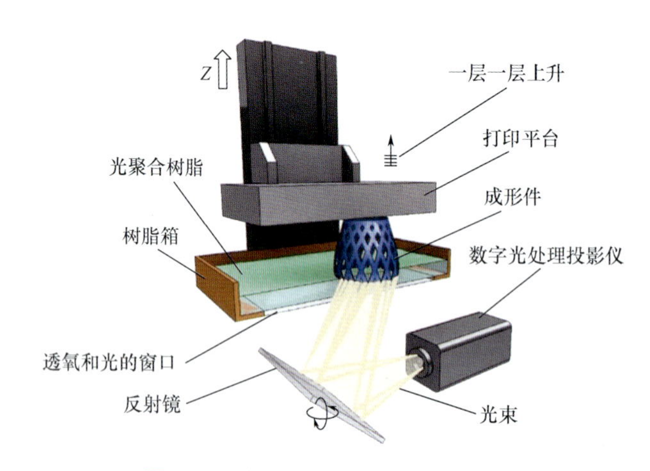

图 6.15　数字光处理成形的基本原理

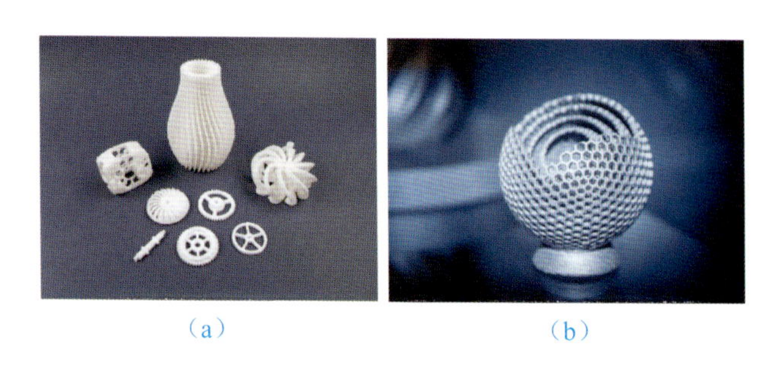

（a）　（b）

图 6.16　利用数字光处理成形的模型样品

2. 连续液态界面制造

所有增材制造技术，无论是对于金属还是非金属的工艺，都存在两个缺点：制造一个部件需耗费大量的时间，制造部件采用的多层材料将导致力学性能产生各向异性。连续液态界面制造（continuous liquid interface production，CLIP）不是基于片层材料的，而是用连续法制造的。树脂储存在一个特质的储罐内，储罐底部的窗口由可以透氧和光的聚四氟乙烯材料制成，连续液态界面制造利用氧气阻聚物的特性，氧气通过窗口与树脂底部液面接触，形成一层极薄的不能被紫外线固化的区域，称为死区（dead zone），而紫外线仍然可以透射通过死区，在上方继续产生聚合作用，避免固化的树脂与底部窗口粘连，紫外线可以连续照射树脂，打印平台连续抬升，提高了打印速度。连续液态界面制造与传统光固化成形的区别在于避免了停顿和重启的过程，是连续进行的。连续液态界面制造的工作原理如图 6.17 所示，连续液态界面制造现场如图 6.18 所示。

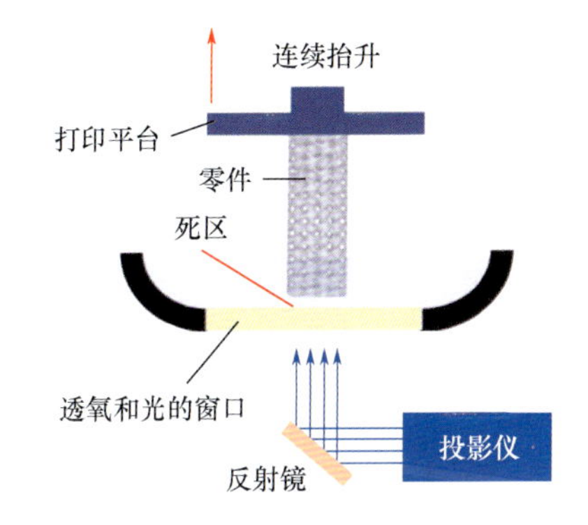

图 6.17 连续液态界面制造的工作原理

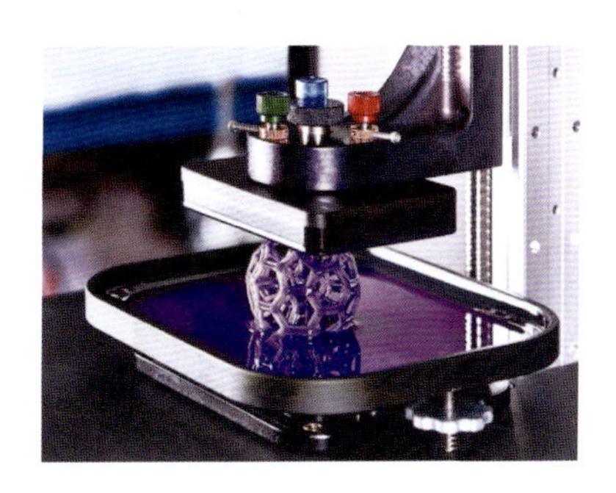
图 6.18 连续液态界面制造现场

连续液态界面制造打破了以往增材制造精度与速度不可兼得的困境。连续的照射过程令打印速度不再受切片层数量的影响，而仅取决于紫外线照射时的聚合速度及聚合的黏性，而切片层厚度决定了最终成品的表面精度。试验验证，在 1μm 的切片精度下，可成形肉眼难以辨识的光滑表面。连续液态界面制造原型增材制造机可打印 50μm～25cm 的物体。

连续液态界面制造

6.3 金属增材制造技术

6.3.1 激光熔化沉积

激光熔化沉积（laser melting deposition，LMD）是从激光熔覆技术发展而来的金属增材制造技术，又称直接激光沉积（directed laser deposition，DLD）。

作为一种典型的激光金属增材制造技术，激光熔化沉积将三维打印的“叠层—累加”原理和激光熔覆技术有机结合，以金属粉末为原料，通过“激光熔化—快速凝固”逐层沉积，形成金属零件。激光熔化沉积原理如图 6.19 所示，激光的高能量使金属粉末和基材熔化，在基材上形成熔池，熔化的粉末在熔池上方沉积，冷却凝固后，在基材表面形成熔覆层。根据成形件模型的分层切片信息，运动控制系统控制 $X-Y$ 工作台、Z 轴上的激光头和送粉喷嘴运动，逐点、逐线、逐层形成具有一定高度和宽度的金属层，最终形成整个金属零件。

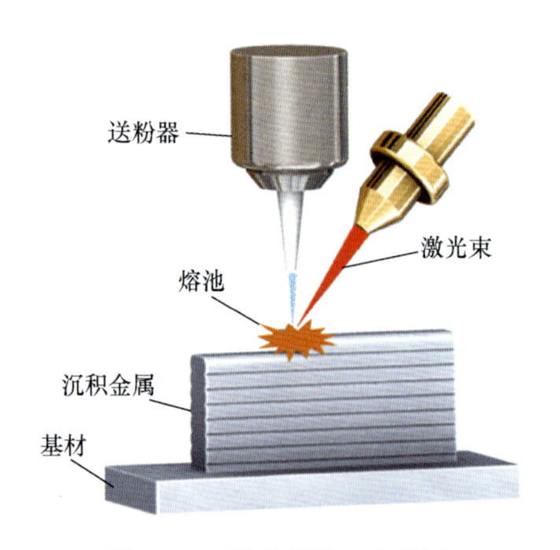

图 6.19　激光熔化沉积原理

激光熔化沉积通常用于沉积各种自由形态的金属构件，其致密度接近 100%，力学性能与锻造材料相当，构件可以是薄壁或厚块的材料。激光熔化沉积加工现场及制造的带冷却通道的喷管构件如图 6.20 所示。

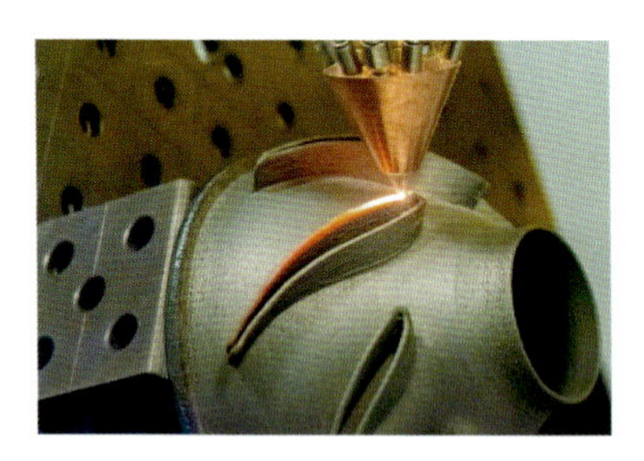

（a）加工现场

（b）带冷却通道的喷管构件

图 6.20　激光熔化沉积加工现场及制造的带冷却通道的喷管构件

激光熔化沉积具有以下特点。

（1）无须制备零件毛坯、加工锻压模具及大型或超大型锻铸工业基础设施及相关配套设施。

（2）材料利用率高，机加工量小，数控机加工时间短。

（3）生产制造周期短，工序少，工艺简单，具有高度的柔性与快速反应能力。

激光熔化沉积在新型汽车制造、航空航天、新型武器装备中的高性能特种零件和民用工业中的高精尖零件的制造领域有极好的应用前景，尤其是在常规方法很难加工的梯度功能材料、超硬材料和金属间化合物材料零件快速制造及大型模具的直接快速制造方面应用前景广阔。

6.3.2 激光选区熔化及电子束选区熔化

1. 激光选区熔化

激光选区熔化（selective laser melting，SLM）是在选择性烧结基础上应用大功率激光器直接熔化金属粉末而发展起来的高精度金属近净成形技术。

激光选区熔化与激光熔化沉积的主要不同点在于激光功率和加工原料供给方式。激光熔化沉积的原料供给方式一般为同轴送粉或者侧向送粉，而激光选区熔化采用粉床铺粉方式。激光选区熔化原理如图6.21所示，根据零件的三维模型的分层切片信息，扫描振镜控制激光束作用于成形缸内的粉末表面；扫描完一层，成形缸的活塞下降一个层厚距离；接着供粉缸内的活塞上升一个层厚的距离，铺粉刮刀铺展一个层厚的粉末，沉积于成形层上；然后，重复上述成形过程，直至所有三维模型的切片层全部扫描完毕。这样三维模型通过逐层累积方式直接成形为金属零件。

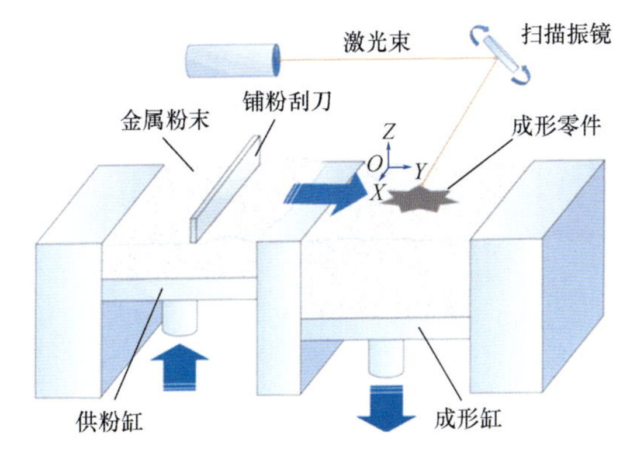

图6.21 激光选区熔化原理

激光选区熔化是极具发展前景的金属零件增材制造技术，为保证金属粉末材料快速熔化，需要高功率密度激光器，光斑聚焦由几十微米到几百微米。激光选区熔化的应用范围已扩展到航空航天、微电子、医疗、珠宝首饰等领域。图6.22所示为利用激光选区熔化制造的零件。

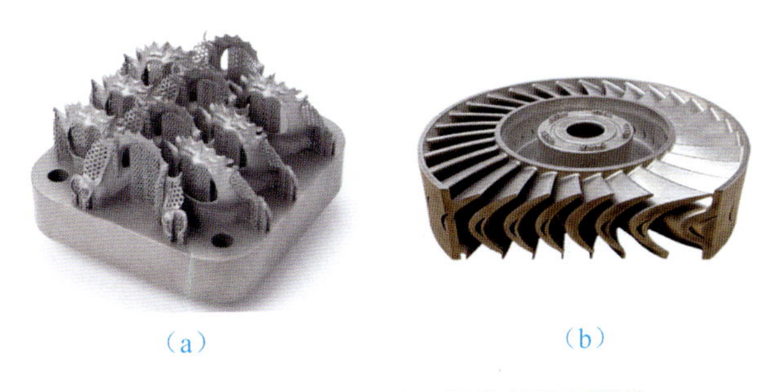

(a) (b)

图6.22 利用激光选区熔化制造的零件

激光选区熔化的主要应用领域如下。

(1) 超轻航空航天零部件的快速制造。在满足各种性能要求的前提下，与传统加工方法制造的零件相比，利用激光选区熔化制造的零件的质量可以减轻50%以上，并且可以减少装配。

（2）刀具、模具的快速制造。利用激光选区熔化可以快速制造具有随形冷却流道的刀具和模具，且冷却效果更好，从而减少冷却时间，提高生产效率和产品质量。

（3）微散热器的快速制造。利用激光选区熔化可以快速制造具有交叉流道的微散热器，流道结构尺寸可以达到0.5mm，表面粗糙度可以达到$Ra8.5\mu m$。微散热器可以用于冷却高能量密度的微处理器芯片、激光二极管等具有集中热源的器件，主要应用于航空、电子领域。

（4）骨植入假体的个性化定制。激光选区熔化具有响应快速、周期短的优势，适合个性化假体的快速制造。此外，激光选区熔化也可为骨组织工程制造拓扑优化的多孔支架。

2. 电子束选区熔化

电子束选区熔化（electron beam selective melting，EBSM）也称电子束熔融（electron beam melting，EBM）。电子束选区熔化和激光选区熔化本质是一样的，只是加工热源换成了电子束，利用高速电子的冲击动能熔化材料。在真空条件下，将具有高速度和高能量的电子束聚焦到被加工材料，绝大部分电子的动能转换为热能，使材料局部瞬时熔融，从而实现材料的层层堆积，最终成形出完整的零件。图 6.23 所示为利用电子束选区熔化制造的零件。

图 6.23 利用电子束选区熔化制造的零件

6.3.3 电子束自由形状制造

电子束自由形状制造（electron beam free form fabrication，EBF3）是近年发展起来的增材制造技术，与其他增材制造技术一样，需要对零件的三维模型进行分层处理，并生成加工路径。电子束自由形状制造原理如图 6.24 所示，利用电子束作为热源，熔化送进的

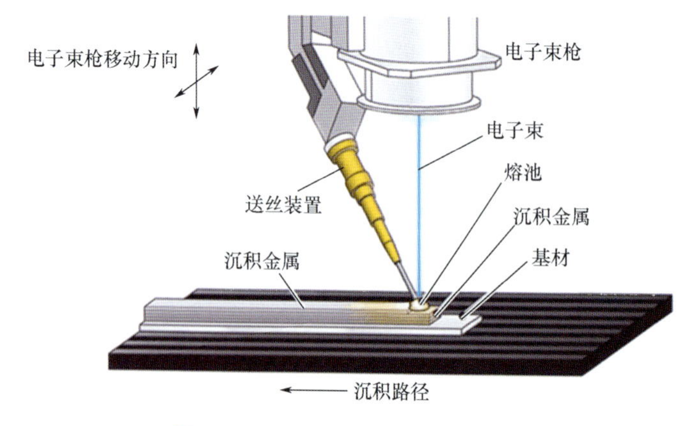

图 6.24 电子束自由形状制造原理

金属丝材按照预定路径逐层堆积，与前一层面形成冶金结合，直至形成致密的金属零件。该技术具有成形快、保护效果好、材料利用率高、能量转换效率高等特点，适合大、中型钛合金及铝合金等活性金属零件的成形制造与结构修复。

利用电子束自由形状制造的零件如图 6.25 所示。

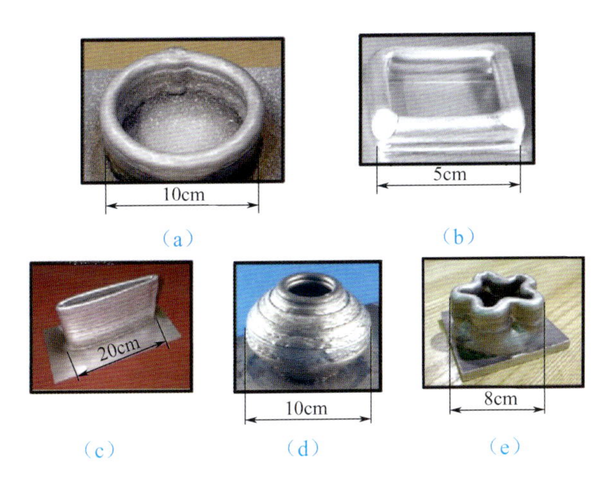

图 6.25　利用电子束自由形状制造的零件

6.3.4　电弧熔丝增材制造

电弧熔丝增材制造（wire and arc additive manufacturing，WAAM）采用电弧或等离子弧作为热源，将金属丝材熔化逐层沉积成形，由“线—面—体”的路径逐层堆积制造出接近产品形状和尺寸要求的三维金属坯件。电弧熔丝增材制造成形的零件由全焊缝金属组成，成分均匀、致密性高，与铸造和锻造工艺相比，成形件的力学性能好、整体质量好、组织致密度高，成形后辅以少量机械加工，能达到产品的使用要求。该技术是对发展较快的激光增材制造、电子束增材制造的有益补充。

电弧熔丝增材制造原理如图 6.26 所示，可以采用同轴送丝或旁轴送丝形式。

与其他金属增材制造技术相比，电弧熔丝增材制造不需要高功率激光器、电子束发生器等昂贵设备，只需常规的金属焊枪，再结合多轴数控运动控制或者机械臂控制及相应的送丝机构，即可实现大尺寸金属构件的增材制造及金属构件的修复再制造。图 6.27 所示为电弧熔丝增材制造加工现场，图 6.28 所示为电弧熔丝增材制造的零件及机加工后的产品。

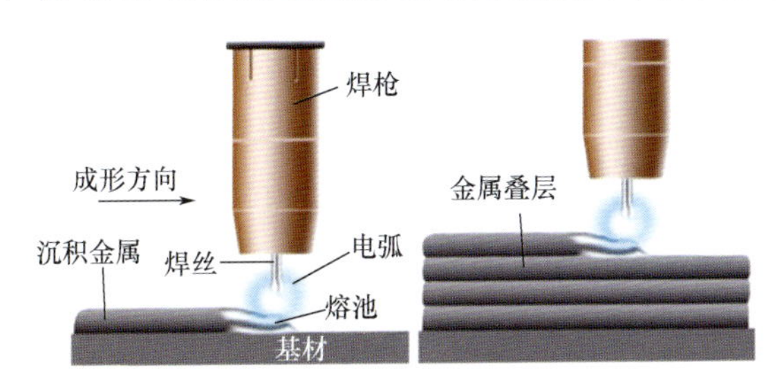

图 6.26　电弧熔丝增材制造原理

图 6.27　电弧熔丝增材制造加工现场

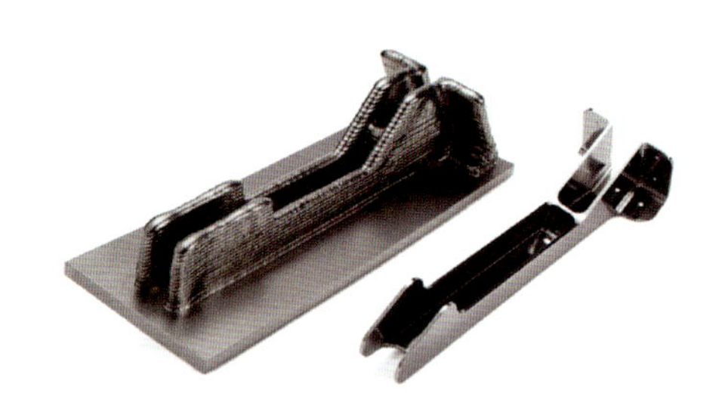

图 6.28 电弧熔丝增材制造的零件及机加工后的产品

电弧熔丝增材制造具有设备成本低、改装容易、沉积速度快、节约原材料、不受尺寸限制和易实时修复等诸多优点，越来越受到研究人员的青睐。

电弧熔丝增材制造本质是一种基于电弧熔丝的堆焊技术，是一个多参数耦合作用的复杂过程，各层堆积高度不稳定，难以精确预测并控制焊缝的尺寸及形貌，一般需要在成形过程中通过二次表面机加工控制精度。

思考题

6-1 增材制造技术的原理是什么？

6-2 增材制造技术与传统制造技术有什么区别？

6-3 增材制造技术能给制造业带来什么影响和变革？

6-4 五种典型增材制造技术工艺是什么？各有什么特点？

6-5 金属增材制造技术的主要工艺有哪些？

6-6 请列举几个本书未介绍的增材制造技术（最少三个）。

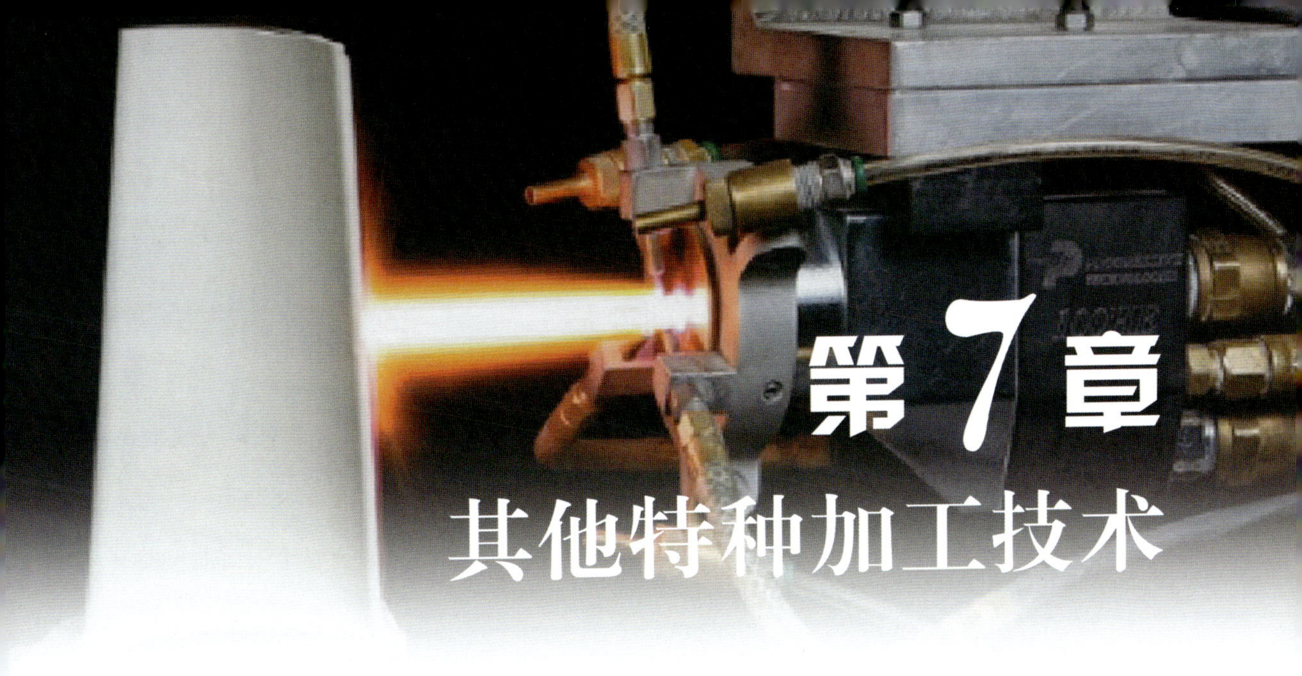

第7章 其他特种加工技术

◇ 本章教学要求

教学目标	知识目标	（1）了解化学加工的分类； （2）掌握超声加工的原理； （3）熟悉等离子体加工的原理及形式； （4）了解水射流切割的原理及特点； （5）了解磨粒流加工的原理及特点
	能力目标	了解特种加工除了常见的采用电能、热能、光能、电化学能以外，还可以采用其他的能量方式或者能量的组合方式进行特种加工
	思政落脚点	科学精神、专业与社会
教学内容		（1）化学加工； （2）超声加工； （3）等离子体加工； （4）水射流切割； （5）磨粒流加工
重点、难点及解决方法		等离子弧切割适合的工况，以及其与激光切割各自的特点，可以通过教材提供的加工视频让学生进一步理解
学时分配		授课2学时

7.1 化学加工

7.1.1 化学加工的概念及形式

化学加工（chemical machining，CHM）利用酸、碱、盐等化学溶液与金属产生化学反应，使金属溶解，从而改变工件的尺寸、形状及表面性能。

化学加工的形式很多，属于成形加工的有化学铣削、光化学腐蚀，属于表面加工的有化学抛光和化学镀膜等。

7.1.2 化学加工的分类

1. 化学铣削

化学铣削（chemical milling，CHM）实际上是较大面积和较深尺寸的化学刻蚀（chemical etching，CHE），其原理如图 7.1 所示。经过表面预处理、涂保护层、固化、刻形，使未保护的刻蚀区域接触化学溶液，达到溶解腐蚀的作用，从而形成凹凸或者镂空成形的效果。图 7.2 所示为化学铣削加工机翼表面的现场。

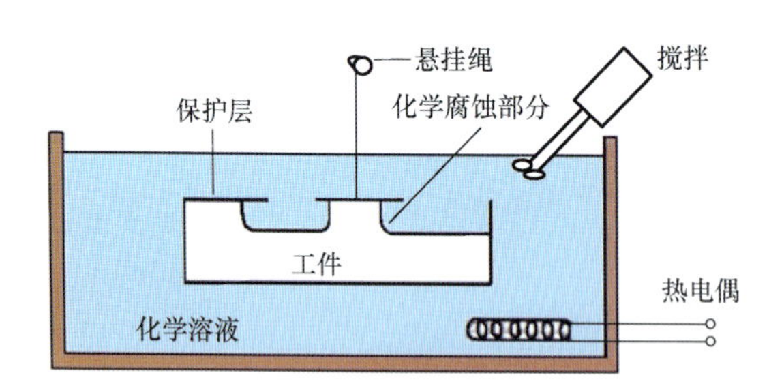

图 7.1 化学铣削原理

图 7.2 化学铣削加工机翼表面的现场

化学铣削工艺流程如图 7.3 所示。首先将金属零件清洗除油，在表面涂覆能够抵抗腐蚀作用的可剥性保护涂层，经室温或高温固化后刻形；接着人工剥去涂覆于需要铣切加工部位（即需腐蚀处）表面的保护涂层；然后把零件浸入腐蚀溶液中，对裸露的表面进行腐蚀；腐蚀完毕，进行清洗；最后剥去剩余的保护涂层。

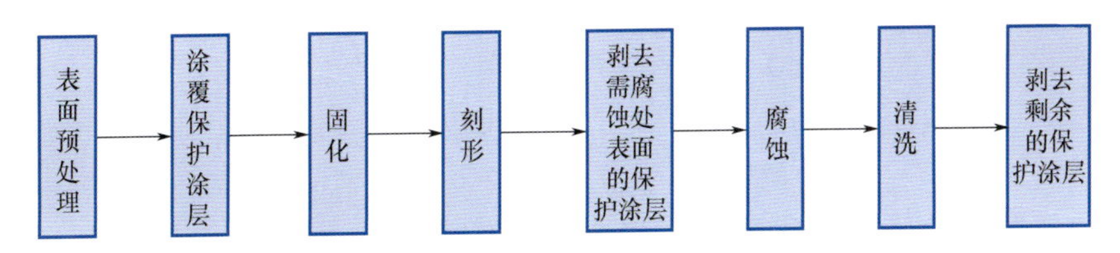

图 7.3 化学铣削工艺流程

化学铣削可用于航空航天、机械、化学工业中电子薄片零件精密刻蚀产品的加工，也可用于大型薄板类零件质量的减轻。

2. 光化学腐蚀

光化学腐蚀又称光化学加工（optical chemical machining，OCM），是光学照相制版和光刻结合的一种精密加工技术。它与化学铣削的区别在于不靠人工刻形剥去涂层，而是用照相感光确定工件表面需要蚀除的图形、线条，可以加工出十分精细的文字图案及零件。目前，光化学腐蚀常用于在薄片金属基底上批量生产高精度的薄片金属零件，尤其在电子工业及精密机械领域应用广泛，如生产各种筛片、电动机的定子片和转子片、电子构件的系统载体、特种簧片、发动机的装饰栅片和保护栅片等。

光化学腐蚀工艺流程如图 7.4 所示。利用光化学腐蚀制造的产品如图 7.5 所示。

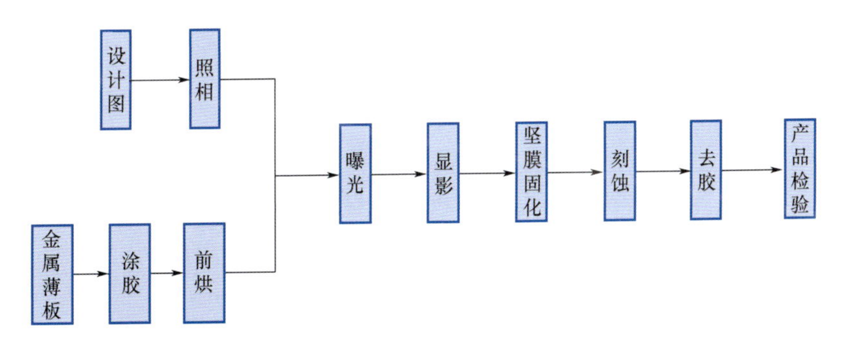

图 7.4 光化学腐蚀工艺流程

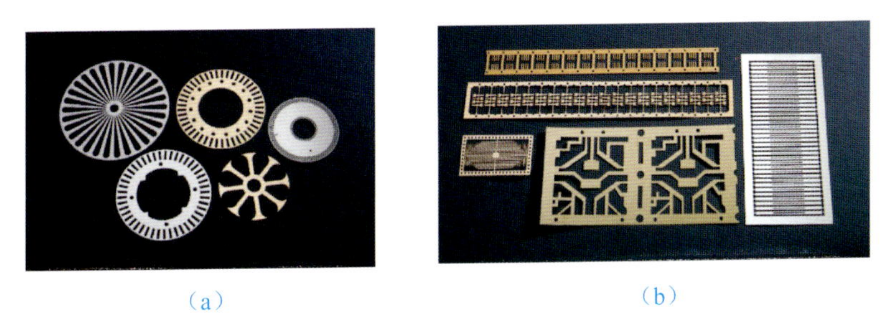

(a) (b)

图 7.5 利用光化学腐蚀制造的产品

光化学腐蚀在半导体器件和集成电路制造领域称为光刻，即运用曝光的方法将精细的图形转移到光刻胶上，是该领域很关键的工艺。在微电子方面，光刻主要用于集成电路的PN结、二极管、晶体管、整流器、电容器等元器件的制造，并将它们连接在一起构成集成电路。

3. 化学抛光

化学抛光（chemical polish，CP）用硝酸或磷酸等氧化剂溶液，使工件表面氧化，产生的氧化层能慢速溶入溶液，微凸处氧化较快，微凹处氧化较慢，从而逐步使表面平整。其原理如图 7.6 所示。化学抛光可抛光形状复杂的零件，明显改善零件表面粗糙度。

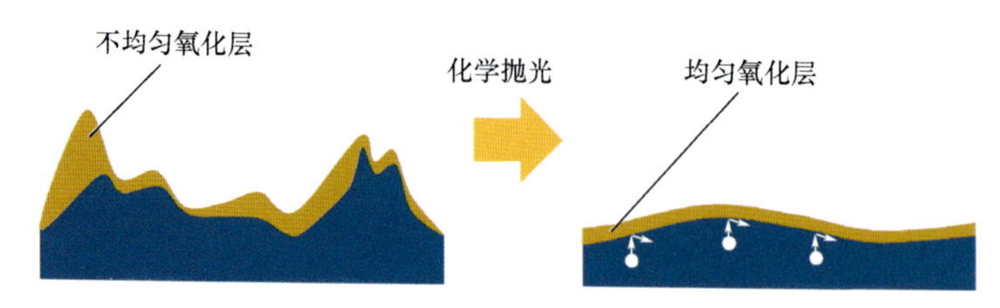

图 7.6 化学抛光原理

塑料表面化学镀膜

化学抛光设备简单，有些非导体材料也可以采用化学抛光。

4. 化学镀膜

化学镀膜是在含金属的盐溶液中加入一种还原剂，将镀液中的金属离子还原成原子并沉积在被镀的工件表面。镀膜主要起装饰、防腐蚀或导电作用。应用较广泛的化学镀膜是镀镍、镀铬、镀钴、镀锌，其次是镀铜、镀锡。电铸前，非金属工具电极的导电化处理经常采用化学镀铜或镀银。

7.2 超声加工

7.2.1 超声加工的原理

声波是人耳能感受的一种纵波，人耳能感受的频率为 20Hz～20kHz。频率超过 20kHz 的声波称为超声波。超声波与普通声波一样，可以在气体、液体和固体介质中传播。由于超声波频率高、波长短、能量大，因此传播时反射、折射、共振及损耗等现象更明显。

超声加工（ultrasonic machining，USM）是利用工具做超声频振动，通过悬浮液加工硬脆材料的一种加工方法。超声加工示意图如图 7.7 所示。加工时，在工具头与工件之间加入液体与磨料混合的悬浮液，并在工具振动方向施加一个不大的压力，超声波发生器产生的超声频电振荡通过换能器转变为超声频的机械振动，变幅杆将振幅放大到 0.01～0.15mm 后传给工具，并驱动工具做超声振动，迫使悬浮液中的悬浮磨料在工具的超声频振动下以很高的速度不断撞击、抛磨被加工表面，把加工区域的材料粉碎成很细的微粒，从工件表面打击下来。虽然每次打击下来的材料不多，但由于每秒打击 20000 次以上，因此仍具有一定的加工速度。与此同时，悬浮液受工具超声频振动作用而产生的液压冲击和空化作用促使液体钻入加工材料的裂隙处，加速了对材料的破坏作用，而液压冲击也强迫悬浮液在加工间隙中循环，及时更新变钝的磨料。

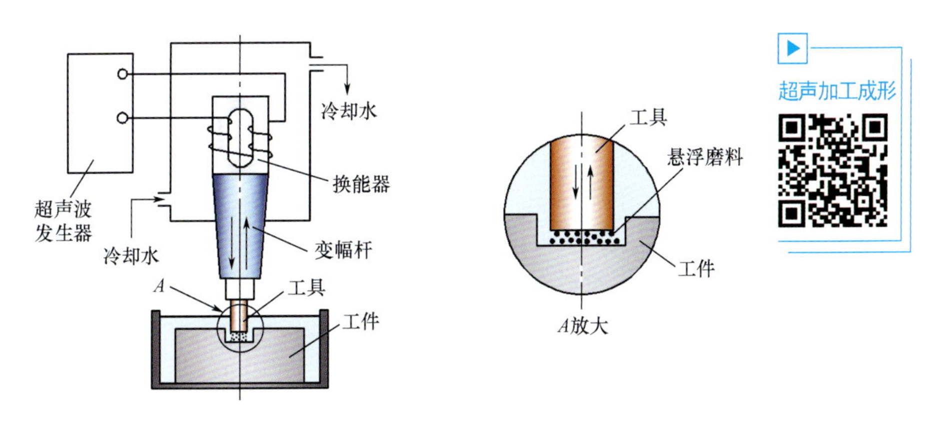

图 7.7 超声加工示意图

由此可见，**超声加工去除材料的机理主要如下**：①在工具超声频振动的作用下，磨料对工件表面的直接撞击；②高速磨料对工件表面的抛磨；③悬浮液的空化作用对工件表面的侵蚀。其中磨料的撞击作用是主要机理。

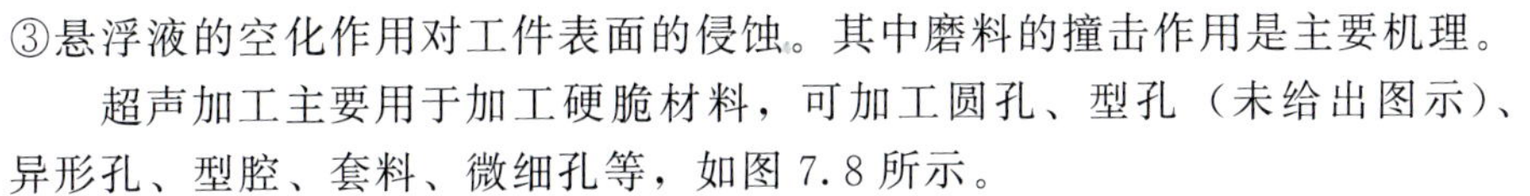

超声加工主要用于加工硬脆材料，可加工圆孔、型孔（未给出图示）、异形孔、型腔、套料、微细孔等，如图 7.8 所示。

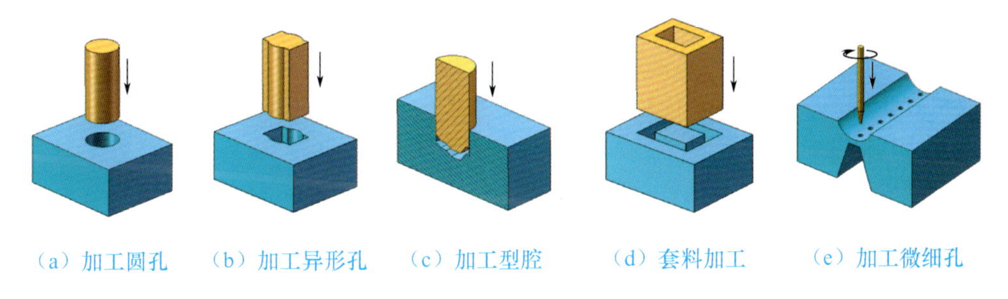

（a）加工圆孔　（b）加工异形孔　（c）加工型腔　（d）套料加工　（e）加工微细孔

图 7.8 常见超声加工方式

7.2.2 超声加工的特点

超声加工的主要特点如下。

（1）适合加工各种硬脆材料，特别是不导电的非金属材料，如玻璃、陶瓷、石英、石墨、玛瑙、宝石、金刚石等。

（2）由于工具可用较软的材料制成复杂的形状，不需要使工具和工件做比较复杂的相对运动，因此机床结构简单。

（3）由于去除加工材料是靠磨料瞬时局部撞击的作用，工件表面的宏观切削力很小，切削应力、切削热也很小，不会引起工件的热变形和烧伤，因此加工表面质量好。

超声加工的精度除受机床、夹具精度影响，还与磨料粒度、工具精度及磨损情况、工具横向振动、加工深度、被加工材料性质等有关，一般加工孔的尺寸精度为±0.02～±0.05mm。

7.2.3 超声波清洗

超声波清洗（ultrasonic cleaning）利用超声波在液体中的空化作用、加速度作用及直进流作用直接、间接冲击液体和污物，使污物层分散、乳化、剥离而达到清洗目的。在超声波清洗机（图 7.9）中，空化作用和直进流作用应用得更多。清洗中，工件被放置在篮筐中或悬挂在超声波清洗机中，工件不能接触清洗槽底部，否则会影响清洗效果。

超声波清洗发动机部件

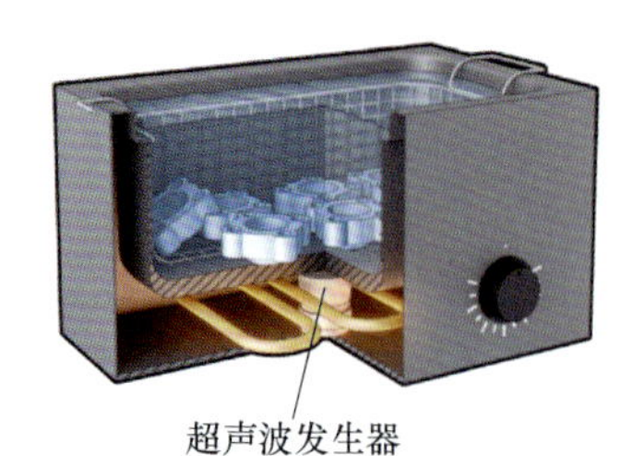

图 7.9　超声波清洗机

超声波传播时能够引起质点振动，质点振动的加速度与超声频率的平方成正比。因此几万赫兹的超声波会产生极大的作用力，强超声波在液体中传播时，受非线性作用而产生声空化。当空化气泡突然闭合时，发出的冲击波可在其周围产生上千个大气压力，对污物层直接反复冲击，一方面降低污物与清洗件表面的吸附程度，另一方面使污物层破坏而脱离清洗件表面并分散到清洗液中。气泡的振动也能擦洗固体表面。气泡还能“钻入”裂缝中振动，使污物脱落。对于油脂性污物，由于超声波空化作用，两种液体在界面迅速分散而乳化，当固体粒子被油污包裹而黏附在清洗件表面时，油被乳化，固体粒子脱落。空化气泡在振动过程中会使液体本身产生环流，即声流。它可使振动气泡表面存在很高的速度梯度和黏滞应力，促使清洗件表面污物的破坏和脱落。超声波空化在固体和液体表面上产生的高速微射流能够除去或削弱边界污物层及腐蚀的固体表面，增加搅拌作用，加速可溶性污物的溶解，强化化学清洗剂的清洗作用。此外，超声频振动在清洗液中引起质点很大的振动速度和加速度，也使清洗件表面的污物受到频繁而激烈的冲击。

超声波清洗广泛应用于表面喷涂处理、机械、电子、医疗、半导体、钟表首饰、光学、纺织印染等行业。

7.3 等离子体加工

7.3.1 等离子体加工的原理

等离子体加工又称等离子弧加工（plasma arc machining，PAM），利用电弧放电使气体电离成过热的等离子气体流束，靠局部熔化及气化去除工件材料。等离子弧是高能量密度的压缩电弧，温度高达 15000～30000℃，现有的任何高熔点金属和非金属材料都可被等离子弧熔化。图 7.10 所示为等离子体加工原理。当对两个电极施加一定的电压时，空气中的分子发生放电电离，形成等离子区，电子和离子高速对流，相互碰撞，产生大量热能。

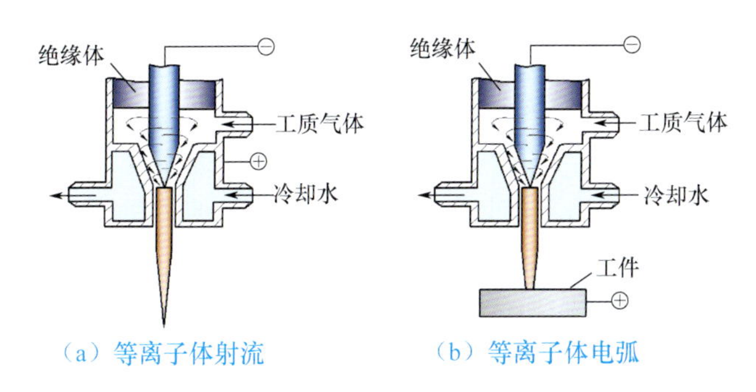

（a）等离子体射流　　（b）等离子体电弧

图 7.10　等离子体加工原理

图 7.10（a）所示为等离子体射流。它是由进气口向喷枪吹入工质气体，形成回旋气流，使阴极和阳极喷嘴之间产生电弧放电，导致气体受热膨胀，从喷嘴喷出射流。其中心部位温度约为 20000℃，平均温度为 10000℃，但由于靠热传导作用加热，效果较差，因此多用于材料喷涂及材料球化等。

图 7.10（b）所示为等离子体电弧。它是通过阴极喷嘴直接向阳极工件进行电弧放电。由于在喷嘴的内侧面流过的工质气体形成与电弧柱相应的气体鞘，压缩电弧，因此电流密度大大提高。因为等离子体电弧是电弧直接对材料加热，其效果比等离子体射流好得多，所以多用于对金属材料的切割、焊接和熔化等。

7.3.2 等离子弧切割

等离子弧切割利用高速、高温和高能量的等离子焰流加热、熔化被切割材料，并利用高速等离子的动量排除熔融金属以形成切口。

常见水压缩等离子弧切割原理及切割现场如图 7.11 所示，枪体通入高压水，由喷嘴孔道喷出，与等离子弧直接接触，一方面强烈压缩等离子弧，使其能量密度提高，另一方面因等离子弧的高温而分解成氢气和氧气，也构成切割气体的一部分；分解成的氧气对切割碳钢更有利，加强了碳钢的燃烧；高速水流冲刷切割处，对工件有强烈冷却作用。等离子弧切割的切口倾斜角度小，切口质量好，应用于水中切割工件，可以大大减少切割噪声、烟尘和烟气。

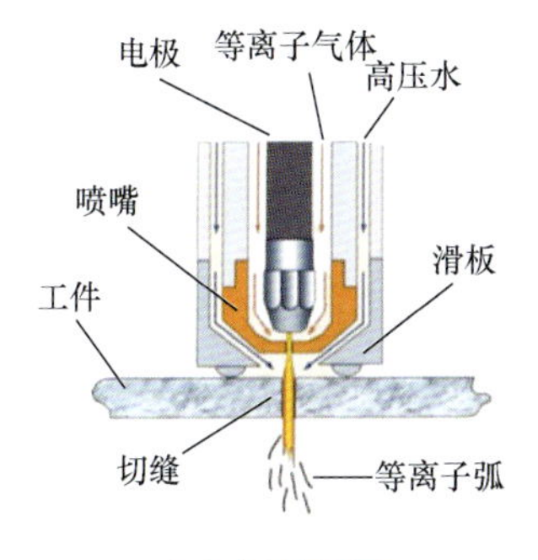

（a）切割原理　　（b）切割现场

图 7.11　常见水压缩等离子弧切割原理及切割现场

等离子弧切割具有以下特点。

（1）等离子弧温度高，能量密度大。弧柱的稳定性、挺直度好，焰流有很大的冲刷力，切割件的切口窄、整齐、光洁、无挂渣，切割件变形和热影响区较小，并且切口边缘的硬度及化学成分变化不大，一般切割后可以直接焊接而无须清理。

（2）切割速度快、生产率高。如切割厚度 25mm 以下的碳钢板时，等离子弧切割比火焰切割快，而切割厚度大于 25mm 的碳钢板时，火焰切割快。

（3）可以切割绝大多数金属和非金属。采用等离子体电弧可切割钛、钼、钨、铸铁、不锈钢、铜及铜合金、铝及铝合金等；采用等离子体射流还可以切割花岗石、碳化硅等非金属材料。

（4）采用等离子体电弧切割时，其电源空载电压高，等离子流速高，热辐射强，噪声、烟气和烟尘严重，工作条件较差，应注意加强安全防护。

7.3.3 等离子喷涂

等离子喷涂利用等离子弧的高温，将难熔的金属粉末或非金属粉末快速熔化，并以很高的速度喷射成很细的颗粒，随等离子焰流一起喷射到工件上，产生塑性变形后黏结在工件表面，形成一层结合牢固的具有特殊性能的涂层。等离子喷涂原理如图 7.12 所示。发动机叶片表面等离子喷涂陶瓷涂层现场如图 7.13 所示。

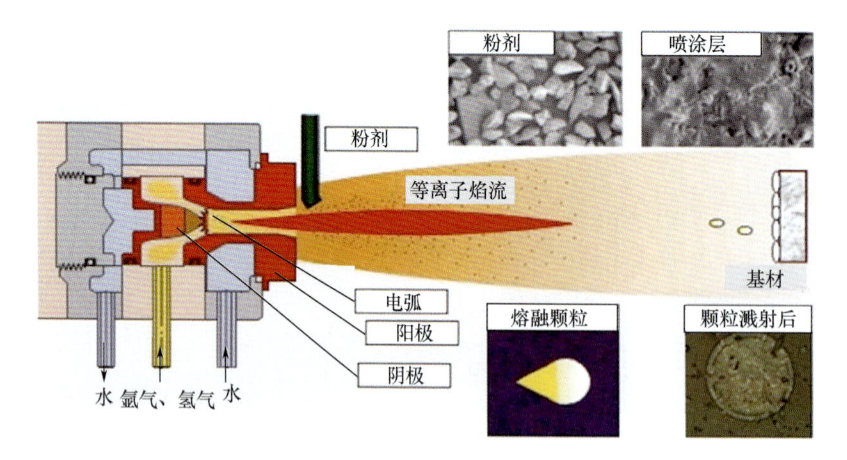

图 7.12 等离子喷涂原理

图 7.13 发动机叶片表面等离子喷涂陶瓷涂层现场

常用的等离子喷枪功率为60～80kW。等离子喷涂可用于喷涂氧化铝、钼粉等作为耐热层用，也可喷涂碳化钨、碳化钛、碳化硼粉等作为耐磨层用，还可喷涂铜粉或氧化铝、铝矾土等作为导电层或介电层用。

等离子喷涂极具前途的应用是陶瓷喷涂，因多种陶瓷材料的共同特点是熔点高、硬度高、耐高温、耐磨损、耐腐蚀、化学稳定性好，而且成本较低。

7.3.4 等离子电弧焊

等离子电弧焊是一种惰性气体保护焊，特别在薄板焊接及钢丝焊接方面能发挥优越性；也可高效地焊接中等厚度的板料。中厚板等离子电弧焊以高效焊接为目的，而薄板等离子电弧焊以精密焊接为目的。图7.14所示为等离子电弧焊原理及加工现场。

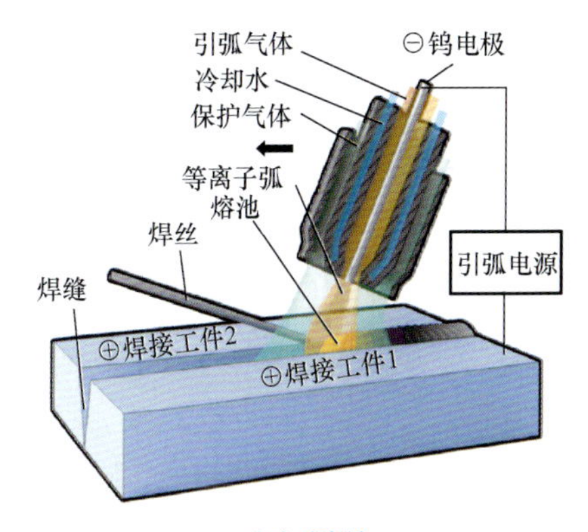

(a) 原理

(b) 加工现场

图7.14 等离子电弧焊原理及加工现场

通常将厚度为2～12mm的板材焊接，称为中厚板焊接；厚度小于2mm的板材焊接，称为薄板焊接。中厚板焊接伴随着穿孔过程的进展进行，即焊接开始时，在材料的对接处，先由等离子弧喷熔出一个小孔，等离子体射流从下部喷出小孔中的材料，随着等离子弧沿着焊缝向前移动，熔孔移动，而孔中被熔金属围绕熔化的孔壁向后方依次填充，一边移动，一边凝固，逐步形成焊缝金属结构。薄板焊接则不会产生穿孔现象，只是熔入焊缝。

等离子电弧焊具有以下特点。

(1) 中厚板焊接具有较深的焊缝，焊透性好，焊接速度高，热影响区小，精度高。

(2) 等离子弧喷射方向性好，工作稳定可靠。

(3) 焊接过程污染少，焊缝金属纯度高。

(4) 焊缝力学性能良好。

7.4 水射流切割

7.4.1 水射流切割的原理

水射流切割（water jet cutting，WJC）又称液体喷射加工（liquid jet machining,

LJM)，利用水或水加添加剂，经泵增压后达到 100～400MPa 的压力，再经蓄能器，使高压液流平稳流动，加工时通过增压器的作用，最高能达到 7000MPa 的压力，通过人工宝石口将高速液流束从孔径为 $\phi0.1$～$\phi0.5$mm 的喷嘴喷射到工件上，达到去除材料的目的。水射流切割时水流具有极大动能，可以穿透化纤、木材、皮革、橡胶等，需要时，可以在高速液流中混合一定比例的磨料，可以穿透几乎所有坚硬材料，如陶瓷、石材、玻璃、金属、合金等。加工深度取决于射流喷射的速度、压力和喷射距离。高压液流冲刷下来的切屑被液体带走。入口处射流的功率密度可达 10^6 W/mm^2。图 7.15 所示为水射流切割原理及喷嘴结构。

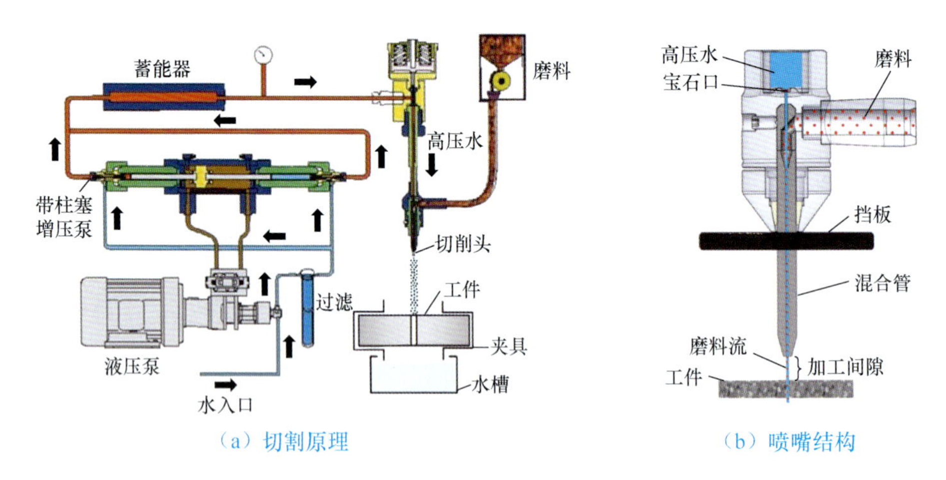

(a) 切割原理　　(b) 喷嘴结构

图 7.15　水射流切割原理及喷嘴结构

7.4.2　水射流切割的特点

水射流切割的主要特点如下。

(1) 加工精度高（为 0.005～0.075mm），切边质量好。

(2) 可以切割多种材料，不但可以切割钢、铝、铜等金属，而且可以切割塑料、皮革、纸张等非金属材料。

(3) 加工速度高。

(4) 切缝窄，一般为 0.04～0.075mm。

(5) 不产生热量，适合加工木材等易燃材料。

(6) 加工产物混入液流排出，无尘、无污染，喷嘴使用寿命长，设备简单，加工成本低。

水射流切割按工作介质分为纯水射流切割和在水中加磨料的磨料水射流切割两种。由于纯水射流切割仅利用水的高压动能，因此切割能力较差，适用于切割质地较软的材料，可以对很薄、很软的金属或非金属（如铜、铝、铅、塑料、木材、橡胶、纸张等）进行切割或打孔。由于磨料水射流切割液体喷射中磨料的冲击作用远大于纯水，因此切割能力大大提高，可以代替硬质合金切槽刀具，而且切边质量很好，特别适合加工硬质材料，如金属材料、合金、陶瓷和复合材料。图 7.16 所示为水射流切割的零件。

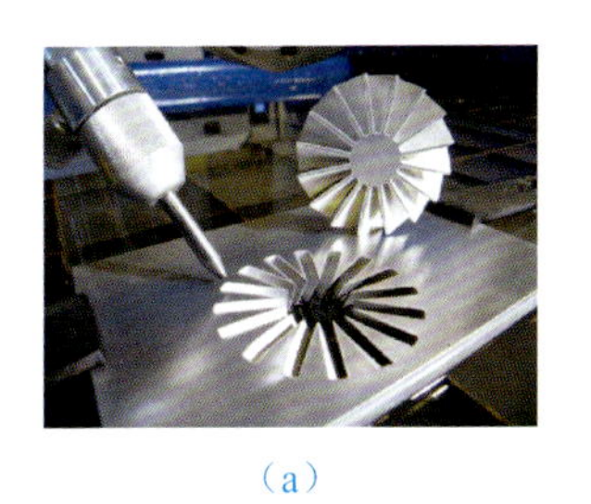
（a）

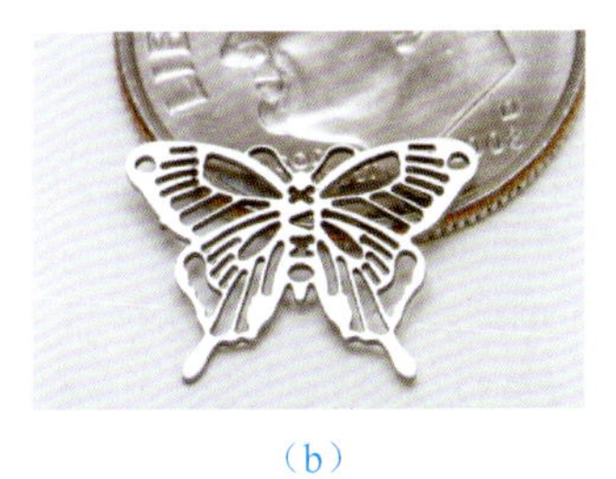
（b）

图 7.16 水射流切割的零件

7.5 磨粒流加工

7.5.1 磨粒流加工的原理

磨粒流加工（abrasive flow machining，AFM）也称挤压珩磨，是一种以含磨料的半流动状态的黏弹性磨料介质，在一定压力下流过被加工表面，通过磨粒的刮削作用去除工件表面微观不平材料的工艺方法。磨粒流加工几乎能加工所有的金属材料，也能加工陶瓷、硬塑料等。图 7.17 所示为磨粒流加工过程示意图，工件被安装且被压紧在夹具中，夹具与上、下磨料室相连，磨料室内充以黏弹性磨料，活塞在往复运动过程中通过黏弹性磨料对所有表面施加压力，使黏弹性磨料在一定压力作用下在工件待加工表面反复滑移通过，类似于用砂布均匀地压在工件上慢速移动，从而达到表面抛光或去毛刺的目的。

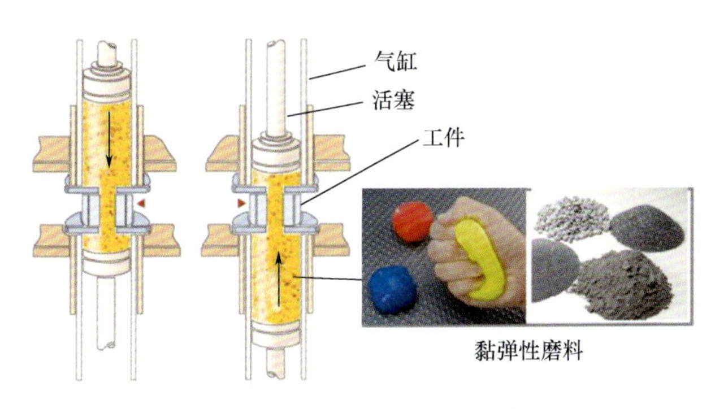

图 7.17 磨粒流加工过程示意图

7.5.2 磨粒流加工的特点

1. 适用范围

由于磨粒流加工介质是一种半流动状态的黏弹性材料，因此可以适应各种复杂表面的抛光和去毛刺，如型孔、型面、齿轮、叶盘、交叉孔、喷嘴小孔、液压部件、模具等，适用范围很广。

2. 抛光效果

加工后的表面粗糙度与原始状态和磨料粒度等有关，一般可降低到加工前表面粗糙度值的1/10，最佳表面粗糙度可以达到$Ra0.025\mu m$（镜面效果）。磨粒流加工可以去除深度为0.025mm的表面残余应力，可以去除前工序（如电火花加工、激光加工等）形成的表面变质层和其他表面微观缺陷。

3. 材料去除率

磨粒流加工的材料去除厚度为0.01～0.1mm，加工时间通常为数分钟，最多数十分钟，与手工作业相比，加工时间可减少90%以上，对一些小型零件，可以多件同时加工（多件装夹的小零件的生产率可达每小时1000件），效率大大提高。

4. 加工精度

由于磨粒流加工是一种表面加工技术，因此不能修正零件的形状误差；切削均匀性可以保持在被切削量的10%以内，因此不至于破坏零件原有的形状精度；去除量很小，故可以达到较高的尺寸精度，一般尺寸精度可控制在微米数量级。

磨粒流加工可用于边缘光整、倒圆角、去毛刺、抛光和少量的表面材料去除，特别适用于难加工的内部通道的抛光和去毛刺，从软的铝到韧性的镍合金材料均可进行磨粒流加工。磨粒流加工可用于硬质合金拉丝模、挤压模、拉深模、粉末冶金模、叶盘、齿轮、燃料旋流器等零件的抛光和去毛刺；还可用于去除电火花加工、激光加工或渗氮处理等热能加工产生的变质层。图7.18所示为磨粒流加工前后叶盘表面质量对比。

（a）加工前

（b）加工后

图7.18 磨粒流加工前后叶盘表面质量对比

思考题

7-1 化学加工的原理是什么？主要加工方法有哪些？

7-2 超声加工的原理是什么？主要适用于加工哪些材料？

7-3 在等离子体加工过程中，为什么可以获得极高的能量密度？

7-4 简述水射流切割的特点。

7-5 简述磨粒流加工原理及特点。

参考文献

白基成，郭永丰，刘晋春，2006. 特种加工技术［M］. 哈尔滨：哈尔滨工业大学出版社.

郭晓霞，2008. 电火花表面沉积技术［J］. 深圳职业技术学院学报，7（1）：17－21.

郝庆栋，2014. 电解抛光在压缩机叶片再制造加工中的应用［D］. 济南：山东大学.

刘志东，2022. 特种加工［M］. 3版. 北京：北京大学出版社.

徐家文，云乃彰，王建业，等，2008. 电化学加工技术［M］. 北京：国防工业出版社.

薛浩，2013. 铝合金的电解质-等离子抛光工艺参数及试验装置研究［D］. 哈尔滨：哈尔滨工业大学.

中国机械工程学会特种加工分会，2016. 特种加工技术路线图［M］. 北京：中国科学技术出版社.

周炳琨，高以智，陈倜嵘，等，2009. 激光原理［M］. 6版. 北京：国防工业出版社.

朱林泉，白培康，朱江淼，2003. 快速成型与快速制造技术［M］. 北京：国防工业出版社.

BACHMANN，LOOSEN，POPRAWE，2007. High power diode lasers：technology and applications ［M］. Berlin：Springer.

BEKTAS，SUBASI，GUNAYDIN，et al.，2021. Water jet guided laser vs. conventional laser：experimental comparison of surface integrity for different aerospace alloys ［J］. Journal of Laser Micro Nanoengineering，16（1）：1－7.

DING，PAN，CUIURI，et al.，2015. Wire-feed additive manufacturing of metal components：technologies，developments and future interests ［J］. International Journal of Advanced Manufacturing Technology，81（1－4）：465－481.

FÖHL，DAUSINGER，2003. High precision deep drilling with ultrashort pulses ［C］// Fourth International Symposium on Laser Precision Microfabrication. Washington：SPIE，5063：346－351.

JAMESON，1983. Electrical discharge machining：tooling，methods and applications ［M］. Dearborn：Society of Manufacturing Engineers.

KUMAR，AGRAWAL，SINGH，2018. Fabrication of micro holes in CFRP laminates using EDM ［J］. Journal of Manufacturing Processes（31）：859－866.

POPRAWE，2011. Tailored light 2：laser application technology ［M］. Berlin：Springer.

PRAMANIK，BASAK，PRAKASH，2019. Understanding the wire electrical discharge machining of Ti6Al4V alloy ［J］. Heliyon，5（4）：e01473.

RUSZAJ，GAWLIK，SKOCZYPIEC，2016. Electrochemical machining-special equipment and applications in aircraft industry ［J］. Management and Production Engineering Review，7（2）：34－41.

SOMMER C，SOMMER S，2005. Complete EDM handbook ［M］. Huston：Advance Publishing Inc.

XU，WANG，2019. Electrochemical machining of complex components of aero-engines：developments，trends，and technological advances ［J］. Chinese Journal of Aeronautics，34（2）：28－53.

ZALAMEDA，BURKE，HAFLEY，et al. ，2013. Thermal imaging for assessment of electron-beam freeform fabrication（EBF3）additive manufacturing deposits ［C］// Conference on Thermosense：Thermal Infrared Applications XXXV. Washington：SPIE，8705：174－181.